U0289053

GONGYONGDIAN ZHISHI RUMEN

供用电知识入门

张弘廷 张 颢 杨 洁 编著

内 容 提 要

本书以通俗的语言，简洁易懂的写作风格，讲解了供用电基础知识。内容包含了电网、负荷、电能质量、电工常用测量仪器及使用、安全、降损节电等供用电知识，介绍了市县供电企业电能计量、电力营销管理等核心业务，展示了智能电网、最新降损节电技术等供用电领域最新动向，实用性强。

本书可以作为供电行业职工、电工，工矿企业、行政事业单位等用电管理人员的培训教材，也可供市县供电企业相关人员与广大用户学习参考。

图书在版编目（CIP）数据

供用电知识入门/张弘廷，张颢，杨洁编著．—北京：中国电力出版社，2013.3（2018.5重印）

ISBN 978-7-5123-3731-2

Ⅰ．①供…　Ⅱ．①张…②张…③杨…　Ⅲ．①供电-基本知识②用电管理-基本知识　Ⅳ．①TM72②TM92

中国版本图书馆CIP数据核字（2012）第270570号

中国电力出版社出版、发行

（北京市东城区北京站西街19号　100005　http://www.cepp.sgcc.com.cn）

三河市航远印刷有限公司印刷

各地新华书店经售

*

2013年3月第一版　　2018年5月北京第二次印刷

850毫米×1168毫米　32开本　10.5印张　277千字

印数3001—4000册　　定价**36.00**元

版 权 专 有　侵 权 必 究

本书如有印装质量问题，我社发行部负责退换

《供用电知识入门》编委会

主　　任　付红军

副 主 任　张　浩　王灿立

委　　员　蒋　欣　刘江绍　钟　杰　冯　辉

刘智强　赵金来　燕东娟　赵学军

田少昱　司马轩　董延甫　洪　鵷

编写人员　张弘廷　张　颢　杨　洁

前言

电气化是现代化的基础。当前电力行业已成为关系国家能源安全和国民经济命脉的重要行业，各行各业的生产运营和千家万户的吃穿住行都离不开电力，社会正快速向电气化迈进，供用电知识之重要性前所未有，不仅工作起来需要，而且家居生活也离不开，正是“得之如鱼似水，缺之处处碰壁”。但俗话说“隔行如隔山”，不仅广大用户、广大用电群众对供用电知识和市县供电企业核心业务知之甚少，形成许多隔阂和误会，影响了自身用电；甚至供电企业内部，许多人也对本职岗位以外的业务知识了解不多，作用单一，既不利于自家电气化，又不利于提高工作质量和工作效率。因此，作者萌生了写一本沟通内外的书的想法。

本书编撰完成之际，适逢各省市《供用电条例》颁布实施，如果本书能对搞好供用电工作有所裨益，作者将十分欣慰。

由于作者水平有限，书中缺点和错误在所难免，敬请读者批评指正。

作 者

2012 年 12 月 26 日

目录

第一章 供用电基础知识

第一节 电工基础

电磁学 物理学的一个部分。研究电磁现象的规律和应用的学科，研究对象包括静电现象、磁现象、电流现象、电磁辐射和电磁场等。实际上磁现象和电现象总是紧密联系而不可分割的，如变化的磁场能够激发电场，反之，变化的电场也能激发磁场。电工学和无线电电子学等都是在电磁学的基础上发展起来的。

静电学 电磁学的一个分支。主要研究静电场的性质、静止带电体和静电场的相互作用以及有关的现象和应用等。

电磁场 物理场的一种，是相互依存的电场和磁场的总称。电场随时间变化而引起磁场，磁场随时间变化又产生电场，二者互为因果，形成电磁场。电磁场一般以光速向四面八方传播，形成电磁波。电磁场是物质存在的一种形式，具有质量、动量和能量。

电荷守恒定律 自然科学中的一条基本定律。在一个与外界不发生电荷交换的孤立系统中，所有正负电荷的代数和保持不变。如正负电荷代数和为零的两个中性物体互相摩擦时，一个物体带正电，另一个物体必然带等量的负电。又如一个电子与一个正电子在适当条件下相遇时，会发生湮灭而转化为两个光子。电子与正电子所带的电等量而异号，而光子不带电，所以在湮灭过程中，正负电荷的代数和依然不变。

电 物质的一种属性。古代就已观察到“摩擦起电”现象，并认识到电有正负两种，同种排斥，异种相吸。当时因为不了解电的本质，认为电是附着在物体上的，因而把它称为电荷，并把显示出这种斥力或吸力的物体称为带电体。习惯上，也把带电体本身简称为电荷（运动电荷、自由电荷等）。这些名称沿用已久。现代科学表明：一切物体都是由大量原子构成，而原子则由带正电的原子核和带负电的电子组成。在正常情况下，同一个原子中正负电量相等，因而整个物体被认为是不带电或中性的。当由于某种原因（如摩擦、受热、化学变化等）而失去一部分电子时，就带正电，获得额外电子时，就带负电。电荷周围存在着电场，运动电荷周围存在着磁场。

导体　具有大量能够在外电场作用下自由移动的带电粒子，因而能很好传导电流的物体。金、银、铜、铁等一切金属，以及含有正、负离子的电解质等都是导体。

绝缘体　绝缘体也称“非导体”。它是具有良好的电绝缘和热绝缘的物体。玻璃、塑料、橡胶、毛皮、瓷器、云母等物质都是绝缘体。绝缘体内几乎没有自由电荷，所以不能导电。

电介质　不导电物质的学名。电介质的基本特征是在外电场作用下产生极化。当外电场的电场强度超过某极限值时，电介质会被击穿而失去介电性能。电介质在工程上被用作电气绝缘材料、电容器的介质及特殊的电介质器件等。

摩擦起电　两种不同物体相互摩擦后，一个带正电，一个带负电的现象。摩擦起电是电子由一个物体转移到另一个物体的结果。两个物体摩擦起电时，它们所带的电量在数值上相等。

正电荷　也称阳电荷，如质子所带的电。中性物体失去若干电子后即带正电荷。

负电荷　也称阴电荷，如电子所带的电。中性物体获得额外电子后即带负电荷。

自由电荷　存在于物质内部的、在外电场作用下能够自由运动的正、负电荷。这种正、负电荷之间的相互作用力比外电场给它们的力弱，因此可以彼此脱离而移动。例如，金属中的自由电子、电解液或气体中的离子等。

束缚电荷 当电介质处于外电场中极化时，在电场力作用下，分子中的正负电荷中心将发生相对位移，形成新的电偶极子，对于一块电介质整体来说，由于电介质中每一个分子都成了电偶极子，在电介质内部保持电中性，而在电介质的两个和外电场相垂直的表面上分别出现正电荷和负电荷，这些电荷不能离开电介质，也不能在电介质中移动，这类电荷称为束缚电荷，也称为极化电荷。

点电荷 不考虑其大小和分布状况而可看作集中于一点的电荷。如果电荷分布在带电体上，则当带电体的线度在所讨论问题中远小于其距离或长度时，这种电荷分布也可当作点电荷。点电荷只是一个为讨论问题方便而引入的理想概念。

电量 物体荷电多少的量度。国际单位制中电量的单位为库仑。静电系单位制中电量的单位为静库、库仑。目前，电子的电量是电量的最小单元，其值为1.6×10^{-19}C（库仑）。一般说来，带电体的电量数值上都是电子电量的整数倍。

电荷密度 电荷分布疏密程度的量度。电荷分布在物体内部时，单位体积内的电量称为电荷体密度；分布在物体表面时，单位面积上的电量称为电荷面密度；分布在线上时，单位长度上的电量称为电荷线密度。导体带电时，电荷都分布在表面，而尖端处的密度最大。

电偶极子 两个相距极近、等量而异号的点电荷所组成的系统。一个电荷的电量和两个电荷间的距离的乘积称为电偶极矩，它是矢量，方向沿着两个电荷的连线，自负电荷指向正电荷。对于复杂的中性分子电结构，如果其正电荷中心与负电荷中心不相重合，也可近似的认为是一个等效电偶极子。

电场 传递电荷和电荷间相互作用的物理场，是一种特殊物质。电荷周围总有电场存在，同时电场对场中其他电荷会发生力的作用。

库仑定律 表示两个静止点电荷间相互作用力的定律。法国物理学家库仑于 1785 年发现。库仑定律内容为：两个点电荷间的作用力（称为库仑力）的方向在这两个点电荷的连线上，作用力的大小跟每个点电荷的电量成正比，跟点电荷间的距离的平方及电荷所在介质的介电常数成反比，即 $F = Kq_1q_2/(\varepsilon r^2)$。同种电荷为斥力，异种电荷为引力。在国际单位制中，比例常数 $K = 9.8\mathrm{Nm^2/C^2}$（牛顿米^2/库仑^2）。

电场强度 表示电场强弱和方向的物理量，表征电场的力的性质。电场中某点的电场强度，等于放在该点的检验电荷所受的电场力跟它的电量的比，即 $E = F/q$。电场的方向可用检验电荷（正电荷）在该点所受电场力的方向来确定。电场强度的单位为牛顿/库仑（N/C）、伏/米（V/m）等。

电力线 绘描述电场分布情况的曲线，实际上并不存在。曲线上各点的切线方向就是该点的电场方向，电力线条数的多少可以形象地描述该点电场的强弱（即电场强度的大小）。在静电场中，电力线从正电荷出发终止于负电荷，不形成闭合线，也不中断。在交变电磁场中，电力线是围绕着磁力线的闭合线。由于电场中每一点只有一个电场方向，所以任何两条电力线不能相交。

电势 描述电场能的性质的物理量。电场中某点的电势在数值上等于单位正电荷在该点所具有的电势能，即 $U = W/q$。电势的单位为伏特。理论上常把“无限远”处作为电势零点，实用上常取地球表面为电势零点。电场中某点的电势在数值上也就等于单位正电荷从该点移到无限远处（或地面）时电场对它作的功。这功与路径无关。当电荷在电场力作用下移动时，它的电势能减少；电荷在外力作用下克服电场力做功时，电荷的电势能增加。若电荷自无限远处移到电场中某一点时，需要外力克服电场力做功，则电荷在这一点的电势能大于零；如果电荷自无限远处移到电场中某一点时，是电场力做功，则电荷在这一点的电势能小于零（负值）。电势是标量，它可以有正值、负值或零值。

电势差 也称“电位差”、“电压”。它是静电场中或直流电路中两点间电势的差值，在数值上等于电场力使单位正电荷从一点移动到另一点所做的功，即 $U_{AB}=U_A-U_B=A/q$。在交流电路中，两点间的电势差在正、负极大值之间作周期性变化，所以交流电路中的电势差只有瞬时值的意义，常用有效值表示：$U=U_m/\sqrt{2}$。电势差的单位为伏特（V）。

静电感应 导体因受附近带电体的影响而在其表面的不同部分出现正负电荷的现象。处在电场中的导体，由于电场的作用，导体中的自由电子进行重新分布，使导体内的电场跟着变化，直到导体内的电场强度减小到零为止。结果靠近带电体的一端出现与带电体异号的电荷，另一端出现与带电体同号的电荷。如果导体原来不带电，则两端带电的数量相等，如果导体原来已经带电，则两端电量的代数和应与导体原带电量相等。

静电屏蔽 为了避免外界静电场对电或非电设备的影响，或者为了避免电设备的静电场对外界的影响，需要把这些设备放在接地的封闭或近乎封闭的金属罩（金属壳或金属网）里，这种措施称为静电屏蔽。

介电常数 也称“电容率”、“相对电容率”。同一电容器中用某一物质作为电介质时的电容和其中为真空时电容的比值。介电常数通常随温度和介质中传播的电磁波的频率而变。电容器的电介质要求具有较大的介电常数，以便减小电容器的体积和质量。

电容 表征导体或导体系储存电荷能力的物理量。孤立导体的电容等于它所带电量与它具有的电势的比值，即 $C=q/U$。电容器的电容等于电容器所带电量和两极间电势差的比值，即 $C=q/U$。

电容器 电路中用来储积电能的元件，简称电容，用字母 C 表示。电容器是由电介质相隔开的两片（或两组）相互靠近、又彼此绝缘的金属片组成的。其图形符号如图1－1所示。

容器可盛放东西，电容器可储藏电荷。容器盛放东西的多少用容量来表示，电容器储藏电荷的能力用电容量来表示。常用的电容量的单位有法（F）、微法（μF 或 μ），微微法（pF 或 p），

$1F=10^6\mu F=10^{12}pF$。

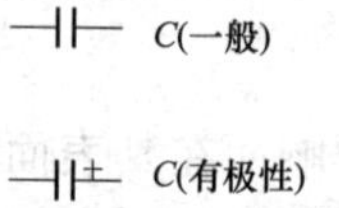

图 1-1　电容器的图形符号

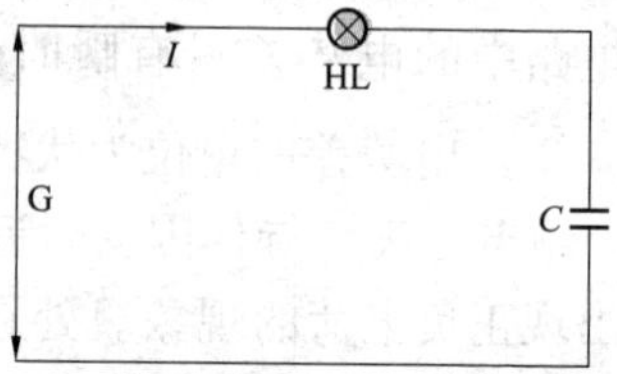

图 1-2　电容器特性演示电路
G—电源；HL—指示灯

电容器的特性可用图 1-2 中电路来演示：若加上直流电，电容器充满电后，电路中电流即为零（指示灯明一下即熄灭），说明电容器充满电后对直流电呈现无穷大的电阻，即起隔断作用；但若加上交流电，因交流电大小方向不断变化，电容器依交流电的频率不停地充放电，电路中始终有电流流过（指示灯始终明亮），说明电容器对交流电是呈现一定阻抗的通路，频率越高，阻抗越小，这就是电容器的所谓“通交流、隔断直流”特性。

电容器所用的电介质有固体的、气体的（包括真空）和液体的。按构造可分为固定的、可变的和半可变的三类。按所用的电介质可分为空气电容器、真空电容器、纸介电容器、塑料薄膜电容器、金属化聚丙烯膜电容器、云母电容器、陶瓷电容器、电解电容器等。电容器在电力系统中是提高功率因数的重要器件，在电子电路中是获得振荡、滤波、相移、旁路、耦合等作用的主要元件。

气体放电　电流通过气体时发生的现象。由于紫外线、宇宙射线、微量放射性物质的作用，气体常含有少量的正负离子，这些离子在外加电压下运动而形成电流。电流通过气体时常伴有发光、发声等现象。由于气体性质、气压、电极形状、外加电压等的不同，呈现不同的放电现象。例如，电晕、弧光放电、辉光放电、火花放电等。气体放电的研究与高电压绝缘、高温、照明等问题都有密切关系。

辉光放电 低压气体中显示辉光的放电现象。其特征是需要电压、电阻和电流密度都很小。荧光灯、霓虹灯等就是辉光放电的应用。

电晕 带电体表面在气体或液体介质中局部放电的现象。常发生在不均匀电场中和电场强度很高的区域内。例如，高压导线的周围、带电体尖端的附近。其特征是，出现与日晕相似的光层，发出嗤嗤的声音，产生臭氧、氧化氮等。电晕会引起电能的损耗，并会对通信和广播发生干扰。

弧光放电 显示弧形白光、产生高温的气体放电现象。其特点是，需要的电压不高，但电流很大。电弧可作为强光源（如弧光灯）、紫外线源（太阳灯）、强热源（电弧炉、电焊机）。在开关电器中，由于触头分开而引起电弧，有烧毁触头的危害作用，必需采取措施，使其迅速熄灭。

火花放电 在电势差很高的正负带电区域间，显示闪光并发出声音的短时间气体放电现象。在放电的空间内，气体分子发生电离，气体迅速而剧烈发热，发出闪光和声音。电火花常用在光谱分析、金属电火花加工、内燃机的点燃设备等方面。

尖端放电 导体尖端处发生的放电现象。当导体带电时，尖端附近的电场特别强，使附近气体电离，导致放电。避雷针就是根据尖端放电的原理制造的。

电流 电荷的定向移动形成电流，例如，金属中自由电子的流动、液体或气体中正负离子在相反方向上的流动。电流用 I 表示，单位为安培。电流的周围存在着磁场，电流通过电路时使电路发热，通过电解质时引起电解，通过稀薄气体时，在适当条件下导致发光。电流有时也作电流强度的简称。

电流传输速度接近于光速，即约每秒 30 万 km。电子总是从负极出发到正极，但电流方向习惯上仍然沿用以前的规定，即电流的方向从正极流向负极。形成电流需要具备两个条件：一是迫使电子运动的能力；二是电子运动的通路。第一个条件通常由发电机、电池等专门设备提供，第二个条件由铜、铝导线或导电液体等构成通路。

电流密度 电路中的电流与电路横截面积的比值，$J = I/S$，通常 I 的单位用安培（A），S 的单位用平方毫米（mm^2）。线路中同一根导线，如果有的地方粗，有的地方细，则运行中电流密度就不相等：在截面大的地方电流密度小；在截面小的地方电流密度大，发热多，电能损耗多，容易过热烧断，俗称“卡脖子”。

电流强度 单位时间内通过导体横截面的电量，即 $I = q/t$。单位为安培，1 安培 =1 库仑/秒，即在 1s 内流过 6.24×10^{18} 个电子。比安培小的单位有毫安和微安，1 安培（A）=1000 毫安（mA），1 毫安（mA）=1000 微安（μA）。一般用电流的热效应、磁效应、化学效应等来测定电流强度。

直流电 简称“直流”，一般指大小和方向不随时间变化的电流。在恒定电阻的电路中，加上电压恒定的电源，便产生大小和方向都不变的直流电，也称“稳恒电流”。直流电一般有电池、蓄电池、整流器提供。

交流电 简称“交流”，一般指大小和方向随时间作周期性变化的电流，由交流发电机发出，最基本的形式是正弦交流电。我国交流电供电的标准频率为 50Hz，即每秒钟变化 50 周。

电流的波形图 电流随时间而变化的图形称为电流的波形图，如图 1-3 所示。图中横坐标表示时间，纵坐标表示电流的大小和方向。

三相交流电 三相交流发电机有三个绕组，彼此相距 120°电角度，发电机的三相交流电就是从这三个绕组产生的。当发电机所产生的交流电是三个频率相同、振幅相等、相位互差 120°的交流电动势时，称为三相交流电。

当输送同样功率的电能时，用三相输电比单相输电节约有色金属和材料，并能减少线路上的电能损耗。而且三相电气设备如变压器、电动机等，其电气性能与机械特性都比单相电器优良，制作简单，成本低廉，使用与维护也较方便，故被广泛应用。

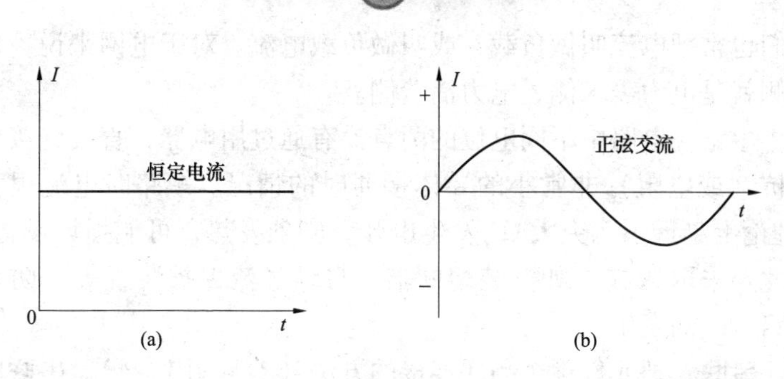

图 1－3　直流与交流的波形

（a）直流；（b）交流

三相四线制供电　三相四线制电路中，有三根是相线（俗称火线），一根是中性线（俗称零线）。相线是从发电机或变压器三个绕组的端点引出的，三个绕组的另一端接在一起，称为中性点，中性线就是从中性点引出的。因中性点接地，故中性点也称为零点，中性线也称作零线。一般中性线和相线之间的电压是220V，相线和相线之间的电压是380V。这样，三相四线制电路可以既供动力，又供照明，因而适应广泛的使用场合。

电路　就是电流通过的路径，由电源、负载、连接导线和开关等组成。电源内部的一段电路称内电路，负载、连接导线和开关等称为外电路。当开关闭合时（电器上常用“ON”表示），电路中有电流流过，负载就可以工作，叫做接通电路，即合闸。当开关断开时（电器上常用“OFF”表示），电路中没有电流流过，负载停止工作，叫做断开电路，即分闸。直流电通过的电路称“直流电路”；交流电通过的电路称“交流电路”。电路的参数（电阻、电感、电容）不随电流或电压的大小及方向改变而改变时，称“线性电路”。

负载　把电能转换成其他形式的能的装置叫做负载，如电灯把电能转换成光能，电动机把电能转换成机械能，电磁灶把电能转换成热能等，电灯、电动机、电磁灶等都叫做负载。也就是电网末端的用电设备。由于用电设备向电源取用电流来做功，因而人们也常把电流叫做负载，或叫做负载电流。对于电网来说，负载侧就是电力需求侧、电力消费侧。

短路　电路中不同电位的两点没有通过用电器，直接碰接或阻抗（或电阻）非常小的导体接通时的情况。短路时电流很大（理论上趋近于无穷大），发生电弧，剧烈发热，可能损坏设备，因此要采取措施（如安装熔断器、自动过流保护装置等）防范短路事故的发生。

串联　把元件逐个顺次连接的方法（参见图1-4）。串联电路的特点是：通过各个元件的电流强度相同，总电压等于各个元件两端的电压之和。电阻串联时，总电阻等于各个电阻之和。电容串联时，总电容的倒数等于各个电容倒数之和。电源串联时，把一个电源的负极与另一个电源的正极相接，这样顺次联接，整个电源组的电动势等于各个电源电动势之和。需要较高电压时可用串联。在交流电路中，各元件可以是电感、电容、电阻，这时总电阻与总电抗分别等于各电阻与电抗的代数和。

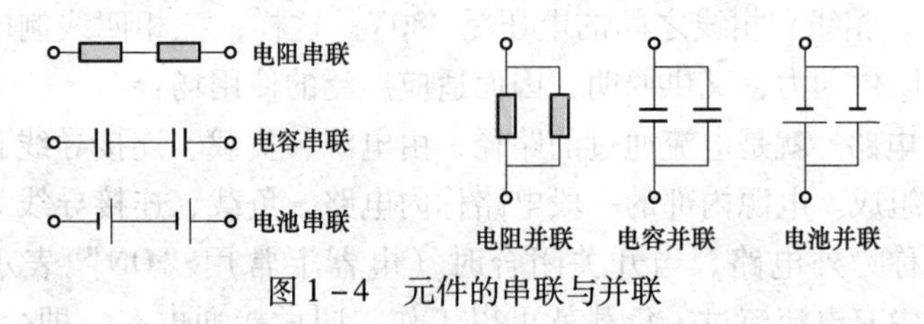

图1-4　元件的串联与并联

并联　元件并列连接在电路上两点间的连接方法（见图1-4）。并联电路的特点是并联元件两端的电压都相等，总电流等于通过各元件电流之和。电阻并联时，总电阻的倒数等于各个电阻的倒数和。电容器并联时，总电容等于各个电容之和。电源并联时，把相同电源的正极接在一起，负极接在一起，总电动势等于一个电源的电动势，通过外电路的总电流等于通过各电源的电流之和。需要较强电流时可用并联。在交流电路中，各元件（电感、电容、电阻）并联时，总电导与总电纳分别等于并联的电导和电纳的总和。

电阻 物质阻碍电流通过的一种性质。电路中两点间电压一定时，电阻是决定电流强度的一个物理量。不同物质的电阻差别很大。导体的电阻最小，但随温度升高而增大。绝缘体的电阻最大。半导体电阻的大小介于导体和绝缘体之间，并随温度的升高而显著减小。电阻代表符号是 R，计量单位是欧姆，简称为欧（Ω）。

电阻的单位是欧姆，简称欧，用字母 Ω 表示。

1 欧姆就是长度为106.8cm、截面积为1mm^2 的水银柱在0℃时的电阻量。较大量值电阻的计量单位用千欧（kΩ）和兆欧（MΩ），1 千欧（kΩ）=1000 欧（Ω），1 兆欧（MΩ）=1000千欧（kΩ）=10^6 欧（Ω）。

电流通过电阻时，电阻由于消耗功率而发热。若电流过大，电阻就会发烫甚至烧毁。人们把电阻长期工作所能承受的最大功率称为额定功率。功率的单位是瓦特，简称瓦，用字母 W 表示。

推而广之，电阻的概念并不局限于一个具体的电阻器，一段有一定电阻的导线，可用一个电阻来表示；用电器的性质为电阻性，如电热毯、电炉子、白炽灯等，也可用一个电阻来表示。由于电阻无处不在，因此，电阻是电学中用得最多、最活的概念。

电阻器 电阻器简称电阻，用来控制电路中电流或电压的大小。电阻器有固定电阻（一般用 R 表示）和可变电阻（如电位器，用 R_P 表示）等种类，其图形符号如图 1－5 所示。

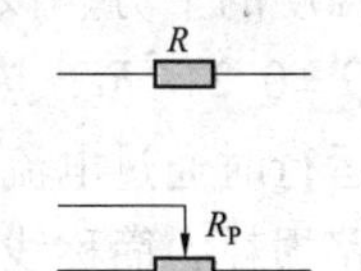

图 1－5 电阻器的图形符号

电阻定律及电阻率 电阻定律是确定导体电阻值的定律。导体的电阻跟导体的长度成正比，跟导体的电阻率成正比，跟导体的横截面积成反比，即 $R=\rho L/S$。ρ 为电阻率。电阻、电阻率、长度和截面积的单位分别是：欧姆、欧姆·毫米^2/米、米和毫米^2。电阻率是表示物质导电性能的物理量，随温度的变化而变化。电阻率越小，表示物质的导电本领越强（电阻小）。电阻率的规定有两种：① 长 1cm、截面积 1cm^2 的导体在一定温度时的电阻，单位

为 Ω · cm；② 长 1m、截面积为 $1mm^2$ 的导体，在一定温度时的电阻，单位为 $Ω \cdot mm^2/m$，常用后者。

电阻温度系数　表示物质的电阻率随温度变化的物理量。金属的电阻率与温度的关系为 $\rho = \rho_0(1 + \alpha t)$，其中 ρ_0 为 0℃时的电阻率，t 为摄氏温度，ρ 为 t℃时的电阻率，α 为温度系数。温度越高，金属的电阻率越大。半导体和电介质的这个关系较复杂，一般是温度越高，电阻率反而越小。

欧姆定律　在有稳恒电流通过的电路中，电流、电压（或电动势）、电阻之间的关系的规律。由德国科学家欧姆在 1827 年发现。部分电路欧姆定律：通过部分电路的电流与该电路两端的电压成正比，与该电路的电阻成反比，即 $I = U/R$。全电路欧姆定律：通过闭合电路的电流，等于该电路中电源电动势，除以电路中的总电阻（外电阻和电源的内电阻之和），即 $I = E/(R + r)$。欧姆定律是电学中应用最广泛的定律，在线损分析中也最常用到。

焦耳—楞次定律　也称焦耳定律，是确定电流通过导体时产生热量的定律，是定量描述电流热效应的。由焦耳于 1841 年、楞次于 1842 年各自独立发现。电流在导体中产生的热量与电流强度的平方、该导体的电阻、通电时间三者的乘积成正比，即 $Q = 0.24I^2Rt$，热量 Q 的单位为卡（cal）。供电线路有一定电阻，运行时通过电流，就有电能变成热能散发到空中损耗掉，称为线路损耗，简称线损。

电功与电功率　电流所做的功叫电功。电流做功的过程就是电能转化为其他形式的能量的过程，电流做了多少功，就表示有多少电能转化成了其他形式的能。精确的实验表明：电流在一段电路上所做的功，跟这段电路两端的电压、电路的电流强度和通电时间成正比，即 $W = IUt$，单位为焦耳（J）、千瓦时（kWh）。1kWh（俗称 1 度）电是指电功率为 1kW 的用电器工作 1h 电流所做的功。1 千瓦时（kWh） = 3 600 000 焦耳（J）。电流在 1s 内所做的功叫电功率。单位为瓦特。

电阻损耗与线损　根据上述电功的概念，电流在一段导线上所做的功（即电能损耗 ΔW），跟这段导线两端的电压（即电压降 ΔU）、通过的电流和通电时间成正比，即 $\Delta W = I\Delta Ut$，因 $\Delta U = IR$，故 $\Delta W = I^2Rt$，称为电阻损耗，单位为焦耳（J）、千瓦时（kWh）。

热量的单位如果取焦耳，因为 1cal = 1/0.24J，故 $Q = I^2Rt$，与电阻损耗一致，表明导线的电阻损耗等于电流通过导体所产生的热量，因这热量散发到空中损耗掉了，故又叫热量损耗，即电阻损耗 = 热量损耗。

供电线路有一定电阻，运行时通过电流，就有电能变成热能散发到空中损耗掉，称为线路损耗，简称线损。因导体总有一定电阻，故线损不可避免，只有大小之分。

额定值　电气设备连续通电，就会连续发热。当产生的热量与发散的热量相等时，设备达到了稳定的温度。此时的温度应小于电气设备中绝缘介质所能耐受的温度。在长时间内（或指定时间内）电气设备连续工作仍能保持正常运行的最大功率、电压、电流分别叫做额定的功率、电压、电流。工作电流等于额定电流叫满载，大于额定电流叫做过载，长期过载是不允许的，所以要注意电气设备的额定值（一般都标注在电气设备的铭牌上）。

电解质　凡是在水溶液里或熔化状态下能导电的化合物，都称电解质。电解质是靠正负离子导电的。当电解槽里插入电极并把两极分别接到电源的正负极上时，正负离子就同时向相反方向移动形成了电流。

电离　电解质溶解在水里或者熔化成液体时，离解成可以自由移动的离子的过程。离子定向移动形成电流的过程中也会跟其他离子和分子碰撞受到阻碍，所以导电的液体有电阻。实验证明，欧姆定律适用于导电液体。在一般情况下，气体是绝缘体，它里面的自由电子和正负离子很少，但在适当条件下，气体也能电离成为导体。实验证明，气体导电只在低电压时才遵从欧姆定律，电压增高到一定程度就不遵从欧姆定律了。

电解 电流通过电解质溶液（或熔化的电解质）时，同时发生化学变化，在电极上析出物质的现象。在电解过程中电能转化为化学能。电镀、电冶都属于电解的应用。电镀时，把被镀的金属物件作为阴极，把要镀在物体上的金属作为阳极，用含有这种金属的离子的溶液作电解液。通电时，溶液里的金属离子向阴极移动，在阴极上得到电子后就成为中性原子附着在被镀物体的表面上，同时，阳极的金属原子不断地变成离子补充到溶液里去。电解时析出的物质质量跟通过的电量成正比。利用这个关系可以确定电量的单位：电流通过硝酸银溶液的时候，析出1.118mg银需要的电量，就是1C。

电动势 非静电力把正电荷从负极移送到正极所做的功跟被移送电量的比值，称为电源的电动势，即$\varepsilon = W/q$。每个电源的电动势的大小是由电源本身性质决定的，跟外电路的情况无关。电动势的单位也是伏特。电动势是标量，习惯上规定电动势的指向是在电源内部从负极指向正极，沿着电动势的指向，电源将提高正电荷的电势能。从能的转化和守恒定律来看，电动势是其他形式的能转化为电能所引起的电势（位）差。

反电动势 与外加电压方向相反的电动势。例如，电动机转动时，由于电枢和磁场相对运动而在电枢线圈中产生的感应电动势就是反电动势。此时通过电枢线圈的电流，正比于外加电压与反电动势之差。电动机的转速越快，反电动势也越大。电流通过电解槽时，由于电极或电解质发生化学变化，也有反电动势。

路端电压 简称端电压，就是电路接通时电源两极间的电压。它等于电源的电动势减去内电路的电压，即$U = E - Ir$。当外电路断开时（相当于外电路的电阻为无穷大），$I = 0$，路端电压就等于电源电动势。

电压 静电场或电路中两点间的电势差（电位差），代表符号是U，度量单位为伏特。在交流电路中，电压有瞬时值、平均值和有效值之分。交流电压的有效值有时就简称为电压，例如

380V、220V 等都指交流电压的有效值。

我们常用水来做比喻理解电。水没有压力，就不会流动，即没有水压就没有水流；电也是这样，电压是推动电子流动的能力，没有电压，就没有电流。电压又称电位差，当导线两端的电子具有不同的位能时就出现“电位差”，于是电子定向移动，形成电流。

电源通过线路给负载供电，线路上会产生电压降 $\Delta U = IR$，使得加在负载上的电压低于电源电压：$U_1 = U - IR$，越靠近线路末端，电压越低；电流越大，电压越低。

1A 电流通过 1Ω 电阻时所需要的压力，就是 1V。伏特也可简称为伏（V）。电压的常用单位还有毫伏（mV）、千伏（kV），1 伏特（V）＝1000 毫伏（mV），1 千伏（kV）＝1000 伏特（V），1 万伏＝10 千伏（kV）。

我国目前的常用电压等级划分为：① 安全电压，包括 36、24、12V 三种；② 低压，指对地电压 1000V 以下者，包括 220、380V；③ 高压，指对地电压在 1000V 及以上者，包括 6、10、35、66、110、220kV 四种；④ 超高压，包括 500、750kV。1000kV 及以上叫特高压。

基尔霍夫定律　又称基尔霍夫方程组，用该定律可以求解复杂电路的电流、电压。基尔霍夫定律有两条。① 基尔霍夫电流定律：在任何时刻流入某个节点的电流总和等于从该节点流出的电流总和。② 基尔霍夫电压定律：在任一时刻沿闭合回路的电压降的代数和等于零。在图 1－6 中，点 A：$I_1 = I_2 + I_5$；

取 ABCDA 回路顺时针方向环绕一周，可写出方程

$$-\varepsilon_1 + I_2 r_1 + I_3 R_2 + \varepsilon_2 + I_4 r_2 + I_4 R_3 - I_5 R_1 = 0$$

交流电的电流（电压）的有效值　在两个相同的电阻上，分别通以交流电和直流电，如果在相同的时间内它们产生的热量相等，那么直流电的电流（或电压）值就是交流电的电流（或电压）的有效值。交流电流表和交流电压表测出的数值就是有效值。用电器的铭牌上标注的电压、电流的数值都是有效值。正弦

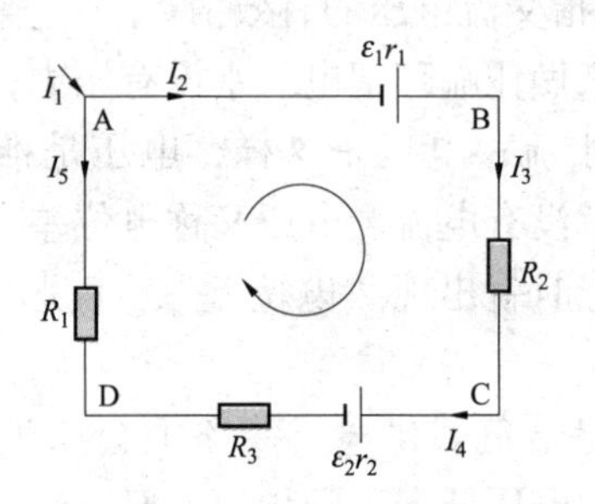

图 1－6　复杂电路求解

交流电流的有效值与它的最大值 I_m 之间的关系是 $I = I_m/\sqrt{2} = 0.707\,I_m$。正弦交流电压的有效值、正弦交流电动势的有效值 ε 和它们的最大值 U_m、ε_m 之间的关系是 $U = U_m/\sqrt{2} = 0.707\,U_m$，$\varepsilon = \varepsilon_m/\sqrt{2} = 0.707\varepsilon_m$。

交流电的相位和相位差　交流发电机中线圈平面在任一时刻与中性面的夹角（$\omega t + \phi_0$）称为交流电的相位。当 $t = 0$ 时（线圈开始转动时），线圈平面和中性面的夹角 ϕ_0 称初相位。相位的大小由线圈转过的角度（与中性面夹角）来计算，并且规定逆时针转动的方向为正。两个同频率的正弦交流电的相位之差称为相位差。例如，两个同频率的正弦交流电 ε_1 和 ε_2，它们的初相位分别是 ϕ_1 与 ϕ_2，如图 1－7（a）所示，则它们的相位差 $\phi = (\omega t + \phi_1) - (\omega t + \phi_2) = \phi_1 - \phi_2$。如果 $\phi_1 > \phi_2$，就是 ε_1 超前 ε_2，或者说 ε_2 落后 ε_1；如果如果 $\phi_1 < \phi_2$，就是 ε_1 落后 ε_2，或者说 ε_2 超前 ε_1。在图 1－7（b）中是 ε_1 超前 ε_2。如果 $\phi_1 = \phi_2$，就是这两个同频率交流电的相位差等于零，就说 ε_1 与 ε_2 同相位，简称同相，如图 1－7（c）所示。如果 ε_1 与 ε_2 的相位差为 180°，则 ε_1 与 ε_2 是反相位，简称反相，如图 1－7（d）所示。

电感器　是用匝间相互绝缘的导线一圈一圈绕在绝缘管或铁心上制成的，所以常被叫做电感线圈或线圈，用字母 L 表示，其

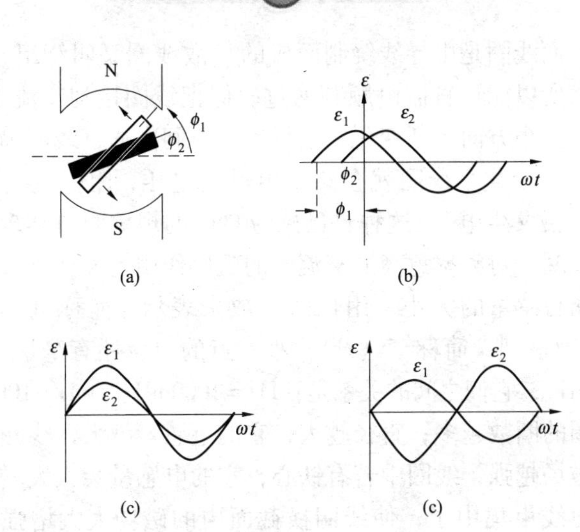

图 1-7　交流电的相位和相位差

（a）两个初相位不同的交流电；（b）ε_1 超前 ε_2；

（c）ε_1 与 ε_2 同相位；（d）ε_1 与 ε_2 反相位

中绕在绝缘管上的叫空心线圈，其图形符号如图 1-8（a）所示，绕在铁芯上的叫铁心线圈，如图 1-8（b）所示。

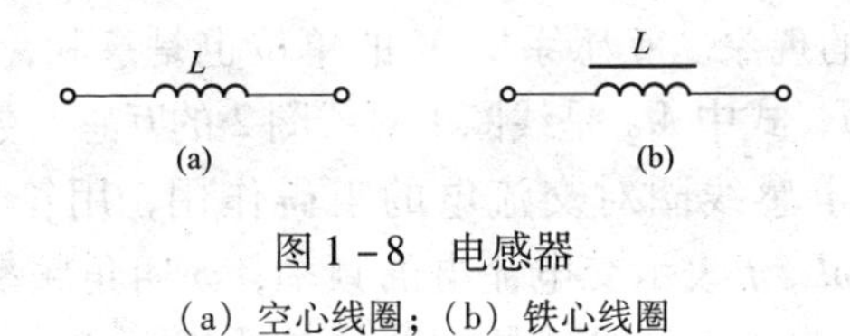

图 1-8　电感器

（a）空心线圈；（b）铁心线圈

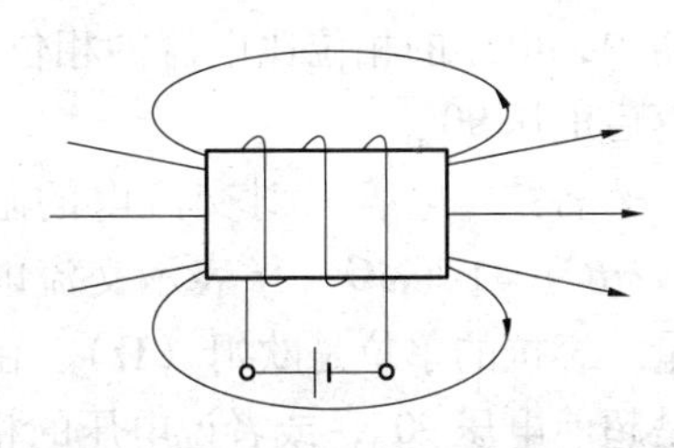

图 1-9　电感器通电产生磁场

电感器的特性与电容器相反，即“通直流、阻碍交流”。直流电通过线圈，即在空间产生磁场，即“电生磁”如图 1-9 所示，但因单位时间内通过线圈横截面的磁通量不变化，故不会感生出反向电压。而线圈是由导线绕制而成的（故线圈又叫绕组），其电阻很小，所以能让直流电顺利通过。但把线圈接到交流电路里，因交流电大小方向不断变化，使得单位时间内通过线圈横截面的磁通量发生变化，线圈就会感生出反向电压，阻碍变流电的通过，即“磁又生电”。这种自己感应自己的现象叫自感现象。故同一个线圈，对频率愈高的交流电的阻碍作用越大。

线圈自感量的大小，用自感系数来表示，简称电感，符号L，单位为亨利，简称亨（H），小一点的单位还有毫亨（mH）、微亨（μH），它们之间的关系是：1H = 1000mH、1mH = 1000μH。

线圈的圈数越多，直径越大，它的电感量越大，线圈在空间产生的磁场越强，线圈中若有铁心，它的电感量会大大增加，即由于磁力线束集中了，使线圈横截面内的磁场大大增强，变压器、继电器等元件的铁心线圈就是根据这一原理制作的。

自感　因电路本身电流变化而在电路中产生感生电动势的现象。在自感现象中产生的感生电动势，称为自感电动势。自感电动势与电路本身电流的变化率成正比，即$\varepsilon = L\Delta I/\Delta t$。自感现象的产生既有有利的一面，也有有害的一面。

互感　由于一个电路中电流变化而在邻近另一个电路中引起感生电动势的现象。互感系数M的单位也是亨利，互感电动势$\varepsilon = M_{21}\Delta I/\Delta t$，式中$M_{21}$是线圈1对线圈2的互感系数。

感抗　电感线圈对交流电的阻碍作用，用符号X_L表示，$X_L = 2\pi fL = \omega L$，f表示交电流电的频率，ω叫角频率，$\omega = 2\pi f$；L表示线圈的自感系数。感抗的单位是欧姆（Ω）。在纯电感电路中，电压的相位比电流的相位超前90°，或者说，电流的相位落后电压90°。

容抗　电容器对交流电的阻碍作用，用X_C表示，$X_C = 1/(2\pi fC) = 1/(\omega C)$，$f$表示交流电的频率，$C$表示电容器的电容量。容抗的单位是欧姆（Ω）。在纯电容电路中，电流的相位总是超前电压90°，或者说电压的相位落后电流90°。

电抗　感抗和容抗统称电抗，用X表示，$X = X_L - X_C =$

$\omega L - 1/(\omega C)$，单位为欧姆（Ω）。电抗在理论上不消耗能量，因为电源在1/4周期的时间内使电容器充电（电感线圈充磁）所做的功，以电（磁）能的形式储存起来，在下一个1/4周期里，又把全部储藏的电（磁）能送回电源。但实际上，电容器和电感线圈不可能没有电阻，故有一定的损耗。

阻抗　当交流电通过含有电阻、电感、电容器等元件的电路时（或由两种元件组成的电路），这些元件对交流电的阻碍作用，用符号 Z 表示，单位为欧姆。阻抗等于电路两端电压的有效值与输入电流的有效值的比值，即 $Z = U/I$。如果电压和电流用复数表示，它们的比值也是复数，称“复数阻抗”。复数阻抗的表达式为 $Z = R + jX$，实数部分 R 称为“电阻”，虚数部分 X 称为“电抗”。阻抗的大小等于 $\sqrt{(R^2 + X^2)}$。复数阻抗是复数导纳的倒数。

有功功率　电流对外做功的功率（或电路实际消耗的功率），用 P 表示，单位为瓦（W）或千瓦（kW）。

无功功率　交流电电源跟（变压器、电动机等）线圈和电容器之间往复交换的功率，$Q = I(U_L - U_C)$，式中 Q 表示无功功率。单位为乏（var）、千乏（kvar）。

视在功率　无功功率与有功功率的总和，用 S 表示，等于交流电电流有效值和电压有效值的乘积，即 $S = IU$，单位为伏安（VA）、千伏安（kVA）。

功率因数　有功功率与视在功率之比，用 $\cos\phi$ 表示，即 $\cos\phi = P/S$，如图1－10所示，图中三角形称为功率三角形。ϕ 越小，功率因数越大，表明视在功率中的有功功率越大，无功功率越小。从能量转化来看，功率因数越大，电源向外输送的电能转化为有用功的能量就越多。提高功率因数，一方面可使发电机、变压器等电器设备得到充分的利用，另一方面又能减少输电线路上的电能损失，从而节约大量的电力。在电感性电路中利用并联电容器来提高功率因数是常用的方法之一。功率三角形在线损分析中经常使用。

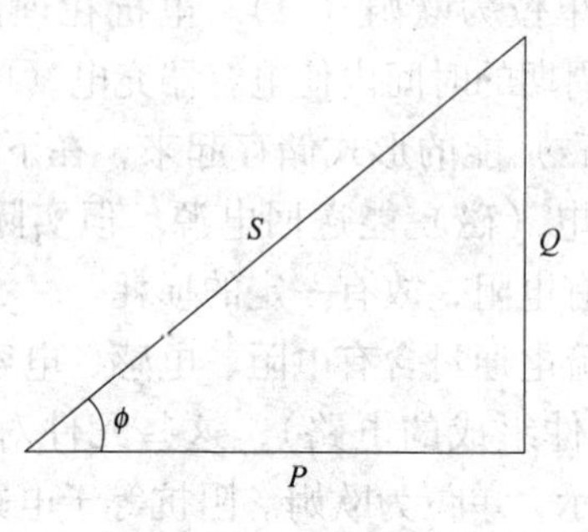

图 1-10　功率三角形

相电压和线电压　在三相电路中，每根相线（火线）与零线（地线，也称中性线）之间的电压叫相电压。两根相线之间的电压叫线电压。

星形接法　三相交流发电机绕组及三相负载的一种接法。发电机的三个绕组的末端连接成一个公共点，而从始端分别引出三根导线向负载供电（见图 1-11）。这三根导线叫相线（火线），从公共点引出的导线称中性线或零线，也称地线。星形接法用符号 Y 表示。这种接法，线电压等于相电压的$\sqrt{3}$倍，即 $U_{L}=\sqrt{3}U_{ph}$。在三相负载的星形接法中，当各相负载平衡时，线电流等于相电流。一般照明电路采用三相四线制星形接法，相线和相线间的电压（即线电压）是 380V，相线和零线间的电压是 220V。

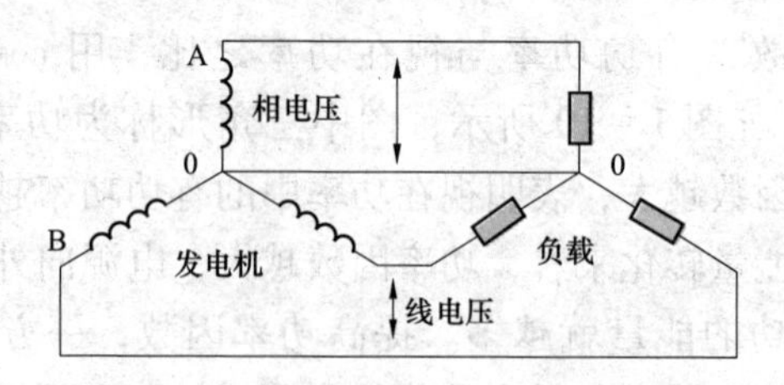

图 1-11　星形接法

三角形接法　三相交流电路的一种连接方法。把发电机三个线组的始端和末端顺次连接起来，从连接点引出三根相线向负载供电，这种接法称三角形接法（见图 1－12），用符号△表示。这种接法只有相线没有零线，线电压等于相电压。三相负载也有这种接法，当三相负载平衡时，线电流是相电流的$\sqrt{3}$倍，即 $I_L = \sqrt{3}I_{ph}$。

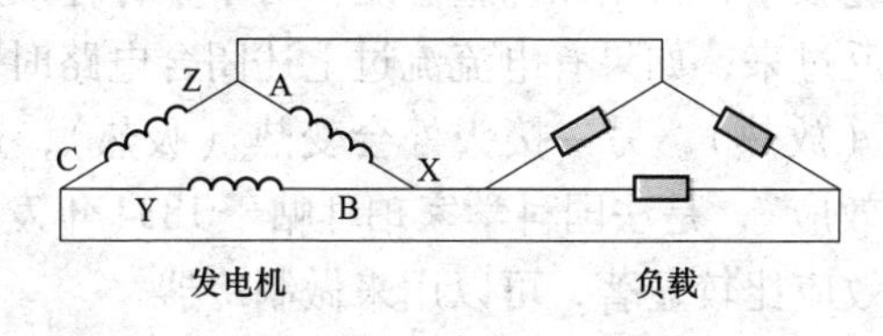

图 1－12　三角形接法

接触电现象　原来不带电的两种金属互相接触，分别带上正负电荷的现象。意大利物理学家伏打首先根据实验结果，将各种金属排成一个序列：锌、锡、铝、铜、银、金等。当这序列中的任意两种金属接触时，前者带正电，后者带负电。

接触电势差　两种不同的金属互相接触时所产生的电势差。它的数值与两种金属的性质及接触面的温度有关，而与接触面的大小及接触时间的长短无关。接触电势差发生的原因是由于不同金属的逸出功不同，就是电子脱离金属表面所做的功不同。因而在同一温度下，两金属相接触时逸出功较小的金属，由于失去电子而增高电势，逸出功较大的金属，由于增加电子而降低电势。当几种不同的金属 A、B、C、D 相互接触时，接触电势的总和只与两的金属（A，D）的性质有关，而与中间金属 B、C 的性质无关。

逸出功　也称脱出功、功函数。一个电子从金属或半导体表面逸出时所需要的功。对金属来说，它的数值约为几个电子伏特，例如，钨为 4.5 电子伏特，镍为 4.3 电子伏特。在金属表面涂以钡、锶、钙等氧化物后，逸出功显著减少，因此，电子管中常用涂有氧化物的金属作为阴极。

温差电现象　当甲、乙两种不同的导体（或导电类型不同的半导体）连接，如图 1－13 所示时，如果两个接头的温度不同，则在这两接头间就有电动势产生的现象。这种现象又称“塞贝克效应”，是德国科学家塞贝克在 1821 年首先发现的。如将两接头连接，则导体内就有电流产生，这种电流称为“热电流”，在金属中这种效应较小，常用以测量温度。对于半导体效应较大，可用来发电。反过来，如果有电流流过上述闭合电路时，则在一接头处会变冷（放热），另一接头处会变热（吸热），这种现象称为“珀耳帖效应”，是法国科学家珀耳帖于 1834 年发现的。在半导体中这种效应比较显著，可以用来做制冷器。

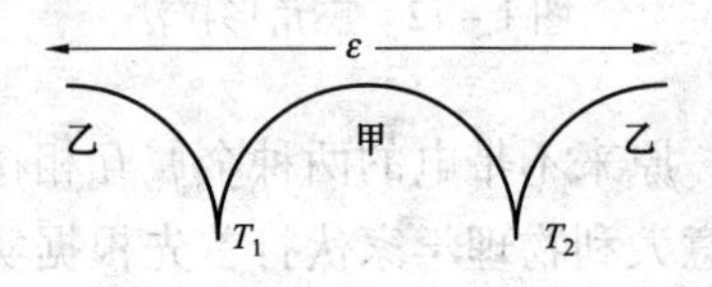

图 1－13　温差电现象

磁学　研究物质磁性及其应用的学科。它以电子论和统计物理学为基础来阐明物质的磁性、顺磁性和铁磁性。由于物质的磁性起源于物质内部电子和核子的运动，而且它们的运动都遵从量子规律和量子统计法，所以现在磁学的研究同量子理论密切有关。在这基础上，磁学又有了很大的发展，目前已从电磁学中分出而成为独立学科。

磁　某些物质能吸引铁、镍、钴等物质的一种属性。古代就已经发现磁石（天然矿物 Fe_3O_4）具有磁性。我国古代四大发明之一，指南针就是用磁石制成的。后来发现，磁体和电流之间，电流和电流之间都有同样的相斥或相吸作用，从而逐步确定了磁和电有紧密联系。磁性起源于电流或实物内部电荷（分子、原子核）的运动。

磁体　具有磁性的物体。天然磁体称为磁石，人造磁体有条形和马蹄形等形状。每个磁体的两端磁性最强，称为磁极。可以水平自由转动的条形磁体或磁针，在地磁场作用下静止时，方向大致指向南、北，指北的一端称为北极（N），指南的一端称为南极（S）。任何磁体都有 N、S 两个磁极。同名磁极相互排斥，异名磁极相互吸引。

磁极强度 简称“极强”，它是表示磁极强弱的物理量。两个强弱相同的磁极，在真空中相距 1cm 时，如果它们之间的相互作用力等于 1×10^{-5}N，则每个磁极的强度就规定为一个电磁系单位制中的磁极强度单位。

磁矩 条形磁体两个磁极间的距离和一个磁极强度的乘积。它是一个矢量，方向规定为沿着两磁极的连线自南极指向北极。电流回路在磁场中所受到的转矩，与条形磁铁在磁场中受到的转矩相似，所以也有磁矩，它的数值与回路面积和电流强度的乘积成正比，方向垂直于回路平面，其指向可用右手螺旋法则确定，即当电流绕着螺旋柄旋转的方向流过时，磁矩方向就是回路平面的法线方向。原子中的电子绕原子核的运动，与电流回路相当，所以也有磁矩，称为“轨道磁矩”。电子本身由于自旋也有磁矩，称为“自旋磁矩”或“本征磁矩”。物质的磁性就是起源于电子的自旋磁矩。除电子外，质子等粒子以及各种原子核也具有磁矩。

磁场 传递运动电荷或电流之间相互作用的物理场，是一种特殊物质。由运动电荷或电流产生，同时对场中其他运动电荷或电流发生力的作用。运动电荷或电流之间的相互作用是通过磁场和电场来传递的。永磁体之间的相互作用只通过磁场来传递。变化的电场可以引起磁场，所以运动电荷或电流之间的作用要通过电磁场来传递。磁场只是统一的电磁场的一个方面。

磁感应强度 表示磁场强弱和方向的物理量。它表示了磁场力的性质，是一个矢量。磁场中某点的磁感应强度，等于磁场对放在该点的通电导线的最大作用力跟电流强度和导线长度的乘积之比，即 $B=F/(IL)$，式中 B 为磁感应强度，F 为作用力、L 为导线长度。磁感应强度的单位为特斯拉（T），1T = 1N/（A·m）。在厘米、克、秒单位制中，磁感应强度的单位为高斯。

$1T = 10^4 Gs$。

磁力线 描述磁场分布情况的假想曲线。曲线上各点的切线方向就是该点的磁场方向。磁力线永远是闭合的曲线。永磁体磁场的磁力线可以认为是从磁体的北极出发回到磁体的南极。磁力线的疏密程度表示该处磁场的强弱。

磁通量 表示磁场分布情况的物理量。通过磁场中任一面积元 dS 的磁通量 $d\Phi$ 等于磁感应强度在该面元法线方向上的分量 B_n 和面积元的乘积，即 $d\Phi = B_n dS$。在匀强磁场中为 $\Phi = BS$，式中 S 为 B 与磁场方向垂直的平面的面积。上式也表示匀强磁场中面积 S 上的磁感应强度的通量，简称磁通量或磁通。$B = \Phi / S$ 表示单位面积上的磁通量，称为磁通密度，表征磁感应强度的大小。当磁感应强度的单位是特斯拉，面积为 m^2，磁通量的单位就是韦伯（Wb），$1Wb = 1T \times 1m^2$。

同名端（对应端） 两个线圈分别由某端点流入（或流出）电流 I_1 和 I_2（见图 1－14），如果它们所产生的磁通量是互相增助的，则该两端叫做同名端（对应端）。

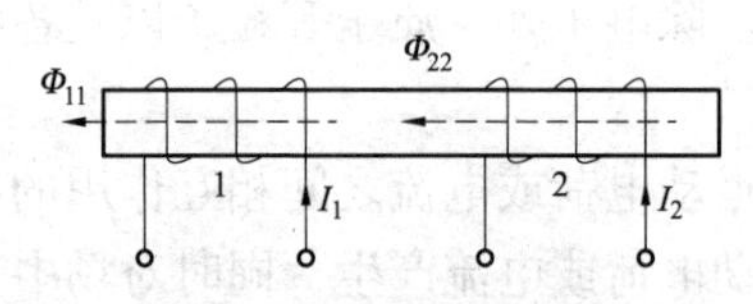

图 1－14 同名端示意图

磁化 使原来不显磁性的物体在磁场中获得磁性的过程。最容易磁化的是铁磁性物质，如软铁、硅钢等。由于电流能够引起很强的磁场，并便于控制，所以常利用电流的磁场使铁磁物质磁化而制成永磁铁或电磁铁。

磁感应 把铁棒等物体置于永磁体附近就能显示磁性的现象。铁棒靠近永磁体 N 极的一端出现 S 极，另端出现 N 极。

安培定则 也就是右手螺旋法则。它是表示电流和它所产生的磁场之间方向关系的定则。

直导线电流的磁场　设想用右手握住一导线，让伸直的大拇指指向电流方向，弯曲的四指所指的方向就是磁力线的环绕方向。

通电螺线管的磁场　设想用右手握住螺线管，让弯曲的四指指向与电流方向一致，那么大拇指所指的方向就是通电螺线管产生的磁场的北极。

地球磁场　简称地磁场，由于地球本身具有巨大的磁性，在其周围就形成了磁场。它的两个磁极接近于地球两极，但并不完全重合。由于受太阳辐射、太阳粒子流、宇宙线的影响，地球磁场强度是逐年变化的。

磁介质　铁磁质、顺磁质和抗磁质的总称，在外磁场中因呈现磁化而加强或减弱磁场的物质。

顺磁质　在外磁场中呈现十分微弱的磁性，磁化方向与外磁场方向相同的物质。这种物质的分子本身具有磁矩。当没有外磁场时，这些磁矩由于分子热运动而无一定方向，所以物质在整体上不显磁性。在外磁场作用下，分子磁矩有沿磁场方向排列的趋势，因而呈现与磁场同方向的磁化。撤去外磁场，物质的磁性立即消失。氧（O_2）、氧化氮（NO）及顺磁性盐等都是顺磁质。

抗磁质　在外磁场中呈现十分微弱的磁性，且磁化方向与外磁场方向相反的物质。抗磁质又称反磁质。这种物质的分子原来不具有磁矩。在外磁场作用下由于磁感应和分子的进动而有与外磁场方向相反的磁矩出现，因而磁化方向与外磁场方向相反。撤去外磁场则磁化立即消失。碱金属盐类及卤素等都是抗磁质。

铁磁质　磁导率很大并随外磁场强度变化而变化的物质。在磁化过程中，当外磁场增加到一定强度时，就发生磁饱和现象，撤去外磁场时，能保持一定程度的磁性，这个特性可用磁畴理论来说明。铁、镍、钴、合金磁钢和某些氧化物等都是铁磁质。

铁氧体　也称磁性瓷，是一种非金属磁性材料。其导电性属于半导体型，导磁性属于亚铁磁性。铁氧体磁性材料可分为硬磁（或称恒磁）、软磁、矩磁、旋磁、压磁等五类。硬磁铁氧体可用于电声（喇叭磁体）、仪表等；软磁体可用于电感元件（中周磁心）；矩磁体用作记忆元件，用于电子计算机，旋磁体用于微波元件；压磁体可作磁致伸缩元件，用于超声波换能器。

永磁材料　能够长期保持较强磁性的物质，如铁、镍、钴、锰钢、硅钢及合金铝镍钴等，某些氧化物也是很好的永磁材料，称为铁氧体（俗称磁性瓷），如钡铁氧体、钴铁氧体等。永磁材料在电工、电子技术等方面有广泛的应用。

剩磁　铁磁质磁化后，当撤去外磁场时仍能保存一些磁性的性质。这时保存的磁感应强度称为剩磁或顽磁。

矫顽力　为了使已磁化的铁磁质失去磁性而必须加的与原磁化方向相反的外磁场强度。矫顽力小的材料，如软铁等，用来制造变压器的铁心或电磁铁，一旦切断电流可以尽快失去磁性。矫顽力大的材料，用来制造永磁体，能够保存磁性。

磁致伸缩　某些晶体（特别是电磁铁）在磁场作用下体积发生微小改变的现象。交变磁场可使晶体发生振动，在适当的频率下，可发生共振。将镍或镍合金等铁磁材料制成的棒置于通有高频强电流的线圈中，可以作为超声波发生器。

电磁铁　利用电流的磁效应使铁心磁化的装置。由软磁材料制成的铁心和激磁线圈组成。当线圈中通以电流时，铁心被磁化，对铁磁体产生吸力；切断电流时铁心去磁，吸力消失。用超导体制成的电磁铁，能产生高达10万Gs的磁场，而线圈几乎不消耗功率。超导电磁铁已用于高能物理、核聚变的研究。

电磁感应　通过闭合回路所包围面积的磁通量发生变化时，回路中产生电流的现象。由于电磁感应而产生的电动势称感生电动势，由于电磁感应而产生的电流称感生电流。电磁感应现象是英国科学家法拉第于1831年首先发现的。电磁感应现象进一步揭示了磁与电之间的紧密依存关系，它在电机工程中得到广泛应用。

楞次定律　感生电流的方向，总是使自己的磁场阻碍原来磁场的变化。楞次定律完全符合能的转化和守恒定律。

右手定则　当导体在磁场中运动时，确定导体中感生电动势方向的定则。伸开右手，使拇指与其余四指垂直，且都和手掌在一个平面内，让磁力线垂直从手心进入，使拇指指向导体的运动方向，这时其余四指所指的就是感生电动势的方向（或感生电流的方向）。

法拉第电磁感应定律　线圈中感生电动势 ε 的大小跟穿过线圈的磁通量 $\Delta\Phi$ 的变化率成正比，即 $\varepsilon = n\Delta\Phi/\Delta t$（$n$ 为线圈匝数），单位为伏特。感生电动势的方向可用右手定则判定。当直导线在磁场中切割磁力线运动时，如果导线运动方向跟导线本身垂直，而且跟磁力线方向成某一角度 α，则导线中产生的感生电动势为 $\varepsilon = BLv\sin\alpha$，式中 B 为磁感应强度，L 为导线长度，V 为导线运动速度。它们的单位分别为伏特、特斯拉、米、米/秒。

变压器　利用电磁感应原理改变电压和电流的一种电气设备，它广泛地应用在输配电、电子技术等方面。其构造原理如图1－15所示，变压器一次绕组和二次绕组中感生电动势 ε 之比等于它们的匝数 n 之比，即 $\varepsilon_1/\varepsilon_2 = n_1/n_2$。如果略去线圈电阻，变压器一次绕组和二次绕组两端电压 U 之比等于它们的匝数 n 之比，即 $U_1/U_2 = n_1/n_2$。变压器工作时，一次绕组和二次绕组中的电流强度 I 跟它们的匝数成反比，即 $I_1/I_2 = n_2/n_1$。

互感器　有电流互感器TA，电压互感器TV，零序电流互感器等，是一种特殊的变压器，其构造原理如图1－16所示。

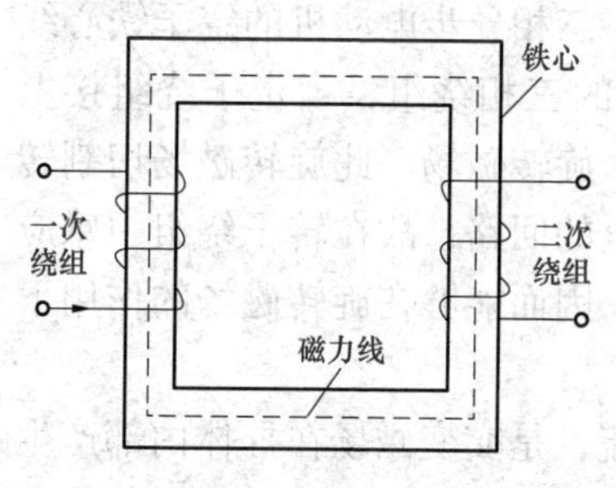

图1－15　变压器构造原理

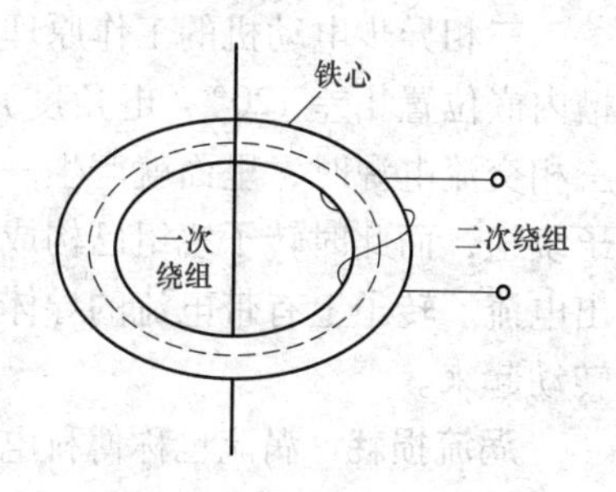

图1－16　互感器构造原理

电动机 常用的封闭式三相异步电动机由定子和转子等构成，如图 1－17 所示。

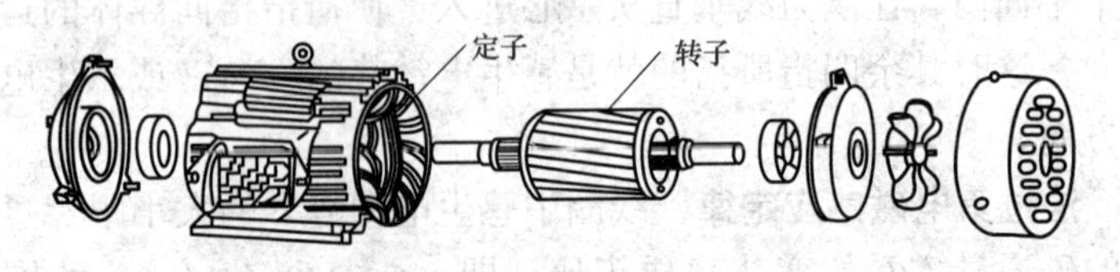

图 1－17 三相异步电动机构造

定子由机座、定子铁心和定子绕组三部分组成。机座又叫做机壳，一般由铸铁做成。它的作用是固定定子铁心，支持端盖。为增加散热面积，封闭式电动机外壳表面还铸有很多散热片。定子铁心是电动机导磁体的一部分。一般用 0.35～0.5mm 厚、表面涂有绝缘漆或有氧化膜的硅钢片压叠而成，以减少铁心的涡流损耗。在定子铁心内圆上冲有嵌放定子绕组的线槽。定子绕组是电动机的电路部分，用漆包线绕制而成。当通入三相交流电时，便产生一个旋转磁场。

转子由转子铁心、转子绕组和转轴三部分组成。转子铁心是电动机导磁体的一部分，呈圆柱体形，用与定子铁心相同的硅钢片压叠而成，外圆冲有均匀分布的槽孔，用以嵌放转子绕组。转子绕组以鼠笼型为例：在线槽内铸铝，以形成笼条、两端短路环和内风扇。这种转子叫做鼠笼式铸铝转子。

三相异步电动机的工作原理：三相异步电动机的定子铁心线槽内嵌位置相差 120°（电角度）的三相绕组，当定子绕组接上三相交流电源时，里面就产生一个旋转磁场。此旋转磁场切割转子绕组，而此时转子绕组已构成电的回路，故在转子绕组中感应出电流。转子上有带电流的导体，因而能够在旋转磁场的作用下转动起来。

涡流损耗 涡流也称傅科电流，是交变磁场在导体内部产生的感生电流，在垂直于磁场方向的平面内沿环形流通，形状像水的旋涡，一般叫做涡电流，简称涡流。磁场变化越快，涡流越强。涡流能使导体发热，大量消耗电能，由涡流产生的电阻损耗称为涡流损耗，因此在许多电器设备中都要设法尽量减小涡流。电机和变压器的铁心不用整块的材料而用涂有绝缘介质膜的薄硅钢片叠压而成，就是为了减少涡流。但是涡流的热效应可以用于加热和冶炼，如高频电炉。涡流的磁效应用于某些仪器中，使指针很快稳定（电磁阻尼作用）。

电介质损耗与电介质击穿　在交变电场中，电介质损耗可分成两部分：①由于电介质都有微弱的导电性，产生泄漏电流，从而引起能量损耗，这部分是较小的；②由于电介质反复极化，它的分子间不断“摩擦”而引起的损耗。电介质损耗转换成热能。对于电工产品，常用介质损耗角 δ 的正切（$\tan\delta$）来衡量介质损耗的大小，并作为绝缘性能的一个指标。绝缘材料的 $\tan\delta$ 一般很小，在 $10^{-4} \sim 10^{-1}$ 之间。

当电场强度增强到一定程度时，电介质内部的极化电荷脱离束缚，遂使泄漏电流剧增而形成导电通道，导致电介质损坏，这种现象称为电介质的击穿。

趋肤效应　也称集肤效应。交流电通过导体时，由于在近导体中心处比导体表面处所交链的磁通量为多，在近表面处的感应电动势就较中心处为小，因而在同一外加电压下，导体表面处的电流密度较大，导体内部的电流密度较小，这种现象称趋肤效应。趋肤效应使导体的有效电阻增加，内电感减少。频率越高，导线的直径、电导率与磁导率越大，趋肤效应越显著。在频率为 50Hz 而直径小于 1cm 的铜线，趋肤效应通常可略去不计。

邻近效应　一个导体内交流电流的分布受到临近导体中交流电流所产生磁场的影响，这种现象称为邻近效应。邻近效应也使导体的有效电阻增加，内电感减少，但它比趋肤效应的影响小得多，只有在导体截面较大，相距很近或频率很高时才需要考虑。

振荡　即电的振动。是电路中的电流（电压）在最大值和最小值之间随时间作周期性重复变化的过程。振荡电流（电压）即交变电流（电压）。在移去外加电动势后，电路能依靠本身存储的能量而发生振荡，称“固有（或自由）振荡”。其电流（电压）的振幅随时间而递减，称“阻尼（或减幅）振荡”。如果周期地供给适量电能，以维持电流（或电压）的振幅恒定的，则称“等幅振荡”。由电路本身所具有的电场和磁场能量之间相互变化而产生的振荡，称为“电磁振荡”。能产生振荡电流的电子电路，称为“振荡电路”，一般由电阻、电感、电容元件和其他电子器件组成。电路所产生振荡的频率，即电路的固有频率，由组成元件的参数决定。例如，由 L、C 组成的无阻尼振荡电路的振荡周期和频率分别是 $T = 2\pi\sqrt{LC}$，$f = 1/(2\pi\sqrt{LC})$。

第二节 电力生产及电网知识

一、电力生产过程

目前电源主要是由火电、水电、核电等汇集起来的，新的发展趋势可以用太阳能、风力、潮汐能、地热等能源发电。火电是利用煤、石油、天然气为燃料，加热水蒸气推动汽轮机转动，带动发电机发电；水电是利用水的落差冲动水轮机带动发电机发电，如装机 21 台/271.5 万 kW 的葛洲坝水电站，以及 26 台/1820 万 kW 的三峡水电站；核电与火电原理相仿，只是原料用铀（U），即 -235 钚（PU）在核反旋堆里聚变加热水蒸气而发电。

由于电是二次能源，受生产条件的限制，电厂大都建在离用电点较远的地方，为了减少电能的损失，一般要把各发电厂的输出电压（6.3、10.5、13.8、15.75、18kV）经过 35、110、220、500kV 升压，然后再逐次降压几个环节，由电力线路把电送到用电点（小发电机组的输出电压为 400V，一般只供给附近用户用电）。电能是不能大量储存的，生产、输送与消耗是同时完成的，并且随时保持平衡。

二、电网基本知识

通常将发电、送电、变电、配电到用电的有机整体称为电力系统。电力网络则是将送电、变电、配电联系起来的总称，简称电网。供电企业管理电网。

电网按其在电力系统中的作用不同，分为输电网和配电网。输电网是以高电压甚至超高电压、特高电压将发电厂、变电所或变电所之间连接起来的送电网络，所以又可称为电网中的主网架，其作用是输送电力，而不直接和用户打交道。直接将电能送到用户的网络称为配电网，即分配电力给各个用户的网络。配电网的电压因用户的需要而定，因此，配电网又分为高压配电网（电压在35kV及以上，配接特大负荷用户）、中压配电网（电压在10、6kV，配接较大和中等负荷用户和公用变压器）、及低压配电网（380V/220V，配接较小负荷用户，以及广大家庭用电户）。

市县电网一般采用高压（220V～110V～35kV）输电网和中、低压配电网。中压配电网由市县供电企业营销部门归口、各乡镇供电所直接管理，其中中压专用线路配接较大负荷用户（如配电变压器在3150kVA及以上的用户），中压公用线路配接中等负荷用户和公用变压器。低压配电网由乡镇供电所归口、农电工直接管理，低压公用线路配接较小负荷用户，以及广大家庭用电户。

从功能元件上分，电网是由电力线路（输电线路和配电线路）、电力变压器（升压变电所和降压变电所中的主变压器及电力用户的配电变压器）、开关设备（油断路器、断路器、熔断器、隔离开关等）、电气测量仪表（含电能计量装置）、功率补偿设备（如并联电容器等）、继电保护装置等元件所组成。这就是说，在电力系统中，除发电厂（火力发电厂、水力发电厂和核能发电站等）和电力用户的用电设备、器具之外，具有承担输送和分配电能功能（或任务）的电气线路和设备（或元件、装置）按照一定规则所连接成的网络，就是电网。

电能生产、输送和消费的主要特点 电能与其他能源不同，不能大规模储存，发电、输电、配电和用电在同一瞬间完成；发电和用电之间之须时刻保持供需平衡，一旦平衡被破坏，将危及用电和设备的安全。因此电网坚强和电力调度及时正确非常重要。

三、远距离、高电压输电的意义

未来10年是我国工业化和城市化推进的关键时期，经济保持较快增长，能源电力需求仍将持续快速增长。预计2015、2020年全国全社会用电量分别达到6.1万亿kWh和7.8万亿kWh（相应最大负荷分别达到9.9亿kW和12.8亿kW），“十二五”、“十三五”期间年均增长7.7%、5.2%。

目前，我国京广铁路线以东是能源电力消费的主要地区。2010年，中东部地区用电量占全国的69.2%。随着西部大开发、产业结构调整和转移，未来西部地区用电比重将有所提高，但中东部地区由于基数较大，在今后相当长时期内仍会是全国的电力负荷中心，预计到2020年，中东部地区用电量占全国的68.3%。

我国地域辽阔，能源资源和消费分布不均衡，能源资源丰富地区远离经济发达的能源消费中心地区。我国2/3以上的经济可开发水能资源分布在四川、西藏、云南三省区，3/4以上的煤炭保有储量分布在山西、陕西、内蒙古、宁夏、新疆五省区，陆上风能资源集中分布在华北、东北、西北地区，太阳能资源集中分布在西藏、西北、内蒙古地区。今后我国的能源资源开发主要集中在西部和北部地区，开发重心逐步西移和北移，而东部地区经济持续快速发展，能源需求量大，导致我国能源产地与能源消费地区之间距离越来越远，能源基地到负荷中心距离约800～3000km，能源输送的规模也越来越大。能源资源和消费中心逆向分布的基本国情，决定了我国能源及电力流动具有跨区域、远距离、大规模的特点，电力输送呈现“西电东送、北电南送”的基本格局。

远距离输电为什么要提高电压等级？这是因为远距离输电线路的输电能力近似与电网电压的平方成正比，与线路的阻抗成反比，而线路损耗与线路电阻乘以线路电流平方成正比。在输送容量一定时，电压提高，电流降低，线路损耗随之降低。如同塔双回特高压 1000kV 线路送电 1000 万 kW、输电距离 1000km 时，线损率仅为 3.5%；如果果采用 4 组同塔双回紧凑型 500kV 输电线路，线损率将达到 8.3%。特高压输电线路比 500kV 输电线路线损率降低约 58%。因此，实现大容量、远距离、低损耗输电必须要提高电压等级。

四、输电电压等级与形式

电能的远距离输送分交流输电与直流输电两种形式。

交流输电电压在国际上分为高压、超高压和特高压。国际上，高压（HV）通常指 35～220kV 的电压；超高压（EHV）通常指 330kV 及以上、1000kV 以下的电压；特高压（UHV）指 1000kV 及以上的电压。我国与国际上的划分标准是一致的。

直流输电电压在国际上分为高压和特高压。高压直流（HVDC）通常指的是 ±600kV 及以下直流系统，±600kV 以上的直流系统称为特高压直流。在我国，高压直流指的是 ±660kV 及以下直流系统，特高压直流指的是 ±800kV 及以上直流系统。

特高压电网具有输电容量大、距离远、能耗低、占地省、经济性好等优点，是大范围配置能源资源的重要手段。因此，我国发展特高压电网是十分必要的。我国特高压电网建成后，将形成以 1000kV 交流输电网和 ±1100、±800kV 直流系统为骨干网架的、与各级输配电网协调发展的、结构清晰的现代化大电网。

为什么除了特高压交流输电外还有直流输电？这是因为交流输电和直流输电的功能和特点各不相同。交流输电主要用于构建网络，类似“高速公路网”，中间可以落点，电力的接入、传输和消纳十分灵活，是电网安全运行的基础；交流电压等级越高，电网结构越强，输送能力越大。直流输电不能形成网络，类似

"直达航班"，中间不能落点，适用于大容量、远距离输电；多馈入、大容量直流输电必须有稳定的交流电压才能正常运行，需要依托坚强的交流电网才能发挥作用，保证电网安全稳定运行。

根据我国能源状况和负荷分布特点，特高压交流定位于主网架建设和跨大区送电，使特高压交流电网覆盖范围内的大型煤电、水电、风电、核电就近接入；特高压直流定位于大型能源基地的远距离、大容量外送，西南水电基地、西北及新疆等煤电、风电基地和跨国电力通过直流输送。构建"强交强直"混合电网，可以充分发挥两种输电方式的功能和优势，保证电网安全性和经济性。

五、特高压同步电网

同步电网是指电网中并列运行的发电机以同步功率相互连接、在同一额定频率下运行的电网模式。特高压电网指的是以1000kV 输电网为骨干网架，超高压输电网和高压输电网以及特高压直流输电、高压直流输电和配电网构成的分层分区、结构清晰的现代化大电网。以特高压为最高电压等级构建骨干网架的同步电网称为特高压同步电网。

同步电网的优越性在于：电力系统中的发电和用电均为交流，而且交流电压转换方便，适用于不同距离和容量的电力输送，同步电网是电网发展的基本规律，在技术、经济上有很大的优越性，主要有：① 对电源结构、负荷分布和电力流的变化适应性强；② 电网规模越大，接入发电机越多，抵御扰动和故障冲击的能力越强；③ 网损较小，有利于节约能源；④ 网间交换能力强，可以充分获取错峰、调峰、水火互济、跨流域补偿、互为备用和调剂余缺等联网效益；⑤ 大受端电网接受远距离、大容量外来电力的能力强。

我国目前同步电网的基本格局是：华北与华中电网采用1000kV 交流联网；东北与华北电网通过高岭直流背靠背工程实现异步联网，华中与华东电网通过葛洲坝—南桥、龙泉—政平和宜都—华新直流工程实现异步联网；华中与南方电网通过三峡—广东直流工程实现异步联网；西北与华中电网通过灵宝直流背靠背工程、德阳—宝鸡直流工程实现异步联网。全国形成东北、华北—华中、华东、西北、南方五个主要的同步电网。

电网作为电力传输的唯一载体，也是重要的能源传输途径之一。国家电网公司按照国家提出的建设“资源节约型、环境友好型”社会的要求，贯彻国家能源发展战略，提出“一特四大”战略，就是以大型能源基地为依托，建设由1000kV交流和±800、±1100kV直流构成的特高压骨干网架和各级电网协调发展的坚强电网，实施大规模、远距离、高效率输电，促进大煤电、大水电、大核电、大型可再生能源基地的集约化开发，大范围优化配置能源资源，保证电力的长期稳定供应，更好地满足经济社会发展的需要。

六、“三华”同步电网

通过特高压交流网架将我国华北、华东和华中区域电网联结起来形成的特高压同步电网，称为“三华”同步电网。“三华”同步电网连接北方煤电基地、西南水电基地和华北、华中、华东负荷中心地区，覆盖地理面积约320万km^2。到2015年，全国将形成东北、“三华”、西北、南方四个主要的同步电网。

到2020年，预计“三华”同步电网总装机容量约10亿kW，占全国的57%；全社会用电量约5.26万亿kWh，占全国的67%；与北美东部电网等国外现有大型同步电网的规模基本相当。

第三节　智能电网

智能电网是未来崭新的电网形式。

近年来，随着各种先进技术在电网中的广泛应用，智能化已经成为电网发展的必然趋势，发展智能电网已在世界范围内形成共识。2010 年 3 月，国务院总理温家宝在《政府工作报告》中正式提出“加强智能电网建设”，智能电网理念逐渐深入人心。国家电网公司为落实国家能源战略部署，推动低碳经济发展，促进经济发展方式转变，结合我国经济发展布局和能源特点，充分发挥特高压输电和电网智能化技术的综合优势，提出了建设安全水平高、适应能力强、配置效率高、互动性能好、综合效益优的坚强智能电网的重大举措。

国网公司拟定的智能电网发展规划为：2009～2010 年，规划试点阶段；2011～2015 年，全面建设阶段；2016～2020 年，引领提升阶段。

一、智能电网概述

智能电网是将先进的传感量测技术、信息通信技术、分析决策技术、自动控制技术和能源电力技术相结合，并与电网基础设施高度集成而形成的新型现代化电网。简言之，智能电网就是在传统电网基础之上，加入最新技术和设备，而形成的崭新电网，虽然外表看起来仍是变电站、线路那么一套，但实质上有了质的进步。

1. 智能电网构成

智能电网是电力传输环节全部智能化的总称，从电能流动方向排序，包含智能发电、智能输电、智能变电、智能调度、智能配电、智能用电。

2. 智能电网的实质性进步

（1）以特高压电网为骨干网架、各级电网协调发展，形成坚强网架、强大的电力输送能力。

（2）大型发电机组优化控制，可再生能源安全稳定接入电网，使发电更智能。

（3）采用控制策略先进、电压等级高、控制容量大的柔性交直流输电装置，开展输电线路设备状态监测，使输电更智能。

（4）电力企业的调度中心和变电所利用现代有线、无线通信技术采集信息，利用现代计算机技术进行信息分析加工，利用现代控制技术和设备，对电力负荷进行优化控制。

（5）在供电企业和用户连接的配电领域，采用先进的开关、配电变压器、计量装置、控制保护装置、电能质量监测和治理装置，实现电力负荷优化智能分配。

（6）在电网末端的用电领域，采用智能双向电能表计量电能，采用先进通信技术与设备实现供电部门与用户信息交互，及时准确地开展电费收缴、报修、报装等涉电业务。

3. 智能电网与传统电网的比较

（1）传统电网比较脆弱，遇大风、暴雪等自然灾害往往造成大面积停电；智能化程度低，电源的接入与退出、电能量的传输等都缺乏灵活性，电网的协调控制能力不理想，电网和发电厂突发大的故障往往影响面巨大。智能电网则要坚强多了，在自然灾害、极端气候条件下或外力破坏情况下仍能保证电网的安全运行；在电网发生大扰动和故障时，仍能保持对用户的供电能力，而不发生大面积停电事故。

（2）传统电网供电能力低，自动化、智能化程度低，系统自愈及自恢复能力很差。智能电网具有实时、在线和连续的安全评估和分析能力，强大的预警和预防控制能力，以及自动故障诊断、故障隔离和系统自我恢复的能力，自愈能力强。

（3）传统电网能量单向流动，不兼容可再生能源的接入。功能单调，除供电外别无用处。智能电网支持可再生能源的有序、合理接入，适应分布式电源和微电网的接入，能够实现与用户的信息交互和高效互动，满足用户多样化的电力需求并提供对用户的增值服务，兼容能力强。

（4）传统电网资源利用率低，电能损耗较大。智能电网实现发电资源的优化配置和供电线路设备的合理使用，发展电力传输距离短的分布式电源和微电网，有效降低电网损耗，提高能源利用效率，经济性好。

二、智能电网新技术

1. 分布式发电

分布式发电，也称分散式发电或分布式供能，指位于电能消费地点或距其很近的地方，充分利用废气、废热、余压差、可再生能源（如太阳能、沼气、风能、小水电等），以及电力储能装置（如各类新型蓄电池、超级电容器、飞轮储能等）进行发电，发电的规模一般不大，通常为几十千瓦到几十兆瓦，可兼容不同规模、不同燃料、不同技术特点的各类电源的发电系统。

传统的集中式发电具有大型化、巨型化的特点，分布式发电直接接在负荷侧，在意外事故、灾害发生时能继续供电，可以作为集中式发电的一种重要补充，从而提高电力系统运行的灵活性、可靠性和安全性。

比如农村用户和城乡结合部用户的特点，是有一个面积较大的小院，盖一层平房或二、三层小楼，有条件搞屋顶光伏发电。过去阳光暴晒屋顶极热，下面房间热得不能住人，不得已在屋顶上搭凉棚或铺设隔热层，下面房间还要安装空调耗费电能降温。在屋顶搞光伏发电，既获得了可观的电能，又降低了下面房间温度，还避免了暴晒对房顶的损伤，一举三得。

夏收，尤其是秋收后，农村有大量的秸秆，堆积在田头、村边，到处杂乱堆积，既不雅观又影响耕作、生活。若用秸秆燃烧发电，则解决了农村一大难题。

但分布式发电是一个新生事物，任何新生事物的成长必定是艰难的，以城乡屋顶光伏发电为例，目前其发展面临一些瓶颈：一是成本较高，需要政府和社会政策、资金支持。二是其接入配电网应满足一定的技术要求，不应对所联配电网的正常运行造成危害；并网时不应造成过大的电压波动；应配备继电保护，以使其能检测何时应与电力系统解列，并在条件允许时以孤岛方式运行；较大容量（如几百千伏安至1MVA）的分布式发电，应服从供电部门调度中心的统一调度，即需要供电部门工作配合和技术支持。

2012年10月26日，国家电网公司在北京召开服务分布式光伏发电并网新闻发布会，正式发布《关于做好分布式光伏发电并网服务工作的意见》。这是在我国光伏产品遭遇欧美双反调查，光伏产业发展面临巨大挑战的关键时刻，国家电网公司为促进国内光伏产业健康持续发展，向社会做出郑重承诺的标志性会议。

在《关于做好分布式光伏发电并网服务工作的意见》中，国家电网公司就分布式光伏发电并网主要问题做出以下解释和承诺：

（1）合理确定分布式光伏发电界定标准。根据国际上有关国家及组织界定标准和我国电网特点，考虑10kV单回线路输电容量约5～8MW，并且国家对电源的统计口径为6MW及以上，意见明确的适用范围是：位于用户附近，所发电能就地利用，以10kV及以下电压等级接入电网，且单个并网点总装机容量不超过6MW。根据测算，该范围能涵盖所有的屋顶光伏发电和光电建筑一体化项目。

（2）真心实意提供一切优惠条件。电网企业为分布式光伏发电项目业主提供接入系统方案制定、并网检测、调试等全过程服务，不收取费用。支持分布式光伏发电分散接入低压配电网，允许富余电力上网，电网企业按国家政策全额收购富余电力，上、下网电量分开结算。分布式光伏发电项目免收系统备用费。

（3）全心全意做好并网服务。针对分布式光伏发电项目特点，明确由地市公司负责具体并网工作，压缩了管理层级；由“客户服务中心”一口对外，并网流程遵循“内转外不转”原则，减少了业主协调难度；380V电压接入项目类似业扩报装流程办理，减少了管理环节；限定了并网关键节点时间，全部并网流程办理周期约45个工作日（不含工程建设时间）；随时提供并网相关问题咨询服务。

（4）为并网工程开辟绿色通道。由分布式光伏发电接入引起的公共电网改造，以及接入公共电网的接网工程全部由电网企业投资。公司为公共电网改造和接入公共电网的接入系统工程开辟绿色通道，接入系统方案一经业主确认，地市公司即可安排实施，省公司纳入投资计划，总部纳入综合计划统一调整，确保电网和光伏发电项目同步实施。

（5）合理确定接入系统技术原则。分布式光伏发电项目可以专线或T接方式接入系统；接入用户侧的分布式光伏发电项目，可采用无线公网通信方式；送出线路的继电保护不要求双重配置；380V接入的分布式光伏发电项目，只要求电量上传功能。

此外，为解决安全可靠并网问题，引导分布式光伏发电接入系统设计规范化、标准化，国家电网公司正组织科研设计单位编制《分布式光伏发电接入系统典型设计》并将于近期发布。分布式光伏发电并网绿色通道的建立以及一系列标准和细则的制订，将大大优化并网流程，简化并网手续，提升服务效率，切实提高并网服务水平。

2012年11月10日，为了应对欧美反倾销，国家财政部、科技部、住建部、国家能源局联合发布通知，将在今年上半年金太阳和太阳能光电建筑应用示范工作基础上，于今年年底前再次启动一批示范项目。这是继国家能源局发布申报分布式光伏发电规模化应用示范区后，又一扶持光伏产业、尽快启动国内市场的强力措施。

在政府和社会政策支持、供电企业技术支持的情况下，城乡分布式发电将迎来大发展。

2. 微电网

微电网是由分布式发电系统、储能系统和负荷等构成，可同时提供电能和热能的独立网络。微电网既可以平滑接入公共电网并联运行，也可以单独运行，用内部电能供应内部负荷，充分满足用户对电能质量、供电可靠性和安全性的要求。

在深山中、沙漠中、森林中，在一些经济欠发达的农村地区，距离大电网很远，自身用电量很小，要形成一定规模的、强大的集中式输配电网需要巨额的投资和很长的时间周期，且运行后线路损耗巨大、电压质量很低，无论从技术上，还是从经济上来说，都很不合理。而分布式发电可以弥补集中式发电的这些局限性，微电网可以覆盖传统电力系统难以达到的偏远地区，并提高该地区的供电可靠性和电能质量。

3. 电动汽车

这几年我国汽车保有量迅速提升，每年耗费大量汽油、柴油等石化燃料，开采石油、石油冶炼、汽车尾气排放要破坏生态和污染大气环境，而发展电动汽车可以解决这些难题。

当前电动汽车主要有 2 种类型：① 纯电动汽车；② 混合动力汽车。前者完全由蓄电池提供动力，以车载可充电电池作为储能动力源，用电动机来驱动车辆行驶；后者装有两种或两种以上动力源，主要以电力驱动，同时搭载汽油或柴油内燃机配用。电动汽车的充电模式主要是交流充电，通过交流充电桩或充电站为具有车载充电机的电动汽车提供交流电能，由车载充电机实现交/直流变换，为车载电池充电；其次还有直流充电等。

交流充电桩一般系统简单，占地面积小，安装方便，可安装在各种停车场，操作使用简便，适于遍地开花。充电站通常配备多台直流充电机和交流充电桩，适于定点设置。

电动汽车充放电技术属智能用电技术领域。

对于电力行业来说，电动汽车充放电技术是新生事物，还有许多方面需要研究、开发和完善，包括电动汽车与电网间能量转换控制、电动汽车和充电设施与电网间通信、双向计量计费、柔性充电控制、充电网络运行对配电网运行影响等电动汽车充放电关键技术，充放电设备及系统研发。其逐步发展和完善，将为电动汽车的大发展、为节能减排打下良好基础。

4. 智能小区

随着城市化进程的加快，和农村小区化建设的开展，越来越多的人住进了城市、乡镇和农村的居民小区，把极有发展前景的居民小区建设成为智能小区，显然是智能电网建设的一个重要环节。

智能小区是采用光纤复合低压电缆（是一种将光纤复合在电力电缆的内部，具有电力传输和和光通信传输能力的电缆，适用于0.6kV/1kV及以下电压等级）或电力线载波等先进技术，供应电力和构建覆盖小区的通信网络，综合运用计算机技术、综合布线技术、通信技术、控制技术、测量技术等多学科技术领域，对用户供用电设备、分布式电源、公共用电设施等进行监测、分析、控制，实现核心服务和增值服务功能，其中，核心服务主要包括用电信息采集、双向互动服务、分布式电源接入及储能、电动汽车有序充电、小区配电自动化等；增值服务主要包括智能家电控制、信息发布、视频点播、网络接入、“三网融合”、社区服务、家庭安防等。是一种多领域、多系统协调的集成应用。

5. 智能家居

家庭用电如何智能化，是智能电网建设的一个重要的、基础的环节。

智能家居的主要目标是为人们提供一个集服务、管理于一体的高效、舒适、安全、便利、环保的居住环境。应用先进的计算机技术、通信网络技术和传感技术，通过智能交互终端、智能插座、智能家电等的组网与互联，将与家居生活有关的各种设备和各类应用软件系统有机地结合到一起，可以对家用电器用电信息自动采集、分析和管理，实现家电自动控制和经济运行，实现家庭内部信息共享和通信，又可以与家庭外部网络进行信息交换，实现家居设备的远程控制，这就使靠人工操作的、呆板的家庭用电，变成了内部可以自动控制、外部可以自由联通的智能的家庭用电。

具体来说，带给用电家庭的便利有以下几点：

（1）实现用户与电网企业互动，获取用电信息和电价信息，进行用电缴费和用电方案设置等，指导家庭科学合理用电。

（2）不仅实现电能表的自动抄表，还支持远程缴费，而且附带还能实现水表、燃气表等的自动抄表、远程缴费。

（3）过去家用电器只能人工按控制按钮操作，出门在外则无法检测、控制；长期出差在外担心家内是否安全。智能家居通过电话、手机、互联网等方式实现家居的远程控制，及时发现用电和其他异常，并能及时报警与处理（如完成烟雾探测、燃气泄漏探测、防盗、紧急求助等）；支持与物业管理中心的社区主站联网，实现家居安防授权和社区增值服务。

（4）过去进出家庭的有电线、电话线、宽带线、有线电视线等，纷繁复杂。智能家居采用光纤复合低压电缆供电和构建家庭的通信网络，轻松实现家庭内外信息的互联互通。

（5）过去家庭是消费电网电能的，现在家庭可以发展屋顶光伏发电等分布式电源，既可自用还可（通过双向电能表计量）上网售电，从而有效降低家庭用能费用支出，促进用电家庭角色转变，提高清洁能源消费比重，减少环境污染。

第四节 电能质量及电力负荷知识

一、电能质量

电能的质量是保证供给用户额定合格的电压、频率和正弦波形，如35kV电压允许波动±15%，10kV电压允许波动±7%（波动范围9300～10 700V），400V低压三相用户电压允许波动±7%（波动范围353.4～406.6V），220V低压单相用户电压允许波动+5%、−10%（波动范围198～235.4V）。频率额定值为50Hz，允许范围为±0.20%。电压波形为正弦波，其畸变率极限值不得超过表1－1规定的数值。

表1－1中第n次谐波正弦波形畸变率DFV_n为第n次谐波电压有效值U_n与基波电压有效值U_1的百分比，即

$$DFV_n = (U_n / U_1) \times 100\%$$

假如电能质量不合格，对厂矿企业来说，会影响电动机转速，造成产品厚薄不均、精密测量不准、自控程序打乱等，不能正常生产，容易导致设备损坏。对于广大城乡家庭来说，电能质

表 1-1　电网电压正弦波形畸变率极限值

用户供电电压（kV）	总电压正弦波形畸变率 DFV 极限值（%）	各奇、偶次谐波电压正弦波形畸变率 DFV_n 极限值（%）	
		奇次	偶次
0.38	5	4	2
6 或 10	4	3	1.75
35 或 63	3	2	1
110	1.5	1	0.5

量主要是电压质量，即供电电压是否合格，电压过低可能造成家用电器启动不起来、工作不正常、甚至发热烧毁等问题。

二、电力负荷

电力系统中，在某一时刻所承担的各类用电设备消费电功率的总和，叫电力负荷。单位用千瓦（kW）、兆瓦（MW）表示，$1MW = 1000kW = 10^6W$。按照各种统计要求，可分为如下种类。

（1）按供用电的不同，可分为：

1）用电负荷。是指用户的用电设备在某一时刻实际取用的功率的总和。通俗地讲，就是用户在某一时刻对电力系统所要求的功率。从电力系统讲，则是指该时刻为了满足用户用电所需要具备的发电出力。

2）线路损失负荷。电能从发电厂到用户的输送过程中，不可避免地会发生功率和能量的损失，与这种损失相对应的发电功率，叫做线路损失负荷。

3）供电负荷。用电负荷加上同一时刻的线路损失负荷，是发电厂对外供电时所承担的全部负荷，称为供电负荷。

（2）按符合发生的时间不同，可分为：

1）高峰负荷。又称最大负荷，是指电网或用户在一天内所发生的最大负荷值。为了分析的方便，常以小时用电量作为负荷，如选一天 24h 中最高的一个小时的平均负荷作为高峰负荷。

2）低谷负荷。又称最小负荷，是指电网或用户在一天内所发生的最少的小时平均电量。

3）平均负荷。是指电网或用户在一段时间内的平均小时电量。为了分析负荷率，常用日平均负荷，即一天的用电量被一天的用电小时来除，较宏观的有月平均负荷和年平均负荷。

（3）按供电对象的不同，可分为：

1）工业用电负荷，主要为三相动力负荷和电热负荷。又可分为连续工作制负荷、短时工作制负荷和反复短时工作制负荷。

2）农业用电负荷，主要为三相动力负荷，使用时间受季节、昼夜影响较大。

3）照明及生活用电负荷，绝大多数为单相负荷，容量变化较大，使用时间受昼夜、季节、生活习惯、工作规律等因素的影响。

（4）按用电的重要性和中断供电以后可能在政治上、经济上所造成的损失或影响程度，又可分为：

1）一级负荷。也称一类负荷，是指突然中断供电，将会造成人身伤亡，或会引起对周围环境严重污染；将会造成政治上的严重影响，或会造成经济上重大损失者。一级负荷应由两个电源供电。

2）二级负荷。也称二类负荷，是指突然中断供电，将会造成政治上较大影响，或会造成经济上较大损失者。二级负荷亦应由两个电源供电。

3）三级负荷。也称三类负荷，是指不属于上述一级和二级负荷者。对这类负荷突然中断供电，所造成的损失不大或不会造成直接损失。对供电电源无特殊要求。

（5）按党和国家各个时期的政策，和季节、自然灾害等的要求，又可分为：

1）优先保证供电的重点负荷。

2）一般性供电的非重点负荷。

3）可以暂时限制或停止供电的负荷。

三、负荷率

负荷率是指在规定时间（日、月、年）内的平均负荷与最大负荷之比的百分数。平均负荷是整个运行期间内所供应或耗用的总电量除以该期间的小时数。最大负荷是指同一期间（1 日、1 月或 1 年）内，按时间 15、30min 或 1h 计算的最大平均负荷。负荷率用来衡量在规定时间内负荷变动情况，以及考核电气设备的利用程度。负荷率用 f 表示，例如日平均负荷率 $f = I_{pj}/I_{max}$，式中 I_{pj} 为平均负荷电流值，I_{max} 为最大负荷电流值。

某电网的负荷率，是电网一定时间内的平均有功负荷与最高有功负荷的百分比，用以衡量平均负荷与最高负荷之间的差异程度。

负荷率是反映发电、供电、用电设备是否充分利用的重要技术经济指标。从经济运行方面考虑，负荷率越接近 100%，表明设备利用程度越高，即在供用电设备不变的情况下，多供电量。

四、线路负荷曲线形状系数

电力系统中的负荷是不断变化着的，把负荷随时间的变化画成曲线，就是负荷曲线，常用的有日负荷曲线、月负荷曲线、季负荷曲线、年负荷曲线。

实用中，为了画出负荷曲线，常以线路首端整点电流代表负荷，则在平面坐标系中，以横坐标表示整点（以日负荷曲线为例：1h 整、2h 整，…，24h 整），纵坐标表示整点电流，标出各点，连接各点就形成负荷曲线。

负荷起伏变化情况，既可通过观察负荷曲线的陡急程度和平缓程度，来定性看出，也可用线路负荷曲线形状系数 K 来定量描述

$$K = \frac{I_{jf}}{I_{pj}} = \frac{\sqrt{(I_1^2 + I_2^2 + \cdots + I_n^2)/n}}{(I_1 + I_2 + \cdots + I_n)/n}$$

式中 I_{jf} 叫均方根电流，I_{pj} 叫平均电流。

线路负荷曲线形状系数 K 比较抽象，但其在线损理论计算和线损定量分析中经常用到，很有用处。为了增加理解，下面将负荷变化与 K 值的关系列于表 1－2，供比较、体会。

表 1－2　负荷变化与 *K* 值的关系

负荷变化规律	I_1	I_2	I_3	I_4	I_5	K 值
均衡	1	1	1	1	1	1.000
+1 等差递增	1	2	3	4	5	1.106
2 倍 +1 等差递增	2	4	6	8	10	1.106
+2 等差递增	1	3	5	7	9	1.149
10 倍 +2 等差递增	10	30	50	70	90	1.149
+3 等差递增	1	4	7	10	13	1.169
+4 等差递增	1	5	9	13	17	1.181
+5 等差递增	0	5	10	15	20	1.225
+7 等差递增	0	7	14	21	28	1.225
+10 等差递增	0	10	20	30	40	1.225
×5 等比递增	1	5	25	125	625	1.826
指数 +1 递增	1	10	100	1000	10 000	2.023

第五节　电工检测仪器仪表

人们常说“电看不见摸不着”，但用电气测量仪表可以“捕捉”到，这就是电气测量的意义。电工安装、维修离不开电气测量仪器。“工欲取其利，必先利其器”，具备一定的电气测量知识和经验，是电工和电力工作者的主要技能。

一、低压验电器

低压验电器又称为验电笔，它被比喻为电工的“眼睛”，是用来检测物体是否带电的一种电工专用工具。检测电压范围在

60～5000V之间。常用器具形式主要由有笔式、螺丝刀式和数显式等（见图1－18）。

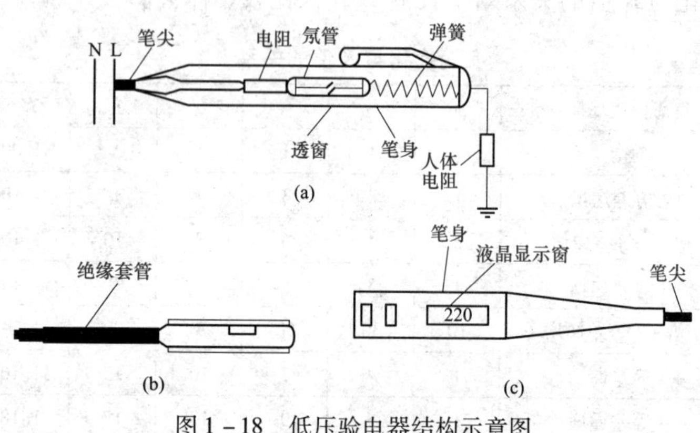

图1－18　低压验电器结构示意图

（a）笔式；（b）螺丝刀式；（c）数显式

（1）结构组成。常用的验电笔由氖管、电阻、弹簧、笔身和笔尖等组成。

（2）验电原理。用验电笔验电时，被测带电体（例如图中相线L）通过电笔、人体与大地之间形成电位差，产生电场，电笔中的氖管在电场作用下便会发出红光。

（3）验电笔握法。在使用电笔时，应采用正确的握法，并使氖管窗口面向自己，便于观察（见图1－19）。

（4）注意事项。因为结构简单，验电笔只能定性验证有没有电，需取得准确数值还应配合万用表判断。实际工作中，验电笔与万用表相辅相成，验电笔体积小巧便于经常携带在身上，随时可拿出来验电，取其方便；而万用表必要时才拿来用，取其准确。

三、电流表

电流是电能的表征，用电没有、用电多少，一测电流便知，电流测量在电气测量中居于最重要的位置。电流表分交流、直流两大类，以符号－、～示之。电流表在电气测量中是串联在被测

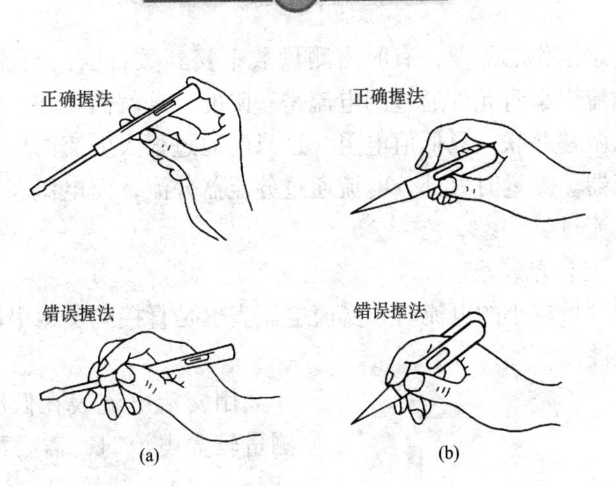

图 1－19　低压验电器握法

（a）螺丝刀式；（b）笔式

电路中使用的，知道这一点非常重要，万用表作为电流表使用时也是如此。为了不影响电路本身的工作，要求电流表的内阻越小越好。电流表外形如图 1－20 所示。电流表一般以安（A）为单位，也有的以千安（kA）或者毫安（mA）、微安（μA）为单位。

1. 直流电流表

直流电流表的接线端子分正负极性，串联在电路中时，电流应从电流表的正极流入，再从电流表的负极流出，图 1－21 所示为直接接入式直流电流表线路。电流表直接接入电路中使用时，只适用于测量电流不太大的电路。

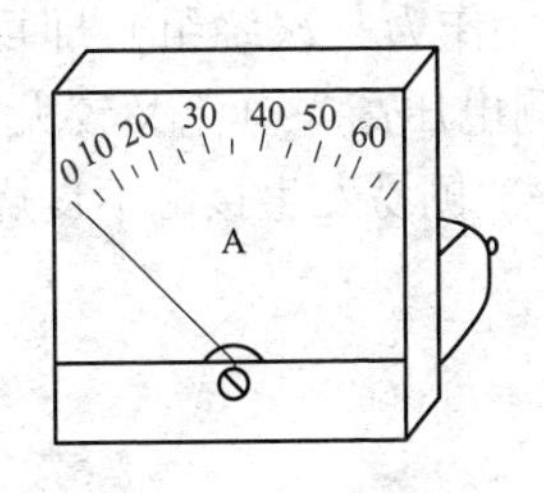

图 1－20　电流表外形

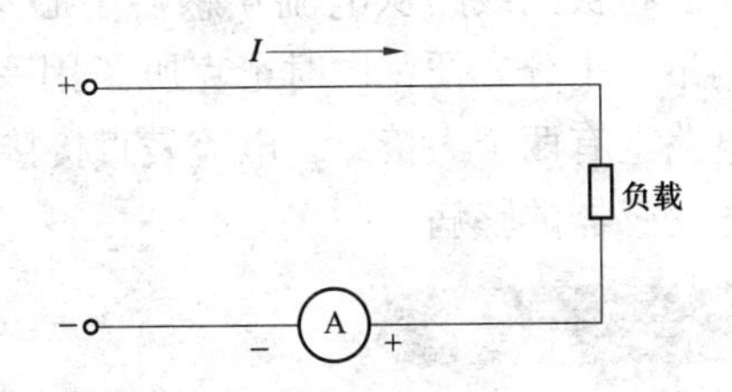

图 1－21　直接接入式直流电流表线路

由于工作的需要，有时需测量数十安到数百安的直流电流，由于电流表本身允许通过的电流是有限的，这就需要在电流表接线端子两端并联一只低值电阻，这只能通过很大电流的低值电阻叫分流器。测量时大部分电流通过分流器分流，而电流表只有少量电流流过。

2. 交流电流表

在测量较小的电流时，交流电流表也是直接与负载串联，但不分极性。

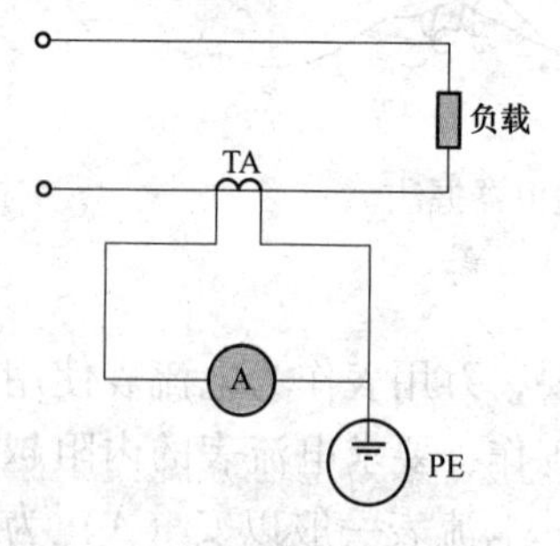

图 1－22　交流电流表配接电流互感器

欲用交流电流表在低压电路中测量较大电流时，需要配接电流互感器 TA，其接线方法如图 1－22 所示。它是将电流互感器一次绕组与电路中的负载串联，二次绕组接电流表，PE 为保护接地。通常电流互感器的一次绕组通过最大电流时，二次绕组的电流为 5A。只要所选用的电流互感器和电流表上所标的电流比值相同，就可直接从电流表表盘上读出一次电流值。例如选用 300/5A 的电流互感器时，可测量最大的电流是 300A；一次绕组通入 300A 电流时，二次绕组中 5A 电流通入电流表，而表盘上指示的是 300A 的电流。值得一提的是，目前广泛采用的穿心式互感器，只要将被测线路从电流互感器中心穿过（作为一次绕组）即可测量，十分方便，同时也克服了因一次侧电压高，电流又较大，电路上有两个大接点，电流表直接接入一次侧易发生接触不良烧坏互感器的弊病。

三、电压表

电压是电流流动的动力，测量电路两点间电压的仪表叫电压表，也称伏特表。电压表一般以伏（V）为单位，也有的以千伏（kV）或者毫伏（mV）为单位。电压表的外形如图 1－23 所示。

电压表可分为交流电压表和直流电压表两大类，无论是交流电压表或直流电压表，它均与被测电路并联连接，如图 1－24 所示，知道这一点非常重要，万用表作为电压表使用时也是如此。为了不影响电路本身的工作状态，电压表一般内阻很大，测量的电压越高，内阻也越大。通常测量较高电压的电压表都串联着一只电阻，以减小电压表里所通过的电流。直流电压表的接线与交流电压表基本相同，只是电压表上的正、负极要与电路上的正、负极相对应。

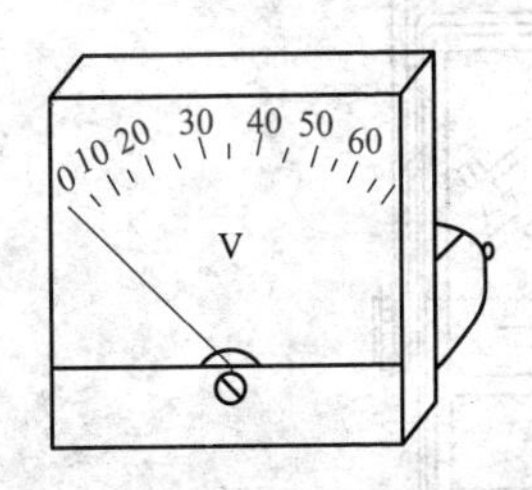

图 1－23　电压表外形

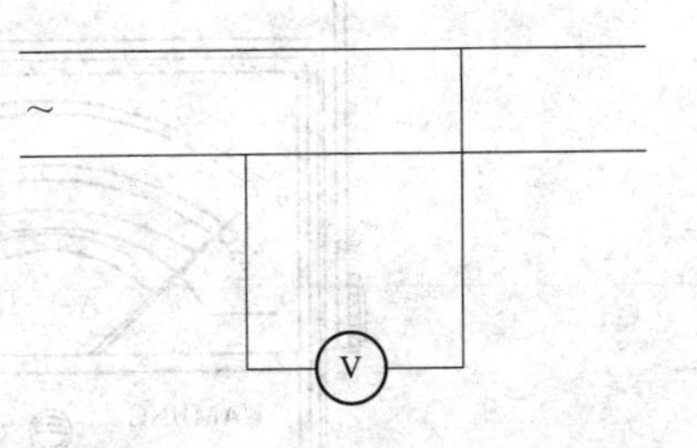

图 1－24　交流电压表接线

在电压较高的电气设备中不能用普通电压表直接测量时，可经电压互感器降压后再接入电压表，如图 1－25 所示。在应用中，电压互感器一次绕组应接到电压较高的线路上，二次绕组接在电压表两个接线柱上，电压互感器大都采用标准的电压比值，例如，3000/100V、6000/100V、10 000/100V 等。这样，尽管电气设备

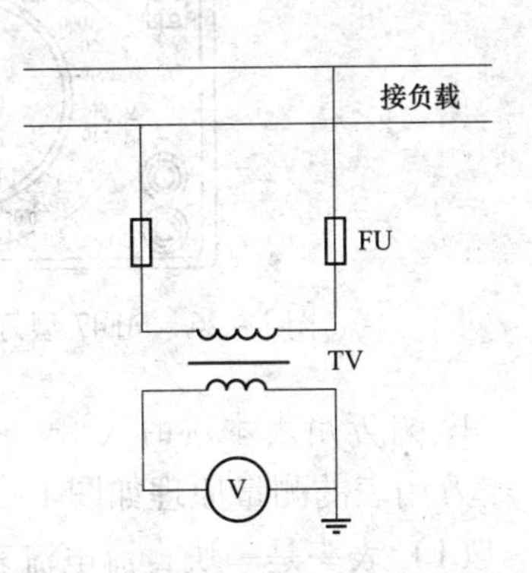

图 1－25　交流电压表配电压互感器

上的电压高达3000V，而接入电压表上的电压只有100V。

四、模拟万用表

模拟万用表是电工经常使用的多用途测量仪表，常见的MF47型万用表的外形及面板布置如图1－26所示，通过拨动转换开关换接表内的测量电路，一般能够测量交、直流电压，交、直流电流和电阻等，有的万用表还可测量电感、电容、三极管放大倍数等。能否熟练使用万能表，是区别“电工”和“社会一般人员”的主要标志。

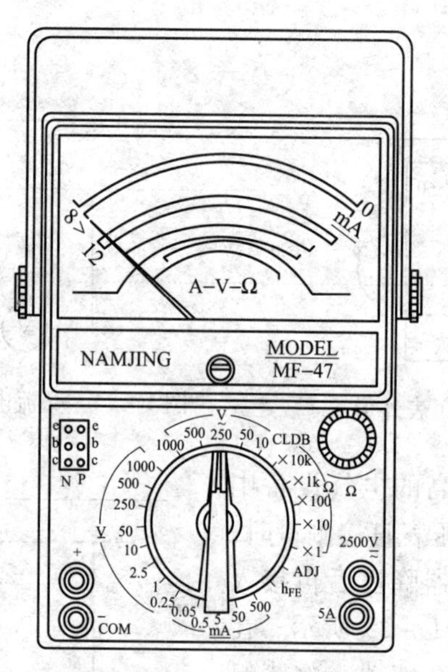

图1－26　MF47型万用表的外形及面板布置

1. 对万用表本质的认识

万用表的测量原理如图1－27所示。

（1）表头是一块直流电流表。

（2）测量的本质都是电流流过表头，指针摆动。其中测电压、电流时，是外部电流流过表头，表针摆动；测量电阻时，用

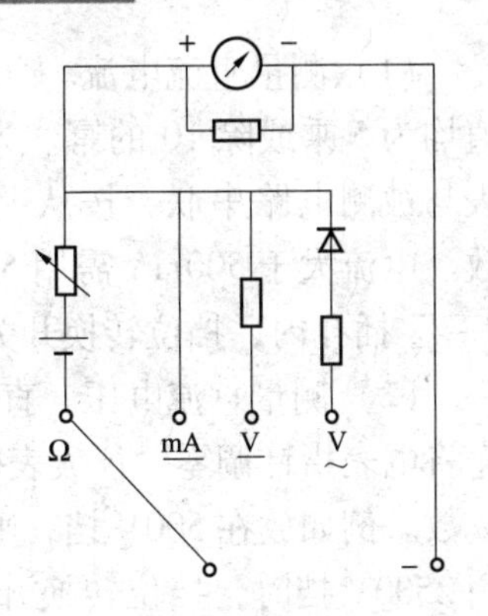

图1－27　万用表的测量原理

自带的干电池，回路电流流过表头，表针摆动。

（3）在本质上是“三用表”——测量电压、电流、电阻这三个电学中最基本的量，称为3种基本测量。

（4）其他测量种类都是基于这3种基本测量，即是这3种基本测量的发挥或组合（下面结合使用方法会讲述到一些）。

（5）总的来看，似乎可以测量很多种类，故有了“万用表”之名。

2. 读数方法

万用表表头刻度盘上有多条弧形标度尺，分成若干刻度，每条弧形标度尺的端头标有被测量符号，如电阻“Ω”，交直流电压“－～”，直流电流“mA”，三极管放大倍数“h_{FE}”，音频电平“dB”等。

万用表有电压、电流、电阻等挡位，每个挡位内又细分为数个倍率挡，以满足实际测量需要。欲测某被测量，就把转换开关放在相应挡位的合适倍率挡，在相应的标度尺上读数。

除最上面的电阻标度尺上右端为∞，左端为零外，中间的3条标度尺都是右端为0，左端为10、或50、或250三种形式，具体使用配合倍率挡成比例（乘或除10的幂）读数。例如用直流电压2.5V挡测量干电池电压，即左端终值（称作满刻度值，或最大值）应为2.5V，则看左端终值为250的标度尺，把其上刻度值 除100读数；再例如用交流电压挡500V测量低压交流电，即看左端终值为50的标度尺，把其上刻度值乘10读数。

3. 具体使用示例

万用表的形式有多种，使用方法也有所不同。现以图1－26所示的MF47型万用表为例来说明其使用方法。

（1）测量直流电流。直流电流的量程范围有5挡，各挡最大值均为5乘或除10的幂。先用小螺丝刀将电表指针调零，将仪表与被测电路串联，按从上面数第2条标度尺（左端值5）读数。电流大于500mA需用5A挡测量时，表笔应插在“5A”和“－”插孔内，挡位转换开关可放在电流量程的任意位置上。

（2）测量直流电压。直流电压的量程范围有8挡。测量时，先将电表指针调零，仪表表棒与被测电压并联，按对应的标度尺读数。例如放在500V挡，则按左端为5的标度尺，读数乘100。用2500V挡时，挡位转换开关应放1000V的量程上；表笔应插在“2500V”和“－”插孔内。

（3）测量交流电压。交流电压的量程范围为5挡。测量时，先将电表指针调零，仪表表棒与被测电压并联，按对应的标度尺读数。例如250V挡，拨在这挡时，测量的交流电压最大值不能超过250V，在满刻度为250V的标度尺上读数。电压高于1000V需用2500V挡时，挡位转换开关应放在1000V的挡位上，表笔应插在“2500V”和“－”插孔内。

（4）测量电阻。电阻量程分为×1Ω、×10Ω、×100Ω、×1kΩ、×10kΩ5个挡，按从上面数第一条欧姆标度尺读数。测量电阻值的方法如下。

1）将挡位转换开关旋至合适的量程。

2）调零。将两表笔搭接，调节调零电位器，使指针在标度尺刻度的零位上。

3）两表笔间接入待测电阻，读数，并乘以量程所指示的倍数，即待测电阻值。例如挡位转换开关放在R×1挡，则电表指针所指刻度数即为测得值；再如放在R×100挡，测电阻时指针指示在56刻度位置，则被测电阻的阻值为56×100＝5600Ω。若将量程开关旋至×1kΩ，指针指示在5.6刻度的位置，则被测电阻的阻值为5.6×1 kΩ＝5.6kΩ。

指针在标度尺中心阻值附近读数精度较高。若改变量程，需重新调零。

4. 用模拟万用表测量的一些经验技巧

（1）测量电压电流时，若知道被测量的大致范围，所放挡位值应稍大于被测量。如测 220V 交流电压，挡位应在 250V；测交流 380V，挡位应在 500V。挡位不能过大，否则测量将会不准确，一般表针指在标度尺刻度的 1/2 ~ 2/3 的区域内比较准确，要尽量避免在标度尺两端读数。若不知被测量的大小，应放在较大挡位预测一次，测时将一表棒先接入，另一表棒悬空，看着电表指针，用悬空表棒碰一下测量点立即离开，如表针偏转速度正常，可测量试之；如表针偏转速度太快，要想好对策再测量。若挡位大读不准可改换适当挡位复测。

测量较高的电压或较大的电流，一般万用表上都有专门的插孔，按规定插好表棒才可测量。不能测量超过本表测量范围的电流和电压，例如 MF47 型万用表测量直流电流不能超过 5A，测量交直流电压不能超过 2500V。

（2）测量直流电压时，还应注意极性，万用表的表棒分红、黑两枝，插孔也分红、黑或 +、-，红的表示 +、黑的表示 -，要养成习惯，红表棒插在红色（+）插孔，黑表棒插在黑色（-）插孔，测量时，红表棒接直流电正极，黑表棒接直流电负极，指针正向偏转，指示测量数值。如极性接反，指针在端头向反方向偏转，测量不出数值。

（3）测量电阻时，应放准挡位，尽量在标度尺中段读数。测量通电电路中的电阻时，应将电阻的一端与电路断开，这样做一是防止电阻两端有电压损坏表计，二是防止其他电路与电阻并联，造成测量误差；如果表棒之间电路中有电容器，应先将其放电后才能测量；测量线圈的直流电阻，应防止反向电势损坏表计，总之切勿在电路带电的情况下测量电阻。万用表电阻挡测量电阻是靠表内的电池提供电源的，电池电力是否充足决定测量的准确性，故测量电阻前应校正电表指针的零位。电表正面都有一个电阻挡调零电位器旋钮，转换开关放在电阻挡的某一倍率挡后，应先将两表棒短接，看指针是否在 Ω 标度尺刻度零位，如不在零位，应旋动调零旋钮使指针对准零位，方可测量。如指针调不到零位，说明电池的电力已不足，应换新电池。每换一个挡位，应进行一次调零，这样才能准确测量电阻值。利用万用表电阻挡，还可判别电容器、二极管、三极管、晶闸管、集成电路等的好坏。例如用电阻挡测量某电解电容器，可从表针摆动幅度上判别其电容量大小，再与标准电容器比较可知其电容量数值，不摆动说明容量丧失或电极断路，摆动幅度小说明容量减少。再如测量某二极管正反向电阻，判别其是否损坏或不良等。用万用表测量三极管的放大倍数非常方便。目前多数万用表都设有测量三极管放大倍数的测试孔，只要认准三极管是 PNP 型还是 NPN 型，并确定好三极管的 a、b、c 极，将它们插入相应的测试孔内，在 h_{FE} 标度尺上的读数就是该三极管的放大倍数。若仅知三极管的 b 极，还可通过测放大倍数判别 e、c 极，因为 e、c 插反时放大倍数接近零。

5. 使用模拟万用表的注意事项

万用表用途广，测量对象多，使用时应注意如下内容。

(1) 测量时，不应拨动挡位转换开关；换挡时必须停止测量。不能放错挡位，否则会烧坏电表或造成测量不准。

(2) 测量高值电阻两端的小电压时，应考虑万用表的内阻的影响。其内阻在测电压时，是与被测电阻并联的，若内阻小测电压会有较大误差。所以有时宁可把量程选高些，以增加万用表的内阻（万用表的性能指标中有每伏内阻值，实际量程内阻为每伏内阻乘以量程最大值），减小测量误差。

(3) 测量高值电阻时，不应用两手捏住两表棒的金属端头，否则人体电阻将和被测电阻并联，造成测量误差。

(4) 用 R×1 挡测量低值电阻时，应尽量缩短测量时间，以减少表内电池的消耗。

(5) 有交流电流挡的万用表，只能测 50Hz 的交流电，不适于测量较高频率的交流电，对非正弦波或波形失真的正弦波，测量误差会很大。

（6）测量完毕后，最好将挡位转换开关旋至交直流电压最大量程上，有空挡的要放在空挡上，防止再次使用时因疏忽未调节挡位而将仪表烧坏。

五、数字万用表

数字万用表采用液晶显示器作为读数装置，内部采用了专用集成电路芯片，与指针式万用表相比，具有测量精度高、体积小、质量轻、功能强大的特点。

数字万用表型号品种较多，下面以常用的DT890（见图1－28）袖珍式数字万用表为例，简单介绍数字万用表的使用方法。

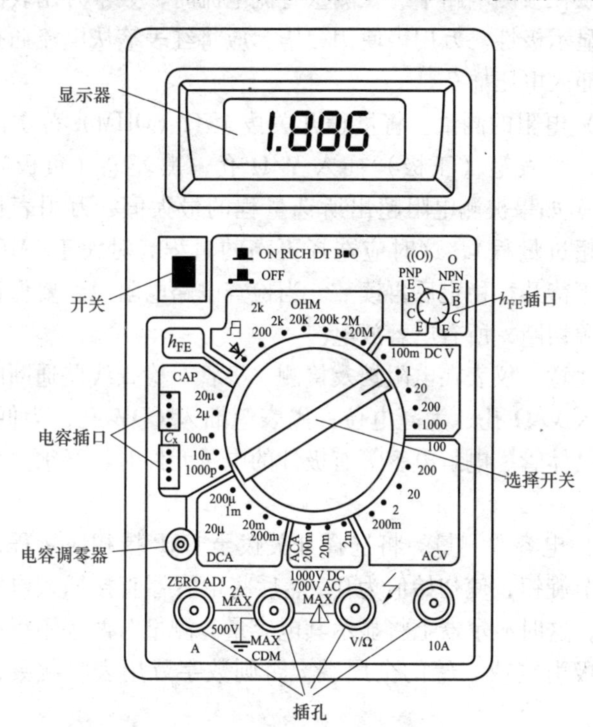

图1－28 DT890袖珍式数字万用表的外形及面板布置

（1）交、直流电压的测量。将电源开关置于ON位置，根据需要将量程开关拨至 DCV（直流）或 ACV（交流）范围内的合适量程，红表笔插入 V/Ω 孔，黑表笔插入 COM 孔，然后将两只表笔连接到被测点上，液晶显示器上便直接显示被测点的电压。在测量仪器仪表的交流电压时，应当用黑表笔去接触被测电压的低电位端（如信号发生器的公共接地端或机壳），从而减小测量误差。

（2）交、直流电流的测量。将选择开关拨至 DCA（直流）或 ACA（交流）范围内的合适量程，红表笔插入 A 孔（≤200mA）或 10A 孔（>200mA），黑表笔插入 COM 孔，通过两只表笔将万用表串联在被测电路中。在测量直流电流时，数字万用表能自动转换或显示极性。万用表使用完毕，应将红表笔从电流插孔中拔出，再插入电压插孔。

（3）电阻的测量。将量程开关拨至 Ω（OHM）范围内的合适量程，红表笔（正极）插入 V/Ω 孔，黑表笔（负极）插入 COM 孔。如果被测电阻超出所选量程的最大值，万用表将显示“1”（超过量程），这时应选择更高的量程。对大于 1MΩ 的电阻，要等待几秒稳定后再读数。当检查电路电阻时，要保证被测线路电源切断，所有电容放电。

应注意，仪表在电阻挡及检测二极管、检查线路通断时，红表笔插入 V/Ω 孔，为高电位；黑表笔插入 COM 孔，为低电位。当测量晶体管、电解电容等有极性的电子元件时，必须注意表笔的极性。

（4）电容的测量。将选择开关拨至 CAP 挡相应量程，转动零位调节旋钮，使初始值为 0，然后将电容器直接插入电容测试座 3 中，这时显示器上将显示其电容量。测量时两手不得碰触电容的电极引线或表笔的金属端，否则数字万用表将跳数，甚至过载。

六、绝缘电阻表

绝缘电阻表又称摇表，是专门用来测量大电阻和绝缘电阻值的便携式仪表；在电气安装、检修和试验中广泛应用。它的计量单位是兆欧（MΩ）。绝缘电阻表的种类很多，但其作用原理大致相同，常用的 ZC25 型绝缘电阻表的外形和使用接线如图 1－29 所示。

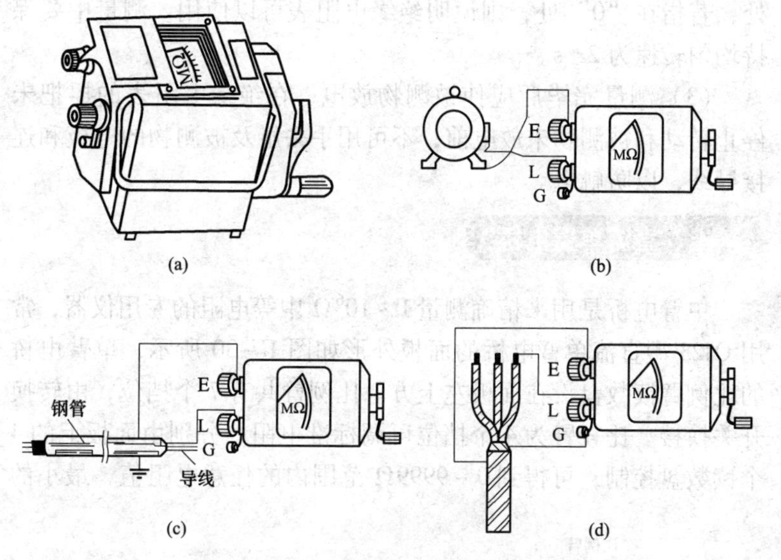

图 1－29　绝缘电阻表的外形和使用接线

（a）绝缘电阻表的外形；（b）摇测电动机；

（c）摇测低压线路；（d）摇测电缆

1. 绝缘电阻表的使用方法

绝缘电阻表有两个接线柱，其中两个较大的接线柱上分别标有“接地”（E）和“线路”（L），另一个较小的接线柱上标有“保护环”（或“屏蔽”）（G）。

绝缘电阻合格与否判定：电动机电极对外壳的绝缘电阻 >0.5MΩ 为合格；低压线路线芯对地绝缘电阻 >0.22MΩ 为合格；电缆线芯对外包铠体的绝缘电阻 >30MΩ 为合格。

2. 使用绝缘电阻表时应注意的事项

（1）测量电气设备的绝缘电阻时，必须先切断电源，再将设备进行放电，以保证人身安全和测量正确。

（2）绝缘电阻表测量时应水平放置，未接线前转动兆欧表做开路试验，看指针是否指在“∞”处，再将（E）和（L）两个接线柱短接，慢慢地转动绝缘电阻表，看指针是否指在“0”处，若指在“0”处，则说明绝缘电阻表可以使用。测量中要保持均匀转速为2r/s。

（3）测量完毕后应使被测物放电，在绝缘电阻表的摇把未停止转动和被测物未放电前，不可用手去触及被测物的电极和连接导线，以防触电。

七、直流单臂电桥

单臂电桥是用来精确测量1～$10^6\Omega$中等电阻的专用仪器，常用QJ23型直流单臂电桥的面板外形如图1－30所示，单臂电桥的比例臂读数盘设在面板左上方。比例臂共有7个挡位，由转换开关换接。比较臂为4个挡位可调标准电阻，分别由面板上的4个读数盘控制，可得到0～9999Ω范围内的任意电阻值，最小的

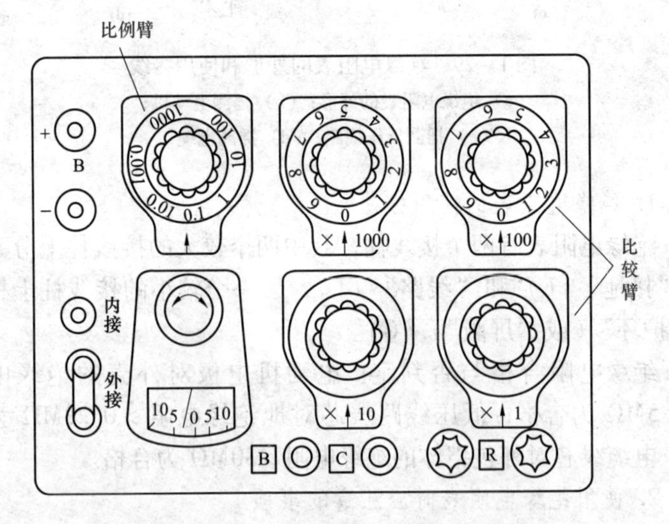

图1－30　QJ23型直流单臂电桥面板

步进值为1Ω。

面板上标有“R”的两个端钮用来连接被测电阻。当使用外接电源时，可从面板左上角标有“B”的两个端钮接入。如需使用外置检流计时，应使用连接片将内置检流计短路，再将外置检流计接在面板左下角标有“外接”的两个端钮上。单臂电桥的使用步骤如下。

（1）使用前先将检流计的锁扣打开，调节调零器使指针指在零位。

（2）接入被测电阻时，应采用较粗较短的导线，并将接头拧紧。

（3）估计被测电阻的大小，选择适当的比例臂，应使比较臂的4个挡位电阻都能被充分利用，从而提高测量准确度。例如，被测电阻大约为几欧时（假定5Ω），应选用R×0.001的比例臂。当调整到电桥平衡时比较臂读数为5331，则$R=0.001\times5331=5.331$（Ω）。而此时如果比例臂选择在R×1挡，则$R=1\times5=5$（Ω）。显然，比例臂选择不正确会产生很大的测量误差，从而失去电桥精确测量的意义。

同理，被测电阻为几十欧时，比例臂应选及×0.01挡。其余依此类推。

（4）当测量电感绕组（如电机或变压器绕组）的直流电阻时，应先按下电源按钮B，再按下检流计按钮C；测量完毕，应先松开检流计按钮，后松开电源按钮，以免被测绕组产生的自感电动势损坏检流计。

（5）电桥电路接通后，若检流计指针向“+”方向偏转，应增大比较臂电阻；反之，则应减小比较臂电阻。如此反复调节各比较臂电阻，直至检流计指针指“0”为止。此时，被测电阻值=比例臂读数×比较臂读数。

（6）电桥使用完毕，应先切断电源，然后拆除被测电阻，最后将检流计锁扣锁上，以防搬动过程中振坏检流计。

八、钳形电流表

钳形电流表，是一种携带方便、可在不断电情况下测量电路中电流的仪表，其外形如图 1－31 所示。本节前述电流表，测量电流须停电；将电路断开，将表串联接入电路；通电测量；再次停电；将电路恢复连接；恢复供电，电路正常工作，十分麻烦，且将完好的电线剪断再连接增加了接触电阻，很不合理。而钳形电流表完美地解决了这一难题，尤其在频繁测量电流工作中极大地提高了效率。

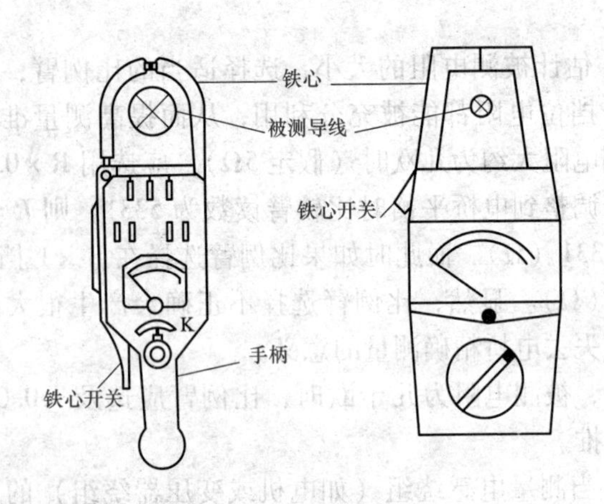

图 1－31　钳形表外形

1. 使用方法

使用钳形电流表时，用手将铁心开关捏开，利用开口将被测导线钳入，即可直接读出被测电流的大小。

近年来发展的新型万用表式钳形电流表，既可以当万用表用测量范围广泛，又可以方便地不断电测量电流，是电工的必备利器。

2. 使用注意事项

（1）钳形电流表不得去测高压线路的电流，被测线路的电压不能超过钳形电流表所规定的数值，以防绝缘击穿造成触电。

（2）测量前应估计被测电流的大小，选择适当的量程，不可用小量程挡去测量大电流。

（3）每次测量时钳入一根导线，测得其中流过的电流。当测量小电流读数困难、误差较大时，可将导线在铁心上绕几圈，此时读出的电流数值除以圈数，才是电路的实际电流值。

（4）钳入多根导线，测量的是多个电流的相量和。巧妙利用这一点，可以① 测量单相两线电路的相量和，判断是否有漏电；② 测量三相三线动力设备的相量和，判断其三相绕组是否平衡；③ 测量三相四线线路的相量和，判断是否有漏电。

（5）不能用于测量裸露导线电流的大小，以防触电。

九、接地电阻测量仪

常用的 ZC－8 型接地电阻测量仪，是一种专门用于测量接地电阻的仪器，其外形及仪器附件如图 1－32 所示。

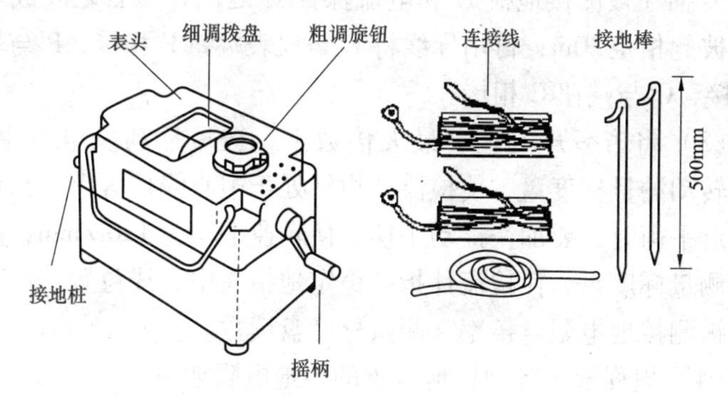

图 1－32　ZC－8 型接地电阻测量仪外形及附件

接地是为了保证人身和电气设备的安全以及设备的正常工作。如果接地不符合要求，人身安全就无法保证，而且会造成严重的事故，如避雷装置的接地、变压器的中性点接地等。所以，定期测量接地装置的接地电阻是安全用电的保障。接地电阻测量仪测量接地电阻如图 1－33 所示。

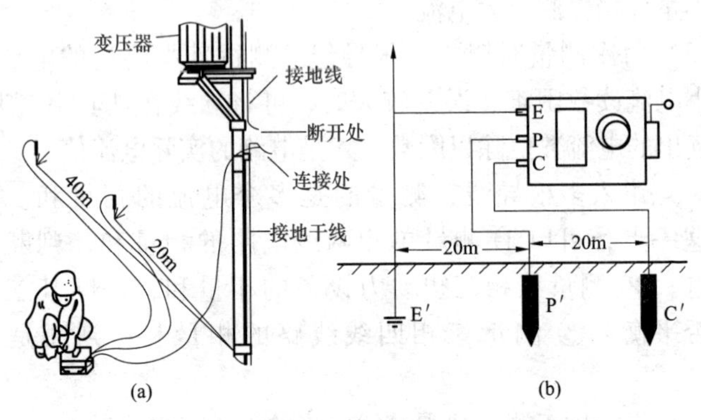

图 1－33　接地电阻测量仪测量接地电阻

（a）配电变压器接地电阻测量；（b）接线图

（1）使用前先将仪器放平，然后调零。

（2）接地电阻测量仪的接线如图 1－33（b）所示，将接地探针 P′插在被测接地极 E′和电流探针 C′之间，三者之间成一直线且彼此相距 20m；再用导线将 E′与仪表端钮 E 相接，P′与端钮 P 相接，C′与端钮 C 相接。

（3）将倍率开关置于最大倍数上，缓慢摇动发电机手柄，同时转动测量标度盘，使检流计指针处于中心线位置上。当检流计接近平衡时，要加快摇动手柄，使转速平均为 120r/min，同时调节测量标度盘，使检流计指针稳定地指在中心线位置。此时读取，被测接地电阻＝倍率×测量标度盘读数。

（4）规程规定各种接地装置的接地电阻如下。

1）配电变压器低压侧中性点的工作接地电阻，100kVA 以上应小于 4Ω，100kVA 以下应小于 10Ω。

2）保护配电变压器的 10kV 避雷器的接地电阻应小于 4Ω，保护低压线路设备的低压避雷器的接地电阻，不宜大于 10Ω。

3）配电变压器外壳、配电屏金属框架的接地电阻应小于10Ω。

4）低压线路末端的用电设备外壳的接地电阻应小于10Ω；在有末端漏电保护的情况下，接地电阻可小于50V/0.2A＝250Ω。

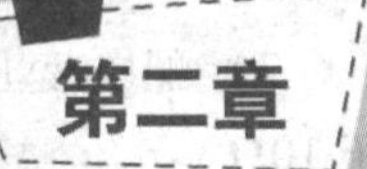

电 能 计 量

第一节 电能计量装置

在电力系统供、用电的各个环节中，装设了必不可少的电能计量装置，它是由各种类型电能表和与其配合使用的互感器、电能计量柜（箱），以及电能表到互感器的二次回路等组成。电能计量装置是用来测量局域电网的购入电量和售出电量，变电站、配电线路的购入电量和售出电量，终端用户的购入电量等。这就为供电企业制订生产计划，搞好经济核算，合理计收电费和上缴电费提供了依据；同时，厂矿企业、各用电单位等用户为加强经营管理，考核单位产品耗电量，制定电力消耗定额，节约能源，提高经济效益，电能计量装置也是必备的工具。

一、电能表

电能表是用来计量用电设备所消耗的电能的专用仪表。在交流电网中，目前以感应系列三磁通型积算式电能表为主。之所以称电能表为积算式仪表，是因为它所反映的是某一段时间内（比如一个月）电能量的累计值$\sum P_{\mathrm{t}}$。

1. 电能表的分类

交流式电能表为现今应用最广泛的一种电能表，按作用分有普通型电能表和特种型电能表。普通型电能表有单相电能表、三相有功电能表（又分为三相三线与三相四线）和三相无功电能表。特种型电能表有标准电能表、预付费电能表、最大需量表、复费率电能表、多功能电能表、损耗电能表。

(1) 按接入电路的形式分有直通式（直接接入）与间接式（配互感器接入）。

(2) 按性能分为普通型、防窃电型、宽负荷型、节能型、可远程监控和抄录的低压载波型或高压载波型等。

(3) 按工作原理分为感应式（又称机械表）和电子式。

单相电能表有 DD 型 220V（2.5、5、10、25、40A 等）；三相三线有功电能表有 DS 型 220V 或 380 V（5、10A 等）；三相四线有功电能表有 DT 型 220V 或 380 V（5、10、25A 等）；还有测量三相无功电能 DX 型等。

2. 电能表的铭牌及其参数

(1) 型号。电能表的型号一般用字母和数字代号表示，并且标示在铭牌上，其各自含义如图 2－1 所示。

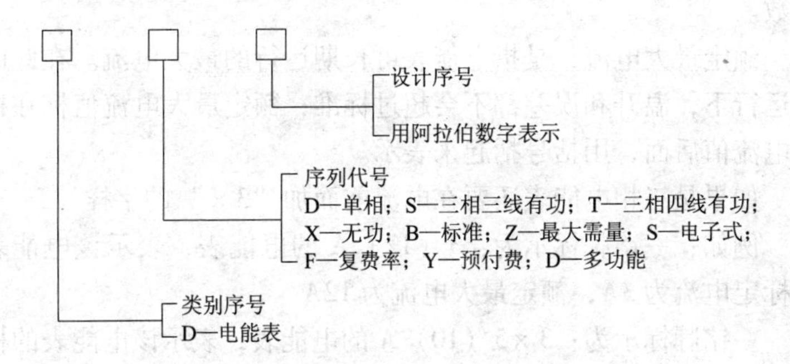

图 2－1　电能表型号示意图

例如：

DD28——单相电能表，设计序号 28，电网改造前广泛使用的表型；

DD862——单相电能表，设计序号 862，电网改造中大力推广的表型；

DS10——三相三线有功电能表，设计序号 10；

DT10——三相四线有功电能表；设计序号 10；

DX15——三相三线无功电能表，设计序号15；

DDSXX——单相电子式电能表，设计序号XX，近一二十年来推广的新表型；

DSS188——三相三线有功电子式电能表，设计序号188；

DTS188——三相四线有功电子式电能表，设计序号188；

DXS188——三相三线无功电子式电能表，设计序号188。

（2）标定电压。表示电能表长期运行时所承受的工作电压，用阿拉伯数字表示。

单相电能表220V；

三相三线电能表3×380V；

三相四线电能表3×380/220V。

（3）标定电流和额定最大电流。

标定电流：表示电能表使用电流的等级，作为计算负荷的基数。

额定最大电流：是指电能表可长期运行的最大电流。在此电流运行下，温升和误差都不会超过标准；额定最大电流值标在标定电流值后面，用括号括起来表示。

如果是三相电能表还要在电流前面加“3×”的字样。

例如：一铭牌标示为：3（12）A的电能表，表示该电能表的标定电流为3A，额定最大电流为12A。

一铭牌标示为：3×5（10）A的电能表，表示该电能表的标定电流为三相5A，额定最大电流为10A。

（4）电能表的等级。表示电能表在额定的正常使用条件下的误差等级，用圆圈内的数字表示。

例如：一块电能表的铭牌上标示2.0，表示该电能表的准确等级为2.0级，即基本误差不大于±2%。

（5）电能表的常数。表示单位电能量与转数之间的关系。

例如：1kWh=1000盘转数。表示表盘每转1000转等于电能表1 kWh的电能量。此常数也可用“1000r/kWh”表示。

（6）电能表的其他参数。这些参数有标定频率、倍率、出厂日期、制造厂、制造编号等。

3. 感应式电能表

以前的老电能表都是感应式，或称机械表，其中单相电能表的外形及结构如图 2－2 所示，它是由电流线圈、电压线圈及铁心、铝盘、转轴、轴承、数字盘等组成。电流线圈串联于电路中，电压线圈并联于电路中。在用电设备开始消耗电能时，电压线圈和电流线圈产生主磁通穿过铝盘，在铝盘上感应出涡流并产生转矩，使铝盘转动，带动计数器计算耗电的多少，用电量越大，所产生的转矩就越大，计量出用电量的数字就越大。

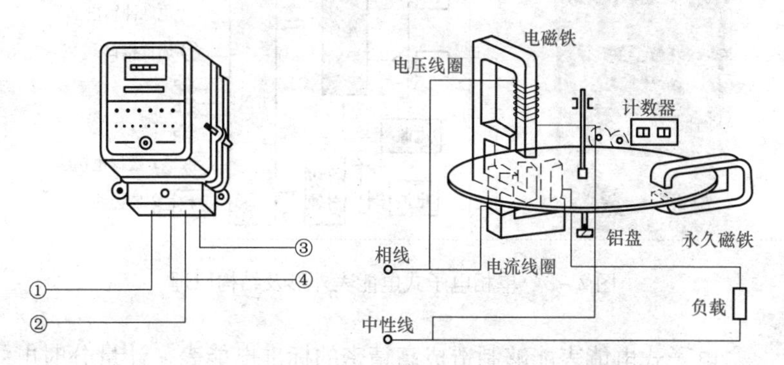

图 2－2　感应式单相电能表外形及结构示意图

城乡电网改造中，各地对低压电力用户的电能表选用，一般采取了如下政策：淘汰 DD28 以下老式电能表；在用 DD28 表经校验合格者，可以入网使用；推广灵敏度较高、比较可靠耐用的新型 DD862 电能表。

4. 新型电能表——电子式电能表

电子式电能表是最近一二十年来研发的新型电能表，利用电子脉冲积算电能，其外形及结构原理如图 2－3 所示。随着电子技术和制造工艺的快速发展，电子式电能表应运而生。电子式电能表与感应式电能表性能比较，有低功耗（感应式电能表一般月损 1 kWh 左右、电子式 0.4kWh、不超过 0.5kWh）、可防止一些形式的动表窃电、无机械磨损、质量轻、精度高、有脉冲输出、能满足通过电力线路联网自动抄表的要求、过负荷能力强、不受安装倾斜度限制、防湿、防氧化、防霉变、抗雷击、工作稳定、使用寿命长（10 年以上）等众多优点，而价格与传统感应式机械表接近，因而越来越受到农电部门的青睐，被推广使用，代替感应式电能表（如 DD862 表）。目前电子式电能表已经成为各地供电部门重点推广的表型，多规定在用的非电子式电能表损坏或校验不合格后，必须购买电子式电能表。

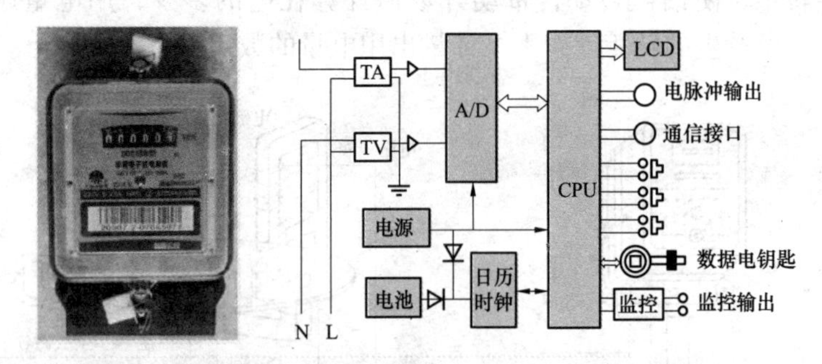

图 2－3　单相电子式电能表外形及结构原理

电子式电能表能够制造成高精密的标准电能表、计量分时电量的复费率电能表及计量多种电量的多功能电能表等。鉴于电子式电能表具有精度高、计量准确等特点而被广泛应用，特别是在国家推行峰谷分时电价和远程集中抄表模式中，更显示出它良好的发展前景。

电子式电能表一般由电能测量机构与数据处理机构两部分组成。根据电能测量机构的不同，电子式电能表分为全电子式电能表和机电脉冲式电子电能表（也称机电一体式电能表）两大类。其主要区别在于电能表测量单元的测量原理。全电子式电能表是将被测量电路中的交流电压和电流经取样送入电子器件，产生与被测量的电能量成正比的脉冲，再输送给数据处理单元进行数据处理，最后输出测量结果。机电脉冲式电子电能表的电能测量原理是将感应式电能表与被测电能量成正比的转盘转数，转换成与之成比例的电能脉冲信号，再输送给数据处理单元进行系列处理。

二、互感器

互感器是用来变换电压和电流的仪器，按其作用分为两种：电流互感器（TA）和电压互感器（TV）。通过电流互感器，可以小测大，使电能表扩大量程；通过电压互感器，可以低测高，使电能表与电网的高压绝缘，保证测量的安全和方便，即当一次网络发生故障时，不会烧坏测量仪表线圈；便于实现测量仪表的标准化，如电流线圈的额定电流为5A，电压线圈的额定电压为100V。

电流互感器又叫变流器，在电气设备中应用极为广泛，其向电能表和其他测量仪表的电流线圈馈电，它的一次绕组与被测电路串联，二次绕组直接同测量仪表的电流线圈串联，二次侧电流最大为5A，二次回路的导线截面积不应小于$4mm^2$。电压互感器向电能表和其他测量仪表电压线圈馈电，它的一次绕组与被测电路并联，二次绕组同测量仪表的电压线圈并联，二次侧电压最大为100V，二次回路的导线截面积不应小于$2.5\ mm^2$。

一般低压计量只配用电流互感器，常用的穿心式电流互感器外形及接线图如图2－4所示。目前，在低压380 V配电设备上使用的$LMZ_1-0.5$型、$LMZJ_1-0.5$型及$LM_2-0.5$型（加大容量型）的电流互感器，都是穿心式电流互感器。电流互感器的

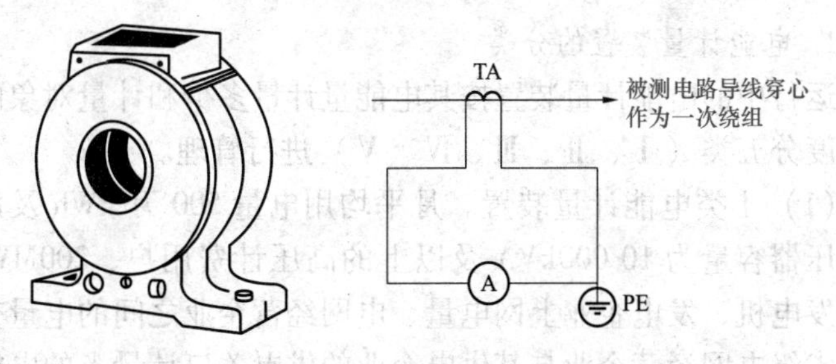

图2－4　穿心式电流互感器外形及接线图

铁心是由带状硅钢片卷制而成，并经特殊热处理，二次绕组缠绕在硅钢片上，两头引出，作为 S_1、S_2；器身中间设有一次线的贯穿窗口，一次绕组可使电气负荷导线穿过铁心中间，或沿着铁心圆周均匀缠绕在上面，使用时与一次带电侧无接线点，可避免较大电流的接线点因接触不良发生发热而烧坏；外面有防护外壳。它具有体积小、质量轻、绝缘良好、安装使用方便等优点。

LMZ_1 - 0.5 型、$LMZJ_1$ - 0.5 型的电流互感器还有一个特点，它能使一台做多个变比使用，即将 300/5A 的电流互感器作为 150/5、100/5、75/5 等十几个变比使用，只需将母线贯穿电力负荷线 2、3、4 匝即可。在安装使用低压电流互感器时，应注意以下问题。

（1）电流互感器应安装在金属构架上，并与其他带电体保持一定的安全距离。

（2）电流互感器二次绕组电路不得开路，并且其中一端要接地。如果二次侧开路，又无接地，则会使电流互感器铁心中的磁通急剧增大，在二次绕组上产生很高的感应电动势，危及人身安全。此外，由于铁心中磁通增大，会起铁心发热，严重时会使电流互感器绝缘损坏。在拆换其二次侧线路时，应断电拆换，并且将仪表串联在线路中。如需拆除某些仪表，应将其电流互感器二次侧短接。

三、电能计量装置的分类和准确度要求

1. 电能计量装置的分类

运行中的电能计量装置按其电能量计量多少和计量对象的重要程度分五类（Ⅰ、Ⅱ、Ⅲ、Ⅳ、Ⅴ）进行管理。

（1）Ⅰ类电能计量装置。月平均用电量 500 万 kWh 及以上或变压器容量为 10 000kVA 及以上的高压计费用户、200MW 及以上发电机、发电企业上网电量、电网经营企业之间的电量交换点、省级电网经营企业与其供电企业的供电关口计量点的电能计量装置。

(2) Ⅱ类电能计量装置。月平均用电量100万kWh及以上或变压器容量为2000kVA及以上的高压计费用户、100MW及以上发电机、供电企业之间的电量交换点的电能计量装置。

(3) Ⅲ类电能计量装置。月平均用电量10万kWh及以上或变压器容量为315kVA及以上的计费用户、100MW以下发电机、发电企业厂(站)用电量、供电企业内部用于承包考核的计量点、考核有功电量平衡的110kV及以上的送电线路的电能计量装置。

(4) Ⅳ类电能计量装置。负荷容量为315kVA以下的计费用户、发供企业内部经济技术指标分析、考核用的电能计量装置。

(5) Ⅴ类电能计量装置。单相供电的电力用户计费用的电能计量装置,家庭用户属于此类。

2. 电能计量装置的准确度等级

电能表精度一般为2.0级,也有1.0~0.2级的高精度电能表。电流互感器一般为0.5级,也有较高精度的0.2级。具体按电能计量装置的类型配备。

(1) 各类电能计量装置应配置的电能表、互感器的准确度等级不应低于表2-1所示值。

表2-1　电能表与互感器准确度等级表

电能计量装置类别	准确度等级			
	有功电能表	无功电能表	电压互感器	电流互感器
Ⅰ	0.2s或0.5s	2.0	0.2	0.2s或0.2*
Ⅱ	0.5s或0.5	2.0	0.2	0.2s或0.2*
Ⅲ	1.0	2.0	0.5	0.5s
Ⅳ	2.0	3.0	0.5	0.5s
Ⅴ	2.0	—	—	0.5s

* 0.2级电流互感器仅发电机出口电能计量中配用。

注　s此种有功电能表和电流互感器具有宽负载和宽量限的特性。

(2) Ⅰ、Ⅱ类用于贸易结算的电能计量装置中电压互感器二次回路电压降应不大于其额定二次电压的0.2%；其他电能装置中电压互感器二次回路电压降应不大于其额定二次电压的0.5%。

第二节 电能计量装置的接线方式

电能计量选用电能表、互感器和接线方式的原则如下。

（1）接入中性点接地系统的电能计量装置，应采用三相四线有功、无功电能表或二只感应式无止逆单相电能表。

（2）低压供电，负荷电流为50A及以下时，宜采用直接接入式电能表；负荷电流为50A以上时，宜采用经电流互感器接入的接线方式，以扩大量程。

（3）对于三相三线制接线的电能计量装置，其两台电流互感器二次绕组与电能表之间宜采用四线连接。对于三相四线制连接的电能计量装置，其三台电流互感器二次绕组与电能表之间宜采用六线连接。

下面讲述城乡电网中常见的几种电能计量装置接线方式。

1. 有功电能的计量

（1）单相电路有功电能的计量。计量单相电路有功电能（多数家庭用电都是如此）选用单相电能表，负荷电流为50A及以下时，宜采用直接接入式电能表接线方式，其接线方式如图2-5所示。当采用这种接线方式时，电能表读数就是计量的有功电能。这样一套计量装置，计量专业术语称为1个元件，即单相电能表是一元件表。其中跳入式接线使用得较多，其标准画法在随后接线图中要反复用到。

图2-5（a）为常用的跳入式接法，其中1、3为进线，2、4接负载，接线柱1要接相线（即火线）；图2-5（b）为顺入式接法，其中1、2为进线，3、4接负载。

负荷电流为50A以上时，宜采用经电流互感器接入式的接线方式。当采用此种接线方式时，电能表读数乘以互感器的额定变

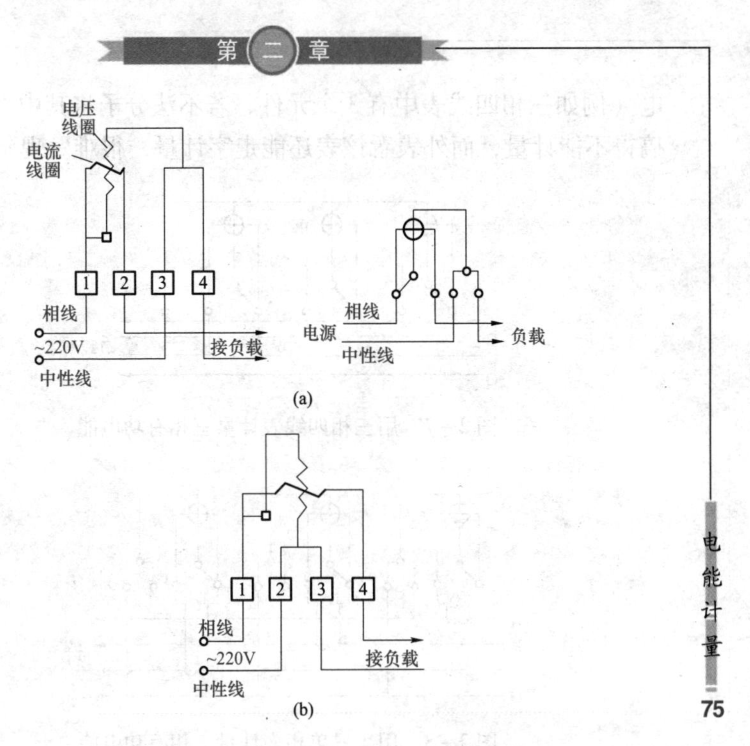

图2－5　单相有功电能表直接接入的两种接线方法

（a）跳入式接线法及标准画法；（b）顺入式接线法

比，才是计量的有功电能。其接线方式如图2－6所示，是电能计量接线的基础。

（2）三相四线电路有功电能的计量。计量三相四线电路有功电能（公用电网的家庭动力户和配电变压器低压计量都是如此），可选用一只三相四线电能表，其接线方式如图2－7所示，也可选用三只单相电能表（三只表读数之和就是计量的有功电能），如图2－8所示，这种形式近年来得到了广泛应用，是因为便于分别检查，避免三相四线电能表动表窃

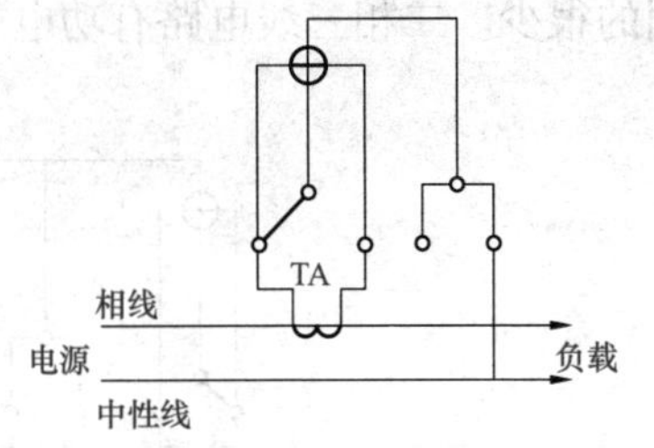

图2－6　单相电能表经TA接入

电（例如三相四线表中有 3 个元件，若不法分子将其中 1 个元件搞得不能计量，而外表看该表还能走字计量，很难发现）。

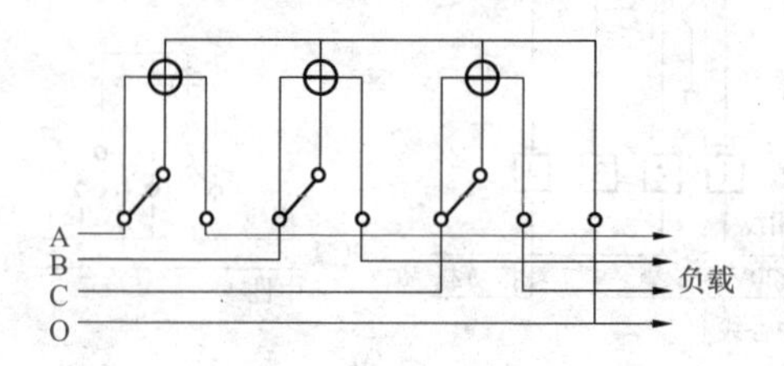

图 2－7　用三相四线表计量三相有功电能

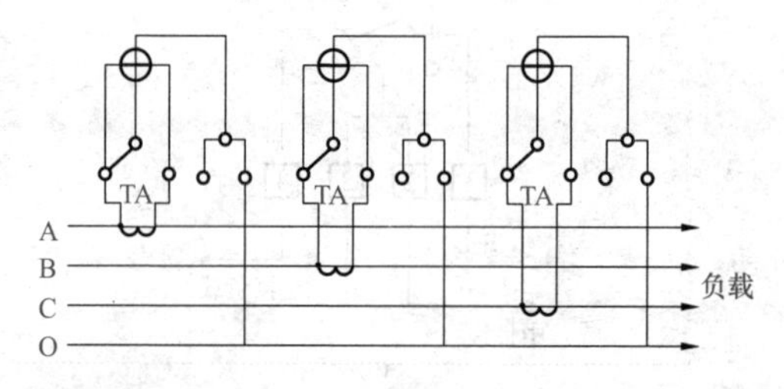

图 2－8　用 3 只单相表计量三相有功电能

（3）三相三线电路有功电能的计量。计量三相三线电路有功电能，可选用三相两元件电能表。其接线方式如图 2－9 所示，因只能计量三相动力设备的电能，不能计量单相设备的电能，故用的很少。二相三线电路有功电能的计量图 2－10 所示。

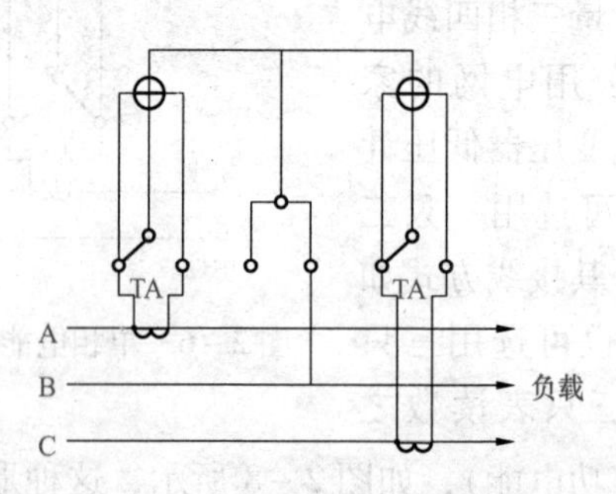

图 2－9　用三相三线表计量动力设备电能

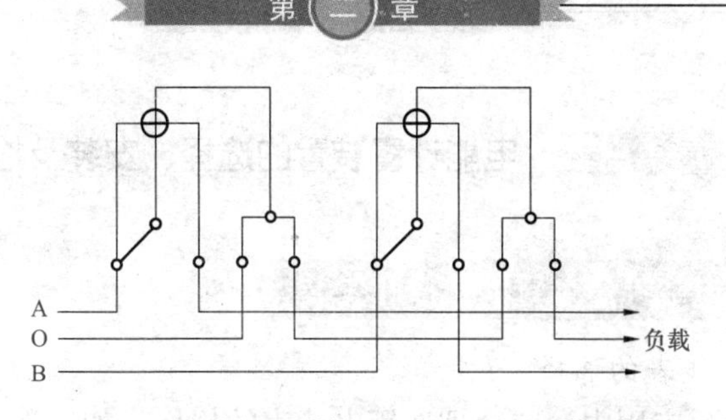

图 2－10　用两只单相表计量二相三线电能

2. 无功电能的计量

计量三相三线电路无功电能，选用无功电能表，其接线如图 2－11、图 2－12 所示。

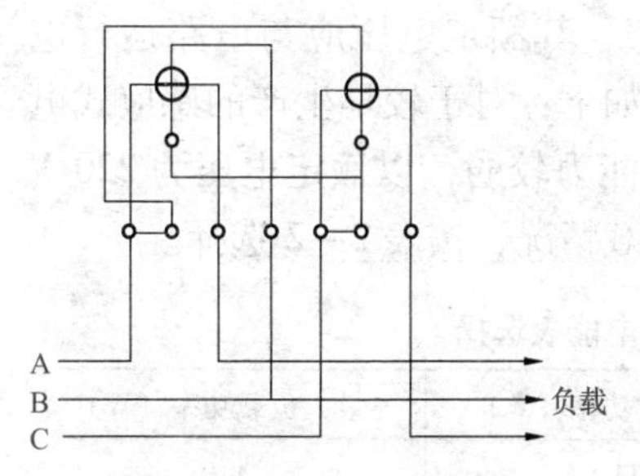

图 2－11　三相无功电能表直接接线

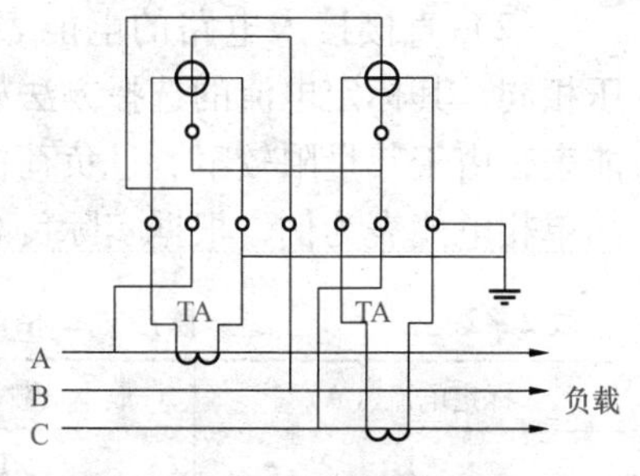

图 2－12　三相无功电能表经 CT 接线

当没有无功电能表时，可用有功电能表跨相接线（见图 2－13）；此时，电能表读数乘 $\sqrt{3}/2$ 才是计量的无功电能。这种计量方式，适宜于电压、电流的相角是对称的电路；否则，会影响计量的准确性。

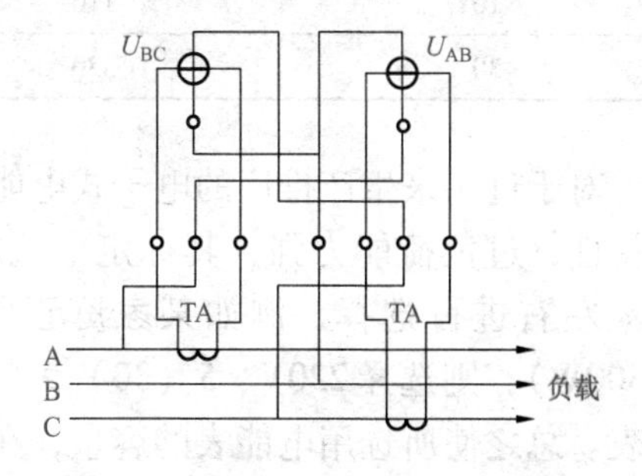

图 2－13　用有功电能表跨相接线测量无功电能

第三节 电能计量装置的选择、安装及检验

一、电能计量装置的选择和安装

1. 电能表的选择

在实际应用中，应合理选用电能表的规格，如果选用的电能表规格过大，而用电量过小，则会造成计数不准；如果选用的规格过小，则会使电能表过载，严重时有可能烧毁电能表。

（1）电能表的准确等级应符合《电能计量装置技术管理规程》及有关规程要求，即应符合表2－1中所列值。

（2）直接接入电路的电能表，其额定电压应与电路运行电压相同，其标定电流的选择方法如下：对于较早生产的感应式电能表，由于其量限较窄、过负荷能力较弱，以额定电压为220 V的单相电能表为例，根据实际负载情况，按表2－2选择。

表2－2　　　　感应式单相电能表选择

标定电流（A）	最小负载功率（W）	最大负载功率（W）
1	11	440
2.5	27.5	1100
5	55	2200
10	110	4400
30	330	13 200

对于近年来生产推广的电子式电能表，由于其宽负载和宽量限特性，过负荷能力强，其标定电流应按正常运行负荷电流的30%左右进行选择，例如某家庭正常运行单相负荷电流15A（3300W），则选择220V、5（30）A的DDS188型单相电子式电能表。总之使所选用电能表的容量，在正常负荷变动时，电能表的误差应在其正常范围之内。

经电流互感器接入的电能表，由于通过电能表的二次电流比

一次电流小了很多倍，电能表的规格可以较小，其标定电流宜不超过电流互感器额定二次电流的30%，表的最大额定电流应为电流互感器额定二次电流的120%左右。

（3）为了提高低负荷计量的准确度，应选用过载4倍及以上的电能表。目前，推荐选用的电能表是：配变压器二次侧总表为862系列的机械表（三相四线表一只或单相表三只），家庭用户为862系列单相机械表或DDS-26、28系列的电子表。

（4）具有正、反向送电的计量点，应装设计量正向和反向有功电量及四象限无功电量的电能表。

（5）执行功率因数调整电费的用户，应装设可计量有功电量、感性和容性无功电量的电能计量装置；按最大需量计收基本电费的用户，应装设具有最大需量计量功能的电能表；实行分时电价的用户，应装设复费率电能表或多功能电能表。

（6）电能表应专用一套电流互感器，或者单独使用一组副绕组，计量与保护分开。

（7）35~110kV输电线路的进出线端，主变压器的高、中、低压侧，6~10kV线路的出口等，均应装设有功电能表和无功电能表。

（8）用户变压器容量为100kVA及以上的，在其配电盘上应装设有功电能表和无功电能表。配电变压器容量在100kVA以下的，可只装有功电能表，且应装设功率因数表（替代无功电能表）。

2. 电能表的安装和使用

电能表的安装要点如下。

（1）检查表罩两个耳朵上所加封的铅印铅封是否完整。

（2）电能表应安装在清洁、干燥、稳固、无腐蚀性气体和无剧烈震动的地方，避免阳光直射，忌湿、热、霉、烟、尘、砂及腐蚀性气体。电能表安装位置要便于维护和抄表，在此前提下尽可能装得高些，建议在1.8m左右。电能表安装要正直，感应式电能表如有明显倾斜，容易造成计量不准、停走或空走等问题，如有倾斜其角度也不得超过2°；电子式电能表虽然计量不受安装倾斜度影响，但安装要正直便于抄表。

（3）必须按接线图接线，同时注意拧紧螺钉和紧固一下接线盒内的小钩子。安装三相电能表时，还要按照规定相序（正相序）接线。

（4）电能表接线端钮为铜质，由于铜铝线接触电位差较大，铝线易氧化，所以尽量用铜线或铜接头引入，避免端钮盒因接触不良而烧毁。

使用电能表时需要注意以下几个问题。

（1）电表装好后，合上开关，开动负载（如开亮电灯），转盘即从左向右转动。

（2）关灯后，转盘有时还在微微转动，如不超过一整圈，属正常现象。如超过一整圈后继续转动，试着拆去3、4两根线，若不再连续转动，则说明线路上有漏电现象。如仍转动不停，就说明电度表不正常，需要检修。

（3）电能表内有交流磁场存在，金属罩壳上产生感应电流是正常现象，不会耗电，也不影响安全和正确计量。若因其他原因使外壳带电，则应设法排除，以保障安全。

（4）电能表工作时有一些轻微响声，不会损坏机件，不影响使用寿命，也不会妨碍计量的准确性。

（5）感应式电能表每月自身耗电量约1kWh左右，电子式0.4kWh，不超过0.5kWh。因此若作分表使用时，每月应向总表贴补自身耗电的电费，向总表贴补的电费与分表用电量的多少无关。

（6）用户在低于“最小负载功率”情况下使用电能表时，会造成计数显著不准现象。在低于“启动电力”的情况下使用时，转盘将停止转动。

（7）转盘转动的快慢跟用户用电量的多少成正比，但不同规格的表，尽管用电量相同，转动的快慢也不同；或者，虽然规格相同，用电量相同，但电能表的型号不同，转动的快慢也可能不同。所以，单纯从转盘转动的快慢来证明电能表准不准是不正确的。

（8）在雷雨较多的地区使用电能表时，需要在安装处采取避雷措施，避免因雷击使电能表烧毁。

（9）电能表应在额定负载之内使用，超载（幅度不大）只能短时间。

3. 电能表的抄表计算

电功率计算是电流乘电压（$P = I \cdot U$），对有感性负荷的还要乘功率因数（$\cos\phi$），单位是千瓦（kW），有功电能量 $A = Pt = U I \cos\phi \cdot t$，单位为 kWh，俗称度。

电能表的计数器均具有 5 位读数，窗口的形式为 4 个黑格（整数格）和 1 个红格（小数格），如图 2 - 14 所示。

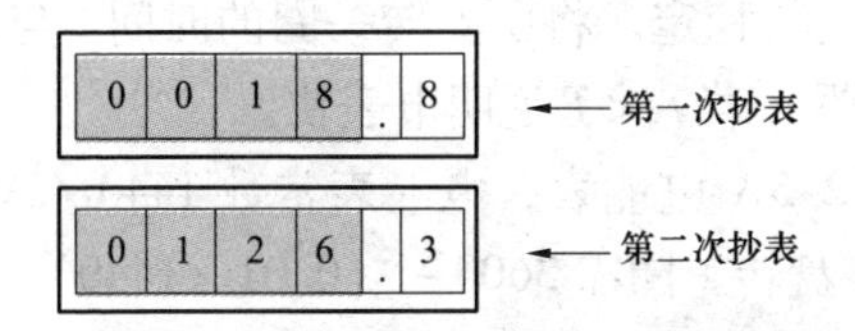

图 2 - 14　电能表转字式累计器读法

电能计算：有功电能量等于本月止码（W_2）减上月月底数（W_1），即 $A = W_2 - W_1$。以图 2 - 14 为例，上月抄表日读数为 18. 8，本月抄表日读数为 126. 3，则本月用电量为 107. 5kWh。

对装有电流互感器（TA）的，还要乘电流变比倍率（B），即 $A = (W_2 - W_1)B$。当实际使用的 TA 倍率（$B_L = K_1/K_L$），与电能表铭牌倍率（B）不同时（如 TA 变动了穿匝、电表 B 不配套），其计算公式为

$$A = (W_2 - W_1) \times B \times (K_1/K_L)$$

式中　K_1——TA 的实用变比；

K_L——电能表铭牌变比（或倍率 B）。

当第一格数码由小到大溢出为 0 时，可能出现本月抄见表码 W_2 小于上月码 W_1 的情况，可按公式为 $A = [(10^n + W_2) - W_1]$

计算。如上月抄见码 $W_1=9946$。本月抄见码 $W_2=0013$，则有功电能量 $A=[(10^4+13)-9946]=67kWh$。对有变比倍率的还要乘倍率 B。

家庭用户在测算电能表的准确性（电表是快是慢）时，可用简单的比较法来判定，先用已知负载和已知转速 r，求转一圈所需的理论时间 T，再把时间化为秒，公式为

$$T=3600/(P\times r)(s)$$

式中　P——所设负荷（kW）；

3600——1h 化为秒；

r——电能表所标转盘常数。

再用秒表（或手表）计时，测实际时间 t（s），测试时除用确定负载外，家庭不能有其他任何负荷，最好在上午 10 时进行，因为这时电压比较稳定。将所测转一圈的时间 t 与 T 相比较，若 $t>T$ 说明电表慢，若 $t<T$ 说明电表快。

例如一只 2.5A 电能表，电能表常数 1440r/kWh，仅接 1 只 10 W 灯泡，表盘转 1 圈需 3600 ÷（0.01 ×1440）=250（s）

实际测得表盘转 1 圈超过 250s，证明表计慢，低于 250s 证明表计快。假设转 1 圈用了 300s，证明表计慢 1/5 [(300 - 250)/250 = 1/5]，以此类推。

4. 电流互感器的选择及安装

（1）电流互感器一次绕组额定电压应与被测电路电压相同。

（2）计量用电流互感器的准确度等级应符合《电能计量技术管理规程》及有关规程要求，即应符合表 2-1 中所示值。

（3）电流互感器额定一次电流的确定，应保证其在正常运行中的实际负荷电流达到额定值的 60% 左右，至少应不小于 30%，否则应选用高动热稳定的电流互感器，以减小变比。

（4）互感器实际二次负荷应在 25% ~100% 额定二次负荷范围内；电流互感器额定二次负荷的功率因数应为 0.8 ~1.0。

（5）三相电路中，各相上的电流互感器额定容量和额定变比应一致。

（6）安装电流互感器时，极性不得接错。如受现场条件所限，可将电流互感器一、二次端钮完全反接。

（7）互感器二次回路的连接导线应采用铜质单芯绝缘线。对电流二次回路，连接导线截面积应按电流互感器的额定二次负荷计算确定，至少应不小于4mm^2。

（8）电流互感器二次绕组不得开路。否则，将产生高电压和导致铁心发热，危及设备和工作人员的安全。因此，在电流互感器二次回路上工作时，一定要将二次绕组短路。

（9）装在高压电路的电流互感器，其二次端钮应有一端接地，以防一、二次绕组绝缘击穿时，危及人身和设备的安全。

5. 电压互感器的选择与安装

（1）电压互感器一次绕组额定电压应与接入电路的电压相同。

（2）计量用电压互感器的准确度等级应符合《电能计量技术管理规程》及有关规程要求，即应符合表2－1中所示值。

（3）电压互感器的额定容量应大于或等于二次负载总和；如三相负载不等时，则以负载最大的一相为依据进行配置。

（4）互感器二次回路的连接导线应采用铜质单芯绝缘线。对电压二次回路，连接导线截面积应按允许的电压降计算确定，至少应不小于2.5mm^2。一般情况下，从电压互感器到电能表二次回路的电压降不应超过0.5%。

（5）互感器实际二次负荷应在25%～100%额定二次负荷范围内；电压互感器额定二次功率因数应与实际二次负荷的功率因数接近。

（6）安装电压互感器时，要注意极性、组别、相别，不得接错。

（7）电压互感器二次绕组不得短路，否则较大的短路电流将烧毁互感器。

（8）电压互感器一、二次侧均要安装熔断器，以防短路。

（9）电压互感器二次端钮应接地。

二、电能计量装置的检验

电能表和互感器应遵照国家有关部门颁发的《电能计量装置检验规程》及其他有关规程，在安装使用之前必须经过校验合格；运行中的电能表，应进行周期性的定期检验。

1. 电能表的周期性定期校验

（1）35kV 及 10（6）kV 线路总表，每半年校验一次。

（2）容量在 1000kW 以上的高压用户电能表每半年校验一次；容量在 1000kW 的，每年校验一次。

（3）一般农业用户电能表每 1 ~2 年校验一次。

（4）低压照明表每 3 ~5 年校验一次。

（5）校验用的标准表每半年校验一次。

（6）计量用互感器每 3 ~5 年校验一次。

检验电能表时，其实际误差应控制在规程规定基本误差限值的 70% 以内。凡经校验合格的表计，必须进行封印，封印工具应妥善保管，不许外借。经检验合格的电能表，在库房中保存时间超过 6 个月应重新进行检验。

2. 电能表和互感器的现场检验

（1）Ⅰ类电能表至少每 3 个月现场检验一次；Ⅱ类电能表至少每 6 个月现场检验一次；Ⅲ类电能表至少每年现场检验一次。

（2）35kV 及以上电压互感器二次回路电压降，至少每 2 年检验一次。当二次回路负荷超过互感器额定二次负荷，或二次回路电压降超差时，应及时查明原因，并在一个月内加以处理。

（3）高压互感器每 10 年现场检验一次，当误差超标时，应尽快更换或者改造。

3. 电能表的定期轮换

（1）运行中的Ⅰ、Ⅱ、Ⅲ类电能表的轮换周期一般为 3 ~4 年。运行中的Ⅳ类电能表的轮换周期为 4 ~6 年。Ⅴ类双宝石电能表的轮换周期为 10 年。

（2）对所有轮换折回的Ⅰ ~Ⅳ类电能表，应抽取其总量的

5% ~10%（不少于 50 只）进行修调前检验，且每年统计合格率。

（3）Ⅰ、Ⅱ类电能表的修调前检验合格率为 100%；Ⅲ类电能表的修调前检验合格率应不低于 98%；Ⅳ类电能表的修调前检验合格率应不低于 95%。

（4）运行中的Ⅴ类电能表，从装上的第六年起，每年应进行分批抽样作修调前的检验，以确定整批电能表是否可继续运行。

4. 电能计量方面存在的问题和影响

（1）接线错误。当电能表和互感器的接线错误时，对电能计量的准确度影响较大，将引起 30% ~70% 的误差。

（2）选用不当。当电能表和互感器选用、配置不当时，如负荷长期低于电能表容量的 1/3，将使电能计量不准确。

（3）淘汰品多。应淘汰的老旧电表因结构陈旧、零件老化、性能低劣，允许误差远远超出范围，不是给国家造成电能损失浪费，就是给用户造成过多的经济负担，社会影响不好。

（4）互感器准确度等级较低，误差超标。

（5）电能表和互感器未按规定周期进行校验、轮换。

（6）电能表和互感器检验项目不全，修校质量差。

电力营销管理

第一节　电力营销管理概述

市县级供电企业的主要工作有两部分，一是建设220kV、110kV中心变电站和35kV终端变电站，架设220、110、35kV输电线路和10、0.4kV配电线路，给电力用户提供供电基础设施；二是运营销售电能给各类用户，结算电量，回收电费（上缴给上级供电企业→发电厂），第二部分即电力营销，在供电企业中地位非常重要，是直接与用户打交道的。

现阶段一般市县级供电企业营销管理组织架构如图3－1所示。

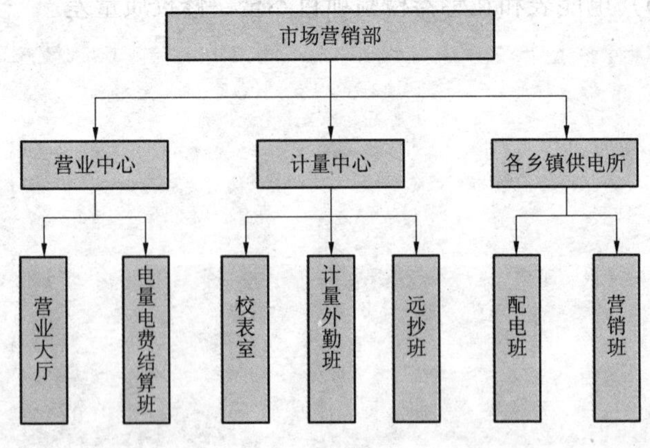

图3－1　营销管理组织架构

据调查统计，有不少市县级供电企业的线损率很高或居高不下，远远超过理论值，造成了大量的电能损失。究其原因，除了计量表计的误差外，绝大部分是由于以下三种情况造成的：① 用电单位（或用户）的非法窃电和违章用电；② 供电企业对用电的监察和检查不及时、不深入，处罚的力度不够；③ 供电营业单位的工作存在较多的漏洞，抄表和核算不准确，甚至有遗漏的，未能按时把用户所耗用的电量如数全部抄回。总之，主要是由于营业损失电量过大造成的。因此，加强用电营业管理，是降低电网线损，特别是降低其管理线损的重要措施。

要充分认识和高度重视用电营业管理的重要性。

1. 营业管理是供电企业对电能（商品）的重要销售环节

为了适应工农业生产发展，为了发展城乡经济，为了满足人民物质文化生活的需要，市县供电企业要抓好以下两个环节：一是不断发展业务，接受用户的用电申请，及时供给用户合乎质量标准的电力；二是准确计量用户每月使用的电量，及时核算和回收用户的电费。这样，供电企业的再生产才能不断进行，电，这种商品的经营成果才能以货币的形式体现出来。

2. 营业管理是供电企业发展的一项重要工作

（1）供电企业应根据《供电营业规则》及有关规定及时地受理用户的用电申请，如期地为其办理各项手续，才能扩充自身的业务，发展壮大企业。

（2）电费收入是供电企业的主要销售收入，只有对其加强管理，及时、准确、全部地收回和上缴给上级部门，才能加速资金周转，及时为国家积累资金，为企业的生产和发展提供物质基础。

（3）售电量、线损率和供电成本是国家考核供电企业的主要技术经济指标。其中售电量尤为重要，它完成多少，能否按时把用户所耗用的电量如数全部收回，能否正确无误地进行核算和分类统计，关系到国家和企业的利益和未来；与此相关的线损率和供电成本才能正确地计算出来。

（4）营业管理部门的统计报表和经常性的社会调查资料，

如各行各业历年用电量的增长情况、用电结构变化、用电特点以及平均电价的变化等，是编制供电企业生产计划的重要依据。

第二节 电力营销管理的主要工作内容及其做法

一、报装接电，扩充业务

（1）营业管理工作的主要任务是接受用户的用电申请，满足新建、扩建单位的用电需要，应根据电网供电情况，及时尽快地办理有关报装的各项业务。报装接电工作应实行由县（市）局的用电部门一口对外办理的做法。办理期限的要求是：照明不超过一周，动力不超过半月。

（2）了解并审查用户申报的用电资料及其工程的建设依据、进程和发展规划。对于用户新装、增装的用电设备，不论容量大小，都必须办理正式用电申请手续，填写用电登记书；同时按规定提出必要的设计图纸等技术资料。调查用户的用电现场情况、用电性质、用电规模及电网供电的可靠性，据此拟定供电方式和方案。

（3）组织进行业务扩充的新建、扩建供电设备的设计和施工。并要掌握设备的安装进度，及时对其进行必要的调试、检测和质量监督，并按规定收取有关业务费用。

（4）签订供用电合同或协议书。确定计量方式和计量点，并组织装表和接电。报装接电必须严格执行审批权限，即根据用户新装、增装用电设备的容量（或规模大小），确定是由县局，还是由乡（镇）供电所审批、检查验收、装表接电。业务扩充工程的设计、施工、验收接电工作，必须严格执行有关设计技术规程的规定，不合格不准验收接电。

（5）业务扩充工作应按一定的流程进行。制定业扩流程，应以方便用户、提高服务质量为原则。要着力改革那种多头对外、管理混乱、手续繁琐的做法；做到对外一个口，对内要规范。

下面提供有关业扩工程的流程及有关部门的职责分工情况，供参考。

（1）低压供电、无线路工程的用户（见图3－2）。

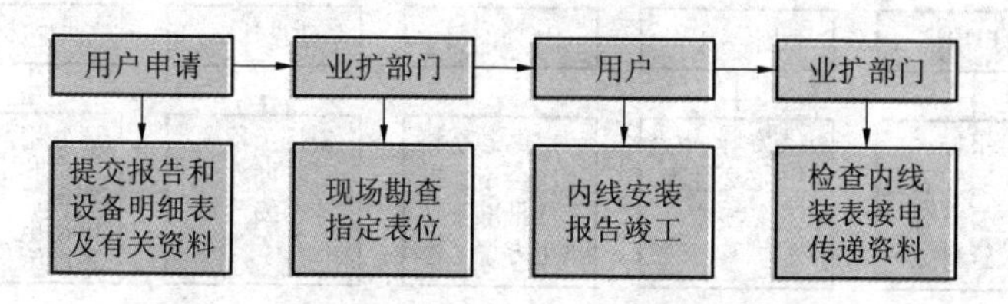

图3－2　低压供电、无线路工程的用户业扩流程

（2）10kV及以下有线路工程的用户（见图3－3）。

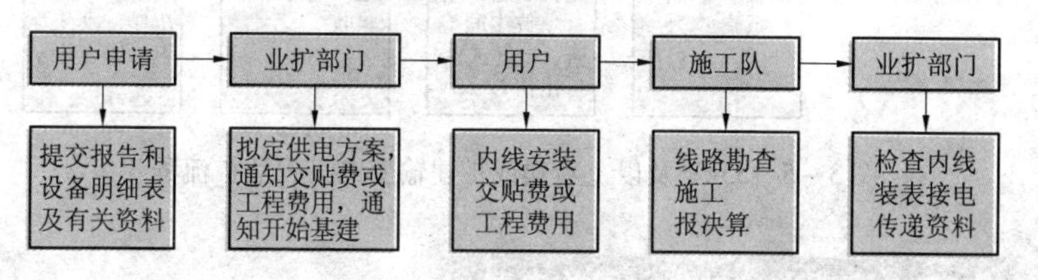

图3－3　10kV及以下有线路工程的用户业扩流程

（3）企业专用（或类似）变压器的安装（见图3－4）。

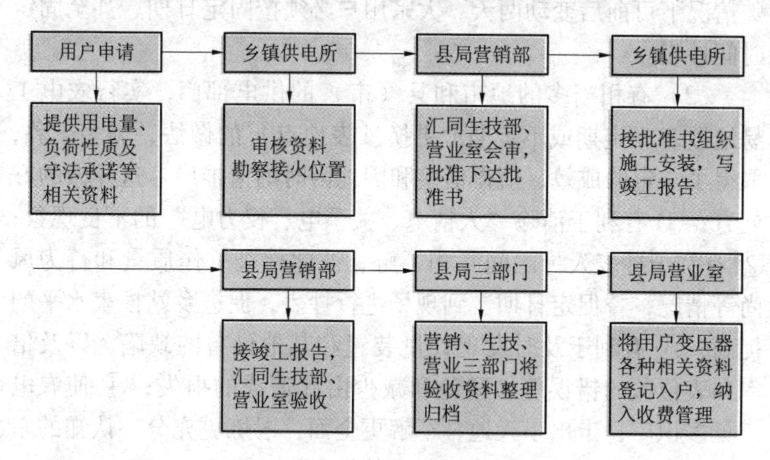

图3－4　企业专用（或类似）变压器安装业扩流程

（4）35kV 及以上电压供电，需要新建或扩建输变电工程（见图 3－5），建成后产权归电业部门。

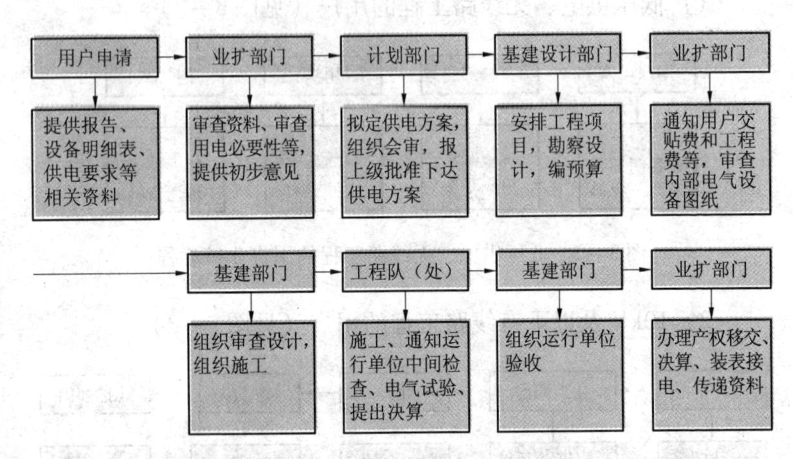

图 3－5　35kV 及以上新建或扩建输变电工程业扩流程

二、定期准确抄表，回收电费

（1）抄表工作必须定人、定量（或定户数）、定日期，在特殊情况下可前后变动两天。大宗用户必须按固定日期、甚至固定时间抄表。

（2）有相当多的地市和县（市）的供电部门，实行农电工易地抄表（定期或不定期地更换抄表地点）的做法，利多于弊，取得了一定的成效，值得借鉴和因地因时酌情推广。这样做的好处有：① 有利于消除“人情电、关系电、权力电”的不良现象；② 有利于抄表人员之间互相了解、彼此检查工作质量和行为风尚等情况，督促定日期、到现场进行抄表，促进乡站抄表水平的提高；③ 有利于及时发现计量装置和其他设备的缺陷，以及倍率和表位数的错误等，避免和减少由此造成的损失；④ 使农电工见多识广，走出小天地，了解更全面，锻炼更充分，认知的东西更多，促进农村电工技能水平的提高。

（3）抄表前先领取抄表卡片，并核对其张数无误，然后到现场抄表。抄表要用钢笔（或书写笔）填写抄表卡片和用户用电手册，字迹要工整清楚，不准涂改。

（4）抄表要认真看清电能表的指示数、表位数、互感器的倍率，严防少抄、误抄等各种差错。对电量突增突减的用户，应了解情况，查明原因，标注在抄表卡片上；如发现封印启动、电表损坏、元件失缺、附件变动、用电设备容量变动和违章用电等情况，应及时处理；或提出调查报告书，交有关人员处理。

（5）对仅装有总表，而又需要分工副业、农业排灌和照明用电计算电量电费的用户，在执行综合电价前，应按签订协议所规定的比例划分办理，不得擅自单方变动。

（6）对有限时间无表协定用电用户，应注意检查用电设备容量和用电时间，如发现增减变动，可按下列办法处理：① 对私自增容用电者，应按新容量计算当月电量，并写出调查报告书；② 对私自增加用电时间或班次者，应按实际用电时间计算当月电量，并通知用户办理修改协定用电时间的手续；③ 对用电容量和时间均减少者，应通知用户到县局办理修订协议手续，但当月用电量仍按原协议规定标准计算。

三、正确执行电价政策，认真核算电量电费

（1）电费核算工作是紧接抄表工作之后进行的，10kV 用户（专有配电变压器的厂矿企业、行政事业单位、农副业加工大户、养殖大户等）适宜集中于县局统一完成，并交有经验丰富、办事认真细致极少有差错的人员，在计算机上来做；公用配电台区的低压用户（主要是家庭，还有商业网点、农副业加工房、养殖户等）集中于供电所统一完成，由微机员在计算机上来做。审核时，要详细核对户号、姓名、用电量、用电类别及有关记录，特别要注意用电设备容量和电费计收起止日期，切莫记错账和漏算、少算电费。

（2）10kV用户的电费正式发票（带有税章）应集中由县局用计算机统一打印开据，并盖上县局收费印章和月份印鉴；低压用户的收据集中于供电所用计算机打印开据。在开据之前，要注意与抄表卡片、电费账本的核对。

（3）电费发票（收据）写错时，不准涂改、撕掉，盖作废章后另开新据。电费账本写错需要订正时，在错误处要盖上经办人印章，再写上正确的数字或文字。

（4）要正确执行国家电价，不得错计电费；更换电费账本时要严防错记、漏记设备容量和协议容量。

（5）用户丢失电费发票（收据）要求补发时，用户应提供电费手册或当月的交费通知单，经过与电费账本核对，并经领导同意后予以补发，并盖上“补发”印章。临时电费盖“临时”印章。

四、及时回收电费，加强电费管理

（1）领取电费发票（收据）后，先查点张数、核对款额、查看有无漏盖收费章的。

（2）收费前要在电费发票（收据）上盖收费人章；要先收钱后给发票（收据）。

（3）收取的电费现金，要及时整理好、上缴入库，以防意外。

（4）银行划拨电费时，按银行规定手续办理。

（5）退还电费时，应请用户在收据上盖章，其款额可从当天收取的电费中退给。

电费回收工作是供电企业在销售环节和资金运转中的一道重要工序，是电力生产经营成果以货币形式体现出来的一个重要组成部分。

电费管理工作要求用电营业管理人员每月将用户的用电量按时正确地抄录回来，按照国家制定的电价，严格正确地计算和审核电费，全部及时收回和上交，对各行各业的用电量与应收电费进行综合分析和统计。

电费管理要严格执行工作程序，其程序为：接收装表接电凭证→立卡存档→分区分线建账→抄表→核算→审核记账→填写电费通知单→收电费（现金交付、银行代收、银行划拨）→下账汇总→综合统计分类报表→分清代收费用（按理不许搭车收费）和电费→交财务部门→上缴。

以10kV用户用电抄表收费程序为例，具体如下：在县电业局制定的每月抄表收费日期（抄表员和各乡所不得擅自延后）→各乡供电所派员到各变压器台将用电量如实抄下→各乡所汇总所抄电量如实上报县局营业室→营业室审核上报数字，无误后开具电费发票→各乡供电所领走电费发票→各乡所向各台变压器用户收取电费（发票中的报销联交用户）→各乡所汇总电费并上缴县局营业室（各所务必做到电费月月结清，不得截留）→县局营业室汇总电费并与开出发票金额进行核对，并分所填写报表，将款一同上交→县局财务部门（填报表连同电费总额上缴）→市级供电公司财务部门。

电费管理工作中的抄表、核算、收费是三位一体的，既有明确分工，又要密切协作，彼此衔接好，还应相互监督，杜绝漏洞；真正做到应收必收，收必合理合法。

五、营业管理的统计工作和分析工作

（1）营业统计月报。主要是指分户汇总月报表和用电分类报表等。这些报表应根据电费发票（收据）及登记、抄表、收费的资料进行整理编制，要求做到三个相符：① 分户汇总月报表与每户抄表卡相符；② 电度、电价、电费相符；③ 电费收据或票证与用户交费手册相符。

（2）对临时用电、补缴电费、电费滞纳金及赔偿表费等，这些缴款总清单应与应收款相符。

（3）对各项数字增减，应做好分析，查明原因，计算和确定影响范围，汇报给领导。

六、电力营销普查

1. 营业普查的形式

(1) 定期普查。根据农村用电负荷变化规律，每年定期开展2～4次营业普查，一般安排在用电负荷变化较大的季节进行。

(2) 不定期普查。在日常营业工作中，随时发现问题随时进行的营业普查。如发现线路的线损率发生突变，造成较大的营业损失时，就应及时组织有针对性的营业普查。

(3) 营业普查时，要注意采取内查（即室内查）与外查（即现场查）相结合、专业人员检查与知情群众参查相结合、检查与整修相结合，以及自查、互查和抽查相结合的方式。

2. 营业普查的内容

(1) 内查，内容如下。

1) 查账、卡、簿（即电费账、抄表卡片、用电设备登记簿）是否相符。

2) 查抄、核、收手续是否合理。

3) 查电量、电价、电费的核算是否正确。

4) 查不同行业和用户的电量分配比例是否合理。

5) 查加收的变压器固定费是否合理。

6) 查力率调整电费、工程补贴等的收取是否符合标准。

(2) 外查，内容如下。

1) 查用户有无违章用电和窃电行为。

2) 查配电变压器的容量与设备原簿是否相符。

3) 查用户装机容量与抄表卡片是否相符。

4) 查电流互感器的变比与抄表卡片是否相符，查穿心TA的一次匝数与表卡是否相符。

5) 查电流互感器的一次和二次接点是否松动和氧化。

6) 查电能表、互感器是否烧损，接线是否正确。

七、用户违章用电和窃电的处理

1. 违章用电，范围及其处理办法

1）对在电价低的供电线路上，私自接用电价高的用电设备或私自改变用电类别的，应按实际使用日期补收其差额电费，并处以1~2倍差额电费的罚款；对使用起止日期难以确定者，至少按三个月计算。

2）对用电超过报装容量私自增加用电容量的，应追补电费，并处以每千瓦（或千伏安）20元的罚款，还要拆、封私增设备；如用户要求继续使用的，按新装增容办理。

3）对擅自使用已报停用的电气设备或启用封存的电气设备的，应追补电费，并处以每千瓦（或千伏安）20元的罚款，还要再次封存擅自启用的电气设备。

4）对私自迁移、更动和擅自操作供电单位的电能计量装置、电力定量装置、线路或其他供电设施的，要处以20~50元的罚款。

5）对未经供电单位同意，自行引入备用电源的，应予以立即拆除，并处以按接用容量每千瓦（或千伏安）50元的罚款。

2. 窃电，原因、形式、处理办法和防治措施

（1）窃电。窃电是指以非法占用电能为目的，采用隐蔽或其他非法手段窃用电能，而造成电能计量装置少计量，甚至不计量的行为。具体表现有：① 在供电单位线路上私自接线用电，或者绕越电能表用电的行为（用户）；② 改变供电单位计量装置的接线，伪造或启动计量仪表的封印，以及采用其他方法致使电能表计量不准（或失效）的行为（用户），甚至故意损坏计量装置的行为。

上述几种行为（用户）被供电单位查出应定为“窃电”。

（2）窃电的原因，主要有以下几种：① 自身利益的驱使违法窃电，此类情况最多；② 受外界的影响窃电，此类窃电户往往被他人窃电得逞“传染”，禁不住伸手试法，往往发现一户，

查获一大片；③ 企图窃电发财，此类窃电多发生在用电量较大的个体工商户或私营企业（如一家个体饭店接连窃电相继被查获，仍不思悔改，直到摘表断电）；④ 自身心理扭曲窃电，此类窃电或许为了好奇或者逞能，给他人露一手而窃电；⑤ 讨好他人窃电，有些窃电用户负责人虽然不懂电气技术，但其下属或个别电工出于某种动机，为其窃电减支效力；⑥ 有意识地对国家或集体电力企业进行破坏等。

（3）窃电的形式。窃电的方法概括起来有欠压法、欠流法、移相法、扩差法、无表法窃电及改变电能表结构性能等。主要形式如下：① 公开明显的窃电，其窃电方式多是在电能表前接线，利用U型导线分流、别卡表盘、开封拨表、私改TA变比，或者将电能表短接，互感器开路，将电能表电压线圈挑开，让电能表少走字或不走字；② 偷摸隐蔽的窃电，此类窃电在配变计量总表后、计费分表前，偷接电力负载，如将窃电线藏在天棚内或埋在夹墙中，用电缆偷接埋在地下，或者将不同相的电压线互换而造成电能表电流电压的相位不对应而使电能表较慢或反转，让一般人员不易察觉之窃电行为；③ 采用高新技术窃电，此类窃电对供电企业威胁最大，应引起供电企业高度重视。如前几年猖獗一时的“倒电器”，还有媒体披露过的，名为“节电器”实为“窃电器”的窃电工具，就是典型的例子；④ 与供电企业检查人员打时间差窃电，此类窃电者多对供电企业经营比较熟悉，熟知供电企业查电人员的工作规律，利用在公休节假日或者夜间窃电。

（4）对窃电的处理办法。对窃电户或窃电者，供电单位可根据1990年5月28日国家公安部、原能源部《关于严禁窃电的通告》规定，进行处罚，即除当场予以停电外，还应按私接容量及实际使用时间追补电费，并处以3~6倍追补电费的罚款；情节严重者，应依法起诉。如窃电起止日期无法查明时，至少以6个月（动力用户每日按12h，照明用户每日按6 h）计算。总之要重罚，使窃电者得不偿失，以后不敢再窃。这样做的目的，是

为了教育窃电者，告诫窃电者，“电”也是商品，是不能偷窃的，是受国家法律保护的，偷窃必受严惩。

（5）防范和治理窃电的措施。防范和治理窃电工作是一个系统工程，它包括事前、事中和事后管理三个阶段。业务扩充管理流程的防治窃电管理为事前管理，从装表接电后到抄、核、收过程的防治窃电为事中管理，运行过程中对窃电行为的查处为事后管理。具体来说，要做好防治窃电工作，要采取以下措施。

1）防范和治理窃电的组织措施。

a. 业扩管理中要加强职业道德和法制教育、组织技术业务培训，提高业扩流程参与人员的思想和技术业务素质，堵塞窃电漏洞；不搞人情电、关系电、权力电，杜绝网开一面；更不允许供电企业内部人员与社会上外部人员勾结窃电，违者交司法机关处理。要制定供电企业内部各级职工严禁为窃电者说情的制度。

b. 利用各种媒体，如广播电台、电视台、报刊等进行反窃电、防窃电的宣传教育；特别是要着力宣传国家公安部、原能源部于 1990 年 5 月 28 日颁发的《关于严禁窃电的通告》的条文内容，使之家喻户晓，人人皆知。

c. 抄、核、收管理过程中防止窃电的关键在于抄表和复核两个环节。用电检查人员要加强对抄表和复核的监督，抄、核人员也应该负有对窃电行为发现和举报的责任。

d. 要制定办事程序和办事规则，按章行事，规范营销管理行为，堵塞工作中的漏洞和失误，防止内外勾结窃电。

e. 要加强专业技术培训，提高抄表人员和复核人员的工作责任心和业务技术水平；从严要求出发，要建立岗位责任制，并纳入考核管理。

f. 要做到业扩流程与营业管理的衔接和协调，实行全过程管理。对临时用电户也要装表计量，按时抄表收费，并建立临时用电台账；临时用电结束时，必须撤除供电线路和计量表计，或者转为正式供电，看好自己的门，不留下窃电条件。

g. 制定发动群众举报窃电行为和窃电者，依靠群众做好防反窃电工作的办法（如发放窃电举报卡）；制定反窃电的奖励政策，对举报和查处窃电的供电企业内部及社会上外部的有功人员进行奖励。各供电所都必须设立窃电举报电话和举报箱，实行举报有奖，并为举报人员保密。

h. 县局要建立健全稽查队和各级用电监察机构，配备合格人员，并加强学习和业务培训，提高人员的思想觉悟和工作能力。要让稽查、用电监察和装表接电人员，通过专业技术培训，掌握针对窃电所用方式、手段以及各种新式技术工具的反窃电技能和知识，让他们成为反窃电的能手。

i. 要与当地政府和公安司法部门密切配合，争取良好的外部环境，对群众举报和检查发现的窃电大案、要案进行集中整治、重点打击；做到打击一个，整顿一片，稳定一方；对典型案件除按规定从严进行处罚外，还要联系新闻单位进行社会曝光；窃电数额巨大、情节特别严重的，要移交司法部门惩处。

j. 要加强对用电户配电设备的巡视检查管理，加强对用电户计量装置的检查，特别是针对窃电多发户、频发时间的突击性检查；检查时要尽量利用“数码摄像笔”之类的新技术新工具，获取证据，以提高准确度和工作效率；及早发现，及早处理，将损失减至最少。

2）防范和治理窃电的技术措施。

a. 要从配电设施和计量装置上堵塞窃电的漏洞，即要切实加强电能表下户线和电力计量装置的监督、检查与管理；如将电能表安装在最显眼的地方，以便于监督、检查与管理，让窃电者无处下手。

b. 对于原来达到计量标准的用电客户，要积极推广装用“智能型”计量箱或“数字化”电能计量装置（一般前者优于后者），因为这种计量箱具有对专用变压器的电压、电流和用电量等数据实时远传、分析和监测的功能，当非法者窃电，数据发生异常或超出预设整定值时，该装置就能及时把窃电过程或情节自动编成短信或警报，发送给反窃电稽查人员的手机或监视屏上，

他们就会在第一时间赶赴现场，进行有效地查处，避免电量流失或造成损失。

c. 要推广应用具有防窃电功能和数据可实时远传的电子式电能表，或者新型防倒转的电能表。

d. 要推广应用全电子式电能表；因为此种电能表具有正、反双方向对有功进行累加的功能，可有效防止窃电者利用外接电源和移相倒表的窃电行为。

e. 要推广应用技术先进或科技含量较高的无线远抄系统、低压载波型或高压载波型电能计量监控和抄表系统，因为这些系统具有远程抄表和远程及时发现计量表计发生的突变问题的功能，并及时向反窃电稽查人员报警或发送短信。

f. 因窃电多数是通过让电能表计数器倒转来实现的，而新研制出来的电能表"单向计数器"可防止通过此方式窃电的功能，因此要尽快将现有电能表改装成具有"单向计数"的电能表（据介绍改装还是比较方便的），或者直接装用已经生产出来的具有"单向计数器"的电能表。

g. 要推行全封闭供电方式。对居民较多较集中的小区要推广应用自动化集中抄表系统，因为该系统具有监视和判断用户计量装置或电能表运行是否正常、是否存在窃电行为的功能，并可及时报告反窃电稽查人员查处。

h. 要加强对计量设施的更新改造，完善电能计量装置，其中包括：将老式电能表及互感器进行更换，如将磁卡式电能表换成多功能电子式电能表；将二元件电能表更换为三元件电能表，以防止窃电者利用二元件电能表结构漏洞和改动电能表内部结构实施窃电；将电能表的电压连片由接线盒内连接，改为电能表内连接，以防止窃电者利用断开或使其接触不良实施窃电；在计量 TA 回路配置失压保护和失压记录仪；采用新型防撬铅封或带有防伪标志的一次性快速密封"锁"，替代使用多年的铅封；加装防窃电表尾盖，将表尾封住，使窃电者无法接触表尾导体，这可以与防撬铅封配合使用；规范计量箱接地及互感器二次接地；计量箱内的多块电能表的中性线应分别接线，不应采取依次串接方式。在配电变压器低压侧套管接线柱上加装防窃电罩或帽。

i. 要积极应用最先进最新出版的线损分析软件，如最先进的电能表现场校验仪，配备外校专用车，以加强对专用变压器客户用电力计量装置的现场随时检查校验，防止电量流失。

j. 同县城、乡镇一样，对一般农村用电也应采用防窃电型的电子式电能表和用铁制或玻璃钢制成的防窃电表箱，表箱置于街道墙上或电杆上，箱内装 3 ~ 6 块（户）单相表，或者 3 块（户）单相表和一块三相动力表，此种计量箱称为“联户表箱”。

八、营业日常事务的处理

用户经过申请、装表、接电后即成为电力部门的正式用户。在日常工作中，会经常发生一些用电事宜，比如，因生产任务变更，需要改变用电性质；因任务削减一时不能恢复正常生产，需要减少用电容量；因国民经济调整而关停并转，需要拆表销户；因季节性变化或为了减少电能损耗，需要暂时停止部分或全部用电设备；因用电地址迁移或新、旧用户交替，需要及时结清电费和更改户名；因原装电表安装地点不适当或其他原因，需要在某处挂接临时电源；因电能表过快、过慢或因雷电烧毁电能表，需要校验或更换；因接户线年久失修或安装不良而发生烧毁用电设备事故，以及用户之间的用电纠纷等。这些工作都要通过营业管理部门及时给予妥善处理。电力部门应根据供电范围、用户规模及历年业务数据的统计数字，适当安排人力，简化业务手续，方便用户，及时地为用户提供优质服务，使用户满意。

此外，还要认真做好上级政府部门（或电力管理部门）制定的单位产品耗电定额、提高设备利用率、节能节电和环保低碳等政策的贯彻落实工作。

第三节 提高用电营业管理的工作质量

一、重视和提高用电营业管理的工作质量

（1）提高服务质量和工作效率，积极更好地面向社会和未来，使供电企业和国家电力事业得以发展，使社会或广大用户能及时用上“充足、可靠、合格、廉价”的电力，使国民经济能够持续、稳定发展，人民安居乐业。

（2）贯彻“人民电业为人民”的宗旨，优质服务，认真工作，纠正行风，想用户之所想，急用户之所急，提高电力部门的社会声誉。

（3）发挥营业管理工作作为电力部门和用户相联系的桥梁作用，摒弃以往单纯的买卖关系观念，建立供电同用电相配合、相互监督的关系，共同贯彻“安全第一”的方针，共同加强技术管理，提高设备维修水平及其运行水平，确保安全、经济、合理供用电。

二、用电营业管理工作质量要求

（1）对报装、接电、日常营业和电费抄、核、收等工作应明确办理期限，提高办事效率，彻底解决工作推诿，拖拉等不良倾向。对于报装接电工作质量的考核，可用报装接电率进行计算，即

$$报装节电率=\frac{装表供电容量（或照明户数）}{申请容量（或照明户数）}\times 100\% \quad (3-1)$$

（2）正确登记并填写各类工作传票，及时建账立卡，坚决解决原始用电凭证问题。这一要求是针对过去营业工作中出现的问题不易发现，有时一错就是几年，损失成千上万千瓦时电量的情况提出来的。

（3）要努力取缔“三电”不良现象，即人情电、关系电、权力电。要努力做到“三公开”，即电量公开、电费公开、电价

公开。努力做到“四到户”，即销售到户、抄表到户、收费到户、服务到户。还要努力做到“三个相符”，即每户抄表卡片与分户汇总的月报表相符、电量电费电价相符、电费收据（即发票）与用户交费手册相符。还要努力做到“五统一”，即统一电价、统一发票、统一抄表、统一核算、统一考核。

（4）正确抄表核算，务必实行互审制度，坚决解决工作中的差错问题。为了做到这一要求，应对如下“三率”进行考核。即

$$实抄率=\frac{实抄户数}{应抄户数}\times 100\% \tag{3-2}$$

$$实收率=\frac{实收电费金额}{应收电费金额}\times 100\% \tag{3-3}$$

$$差错率=\frac{差错户数}{实抄户数}\times 100\% \tag{3-4}$$

上述“三率”应月月计算。一般要求，当月的实抄率应达到95%以上或98%，实收率应达到99%以上或100%，差错率应低于千分之一或万分之五。

三、用电营业管理服务质量要求

鉴于电能是看不见、摸不着的产品，使用得当就能为人民造福；使用不当，反而会给人民带来灾害。另外营业管理本身是一种政策性、群众性和服务性都很强的工作，所以涉及范围很广，要求做到、做好的方面很多。

（1）要经常了解用户对电能质量的意见，调查研究电能质量给用户生产和生活带来的影响。

（2）要协助用户共同搞好安全用电、计划用电、节约用电的工作。

（3）当线路和配电变压器等发生故障、影响用户用电时，要尽快组织力量抢修，消除故障，恢复供电。

（4）要力所能及地帮助用户解决用电方面的困难，如“低电压”问题、用户之间发生的用电纠纷、孤寡老人和残疾人用电

难的问题等。

（5）要树立全心全意为人民服务的思想，防范和避免为了用电管理部门和个别人的利益，利用手中掌握的电权刁难用户、“卡压”用户或报复用户的不良行为发生。如拉闸停电、多收电费或变相处罚用户等。

四、防范和避免发生营业事故和营业差错

这些营业事故和营业差错包括的内容如下。

（1）凡在抄表、核算、整理工作中出现估抄、错抄、漏抄、错算、漏算，造成电量和电费多收和少收的。

（2）更改抄表卡片、电费账、用户资料簿的，漏记、错记互感器倍率或电能表起止数，造成电量多收和少收的。

（3）擅自更改计量方式和变动电价及其光、力比例的。

（4）丢失抄表卡片、电费账、用户资料簿、电费收据、结算凭证、收费图章、封印工具和工作票的。

（5）违反现金管理制度，致使电费款被盗或丢失，影响电费收入的。

（6）由于未按时对账，使银行、财务、应收款三账不符，造成损失的。

（7）开错托收结算凭证，造成电费错收的。

（8）收费单据漏盖收费章，或收费章被盗失的。

（9）用电申请、工作票填写错误或积压，造成电量、电费多收或少收的。

（10）月末结账，电费收入未及时上缴的。

（11）擅自委托他人进行装表、拆表和抄表，收费的。

（12）计量装置发生异常情况，抄表人员未及时提出工作单，影响换表或处理，造成电量、电费多计或少计的。

（13）丢失、损坏设备和计量表计的。

（14）装表接错连线，错装、错记、漏记互感器和错记、漏记电能表底数，造成电量、电费多计或少计的。

（15）电能表、互感器校验不正确，或未经校验即投入运行，错写试验报告；或计量装置修校质量不合格，投入运行，造成电量、电费多计或少计的。

（16）未按周期更换、修校电能计量装置，或事故未及时处理，造成电量、电费多计或少计的。

（17）在营业工作范围内，所发生的其他事故和差错，造成直接损失的。

上述营业事故和营业差错一旦发生，要进行登记、填表，按损失大小上报相应的上级单位。

第四节 营业大厅宣传资料

营业大厅是市县供电企业与广大用户、尤其是工商业用户日常联系的窗口。其中市县供电企业营业大厅，负责办理6～10kV及以上专用变客户新装、增容及变更业务；各乡镇供电营业厅，负责办理400V及以下电力客户相关业务。

俗话说“隔行如隔山”，供电企业利用该窗口进行供用电法律法规、业务技术等宣传，公开办事程序，对于供电企业与客户之间的沟通，进而理解和相互支持，起着巨大作用。

一、相关供用电法律法规

（一）《供电营业规则》

第82条

供电企业应当按国家批准的电价，依据用电计量装置的记录计算电费，按期向用户收取或通知用户按期交纳电费。供电企业可根据具体情况，确定向用户收取电费的方式。用户应按供电企业规定的期限和交费力式交清电费，不得拖延或拒交电费。

第100条

（1）在电价低的供电线路上，擅自接用电价高的用电设备或私自改变用电类别的，应按实际使用日期补交其差额电费，并承担二倍差额电费的违约使用电费。使用起讫日期难以确定的，实际使用时间按三个月计算。

（2）私自超过合同约定的容量用电的，除应拆除私自增容设备外，属于两部制电价的用户，应补交私增设备容量使用月数的基本电费，并承担三倍私增容量基本电费的违约使用电费：其他用户应承担私增容量每千瓦（千伏安）50 元的违约使用电费。如用户要求继续使用者，按新装增容办理手续。

（3）擅自使用已在供电企业办理暂停手续的电力设备或启用供电企业封存的电力设备的，应停用违约使用的设备。属于两部制电价费，并承担二倍补交基本电费的违约使用电费，其他用户应承担擅自使用或启用封存设备容量每次每千瓦（千伏安）30 元的违约使用电费。启用属于私自增容被封的设备的，违约使用者还应承担本条第 2 项规定的违约责任。

第 101 条

禁止窃电行为。窃电行为包括：

（1）在供电企业的供电设施上，擅自接线用电。

（2）绕越供电企业用电计量装置用电。

（3）伪造或者开启供电企业加封的用电计量装置封印用电。

（4）故意损坏供电企业用电计量装置。

（5）故意使供电企业用电计量装置不准或失效。

（6）采用其他方法窃电。

第 102 条

供电企业对查获的窃电者，应予制止，并可当场终止供电，窃电者应按窃电量补交电费，并承担补交电费三倍的违约使用电费。拒绝承担窃电责任的，供电企业应当报请电力管理部门依法处理。窃电数额较大或情节严重的，供电企业应提请司法机关依法追究刑事责任。

（二）《电力供应与使用条例》

第 27 条

供电企业应当按照国家核准的电价和用电计量装置的记录，

向用户计收电费。

用户应当按照国家批准的电价，并按照规定是期限、方式或者合同约定的方法，交付电费。

违反本条例第二十七条规定，逾期未交付电费的，供电企业可以从逾期之日起，每日按照电费总额的1‰～3‰加收违约金，具体比例由供用电双方在供用电合同中约定；自逾期之日起按照国家规定计算超过30日，经催交仍未交付电费的，供电企业可以按照国家规定的程序停止供电。

第32条

供电企业和用户应当在供电前根据用户需要和供电企业的供电能力签订供用电合同。

（三）《电力法》

第4条第2款

禁止任何单位和个人危害电力设施安全或者非法侵占、使用电能。

第32条

用户用电不得危害供电、用电安全。对危害供电、用电安全和扰乱供电、用电秩序的，供电企业有权制止。

第71条

盗窃电能的，由电力管理部门责令停止违法行为，追缴电费并处应交电费五倍以下的罚款；构成犯罪的，依照刑法第一百五十一条或者一百五十二条（注：新《刑法》为第264条）的规定追究刑事责任。

（四）《刑法》

第264条

盗窃的公私财物，数额较大或者多次盗窃的，处三年以下有期徒刑，拘役或者管制，并处或者单处罚金；数额巨大或者有其他严重情节的，处三年以上十年以下有期徒刑，并处罚金；数额特别巨大或者有其他特别严重情节的，处十年以上有期徒刑或无期徒刑，并处罚金或者没收财产。

二、安全供用电规定

（一）安全用电须知

（1）用电要申请，用电要设备安装、修理应找电工、切勿私拉乱接用电设备。

（2）严禁使用挂钩线、破损线、破股线、地爬线和绝缘不合格的导线接电。

（3）不准通信线、广播线、闭路电视线和电力线同杆架设，通信线、广播线、闭路电视线、电力线进户时要明显分开，发现电力线与其他线接搭时，要立即找电工处理。

（4）用户应装漏电开关，禁止接临时线和使用带插座的灯头。

（5）擦拭灯头、开关、电器时，要断开电源后进行，更换灯泡时。要站在干燥木凳等绝缘物上。

（6）用电器出现异常，如电灯不亮，电视机无影或无声、电冰箱、洗衣机不启动等情况下，要先断开电源开关，再做修理。如果用机器出现冒烟、出火或爆炸的情况下，不要赤手去断电源，应尽快找电工处理。

（7）用电器具的外壳、手柄开关、机械防护有破损、失灵等有碍安全时，应及时修理，未修理不得使用。

（8）不准在电力线上挂晒衣物，晒衣绳与电力线要保持1.25m的水平距离。

（9）教育儿童不要玩电器设备，不爬电杆，不摇晃拉线，不爬变压器台，不要在电力线附近打鸟、放风筝和其他危害电力设备的行为。

（10）发现电力线路断落时，不要靠近，要离开导线的落地点8m以外，并看守现场立即找工处理。

（11）发现有人触电，不要赤手去拉触电人的裸露部位，应尽快断开电源，并按《紧急救护法》进行抢救。

（12）用电负荷不要超过导线的允许截流量，发现导线有过热的情况，必须立即停止用电，并报告电工检查处理。

（13）发生电气火灾时。要先断开电源再进行灭火，不能切断电源时，要使用专用灭火器。

（二）安全用电十大禁止

（1）严禁私拉乱接电源，用电必须报装，线路的架设和设备的安全必须符合供电部门电气设备安装、运行规程的要求。

（2）严禁指派无证电工管电，如因违反此规定发生设备损坏和人身触电死亡事故，要追究指派者的法律责任。

（3）严禁金属外壳无接地装置的用电设备投入运行。低压用电设备（包括居民照明用电）应装漏电保护开关。

（4）严禁在高压电力线下修建房屋和堆放易燃易爆物品，广播线、电话线、闭路电视线不得与电力线同杆架设或混设。

（5）严禁私设电网和一线一地用电，一切临时用电线路必须符合安全要求，要有安全措施并有专人负责，用电完毕即断电拆除。

（6）严禁带电移动电器设备和修理电气设备。易燃、易爆物品的生产车间、仓库的用电应符合安全要求。

（7）严禁约时停、送电，停送电必须严格执行有关制度。

（8）严禁用铝线、铁线等代替熔丝。装置熔丝时，要符合电气安装规程要求。

（9）严禁电视天线架靠近高压线，并应考虑天线架倒塌时应与高压线有 2m 以上的距离。

（10）严禁现场抢救触电者打强心针。抢救触电者应就地进行正确的人工呼吸法抢救。

（三）电流对人体的伤害

人体是导体，当人体触及带电体不同电位的两点时，由于两点间电位差的作用，就会在身体内形成电流，在接触或接近高压带电体时，也会使人体成为电流回路的一部分。当电流通过人体时，人体会感到针麻感、压迫感、打击感、痉挛、血压升高、昏迷、心律不齐、心室颤动、休克或死亡，这就是电流对人体的伤害。

（四）使用家电产品不要忘了接地线和漏电保护器

近几年来，随着家用电器越来越多地进入家庭，因使用不当导致触电事故不断增加，因此家用电器接地线应引起人们的重视。我国生产的家用电器，工作电压都是220V的交流电，一旦漏电，就会直接威胁使用者的安全。为了避免事故的发生，家用设备的外壳和一般楼房里的插座都专门安装了接地线。但很多人在使用电器时，只求接上电源线工作就行了，不在乎有没有接地线，这是一种潜在的危险。

没有接地线的楼房，使用者应在楼房外面埋设一根1m深的角铁，将有金属外壳的家用电器用对股铜芯线和角铁接牢固。切不可将接地线接在自来水管道、煤气管道、暖气管道或避雷针上，否则会危及他人的人身安全或引雷入室。

漏电保护是防止人体触电的技术措施。漏电保护器（漏电开关、过去叫触电保安器）安装在低压电路首段，防止人身触电和由于漏电引起的火灾事故的发生，有过压功能的还能防止电压异常升高烧毁灯具和低压电器事故。当有人触电或上述情况发生时，电网就会出现对地漏电电流，漏电电流达到保护器的规定值（小于30mA），其内开关动作切断电源，避免人身触电和上述事故发生，实现漏电保护。所以用电家庭要装设家用漏电保护器，动力用户要装设三相四线漏电开关，低压线路首端要装设总漏电保护器，共同保障安全用电。

（五）怎样安全使用家用电器

电能在众多的能源中其有安全、经济、可靠、洁净、方便、高效的优越性，高效优质的家用电器是实现家庭电气化，提高生活质量的重要组成部分。为了满足客户生活水平提高多用电的要求，取消一切限制家庭用电的规定。采用一户一表用电的客户，如果导线是按过去用电水平很低标准设计的，存在着容量不足的问题，若使用大量的家用电器时，没有进行相应的改造，将影响到用户和其他居民的安全正常用电，有可能对用户的生命财产造成伤害。因此，在使用大容量家用电器前，先申请更换合格的导线、电表等之后方可使用。

（六）家庭安全用电要注意的几个问题

（1）首先，家庭用电进线闸刀开关内侧，应安装具有漏电跳闸、电压跳闸双功能保护的“触电保护器”，它不但可以有效保护人、畜的安全，还可以保护家用电器不致因过电压而损坏。

（2）家庭所使用的家有电器如电冰箱、电冰柜、洗衣机等，应按产品使用要求，装设合格的接地线。

（3）家庭中装用的闸刀开关、插座、开关、导线等，应完好无损，导电体不应有缺陷、裸露。

（4）进行电气设备安装维修时，应断开室内进线电源，禁止非电工人员带电作业。

（5）灯泡等电热器具不能靠近易燃物，防止因长时间使用或无人看管着，发生意外。

（6）严禁站在潮湿的地面上，触及带电物体或用潮湿抹布擦拭带电的家用电器。

（七）为什么不能从楼上向下乱扔杂物

从楼上向下乱扔杂物是极不文明的行为，也会造成危害。因为一则容易对过路行人造成伤害，二则对楼下的电力线路安全运行造成威胁，一旦有较长的金属物或其他导电体扔在电力线路上，就会引起短路而跳闸，或烧断线路，造成大量工厂停产，商业停业，并使居民区大面积停电，这种有意无意的过失极易造成严重危害。

（八）人身触电及急救

发现有人触电，千万不要用手去拉触电人，应先断电源，然后立即用正确的人工呼吸或胸外挤压进行现场急救，严禁注射强心针。

三、供电服务指南

（一）市县供电公司服务网点分布

如客户需要申请新装、增容用电或办理变更用电时，需到公

司所属各个营业网点办理相关手续。根据业务范围的不同，全县设立相应的营业网点数量。

1. 公司营业大厅

负责办理10kV及以上专用变客户新装、增容及变更业务。

2. 城区供电所营业厅

负责办理城区400V及以下电力客户相关业务。

3. 各乡镇供电所营业厅

负责办理所在乡镇400V以下电力客户相关业务。

（二）各项用电业务办理程序

客户需要办理新装或变更用电时，请按照业务管辖范围到相关的营业网点办理。办理相关业务时，依照规定的程序须如实填写用电申请表格，并按照规定向供电企业提供办理业务的相关资料。

（三）办理供用电手续所要提供的资料

1. 高压

（1）书面申请（内容：大企业需要注明发改委批文、用电地点、所需变压器容量、企业生产规模、生产负荷性质、本企业建设周期及工程进度计划、本期企业主要经营范围等）。

（2）有效营业执照复印件。

（3）企业代码证复印件。

（4）企业法人身份证复印件。

（5）厂矿企业需要提供环评报告或环评沟通函。

（6）大企业需要发改委批文。

（7）企业（厂区）平面图（主要是配电房位置）。

2. 低压

（1）填写用电申请。

（2）本人有效身份证复印件。

（四）高压、低压业扩报装程序

1. 高压业扩报装程序

客户申请—业务受理—现场勘查确定方案—答复客户—客户

工程—竣工验收合格—签订供用电合同—装表接电填卡建档—抄表计费。

2. 低压业扩报装程序

受理客户申请—现场勘查确定供电方案—供电所审批答复客户—工程安装及中间检查—竣工验收合格—签订供用电合同—办理用电手续收取有关费用—装表接电填卡建档—抄表计费。

（五）用电业务变更

（1）减容：减少合同规定用电容量5天前向供电企业提出申请。

1）减容必须要整台或整组变压器的停止或更换小容量变压器用电。

2）减少用电容量，最短期限不得少于六个月，最长期限不得超过两年。

3）在减容期限内要求恢复用电时，应在5天前办理恢复用电手续。

4）减容期满后的客户以及新装、增容客户，两年内不得申办减容或暂停。

（2）暂停：须在5天前向供电企业提出申请。供电企业应按下列规定办理。

1）客户在每一日历年内，可申请全部或部分用电容量的暂停止用电两次，每次不得少于15天，一年累计暂停时间不得超过六个月，季节性用电或国家另有规定的客户，累计暂停时间可以另议。

2）按变压器容量计收基本电费的客户，暂停用电必须是整台或整组变压器停止运行。

3）暂停期满或每年内暂停用电时间超过六个月者，不论客户是否申请恢复用电，供电企业必须从期满之日起，按合同约定的容量计收其基本电费。

4）在暂停期限内，客户申请恢复暂停用电容量时，须在预定恢复日前5天向供电企业提出申请，暂停时间少于15天者，

暂停期间基本电费照收。

5）按最大需量收取基本电费的客户，申请暂停用电必须是全部容量的暂停。

（3）暂换：因受电变压器故障而无相同容量变压器替代，临时更换大容量变压器，须在更换前向供电企业提出申请。

1）必须在原受电台区内整台的暂受电变压器。

2）暂换的变压器经检验合格后才能投入运行。

3）10kV 用电暂换最长不超两个月，35kV 以上暂换不得超过三个月。

（4）迁址：客户迁址须在 5 天前向供电企业提出申请。

1）迁移后的新址不在原供电点供电的，新址用电按新装用电办理。

2）迁移后的新址仍在原供电点，但新址用电容量超过原址用电容量的，超过部分按增容办理。

3）私自迁移用电地址而用电者，属于居民客户的，应承担每次 500 元的违约使用费；属于其他客户的，应承担每次 5000 元的违约使用电费。自迁新址不论是否引起供电点变动，一律按新装用电办理。

（5）移表：因修缮房屋或其他原因需要移动用电计量装置，须向供电企业提出申请。

1）在用电地址，用电容量，用电类别，供电点等不变情况下，可办理移表手续。

2）移表所需的费用由客户负担。

3）客户无论何种原因，不得自行移动表位。私自移表，属于居民客户的，应承担每次 500 元的违约使用费；属于其他客户的，应承担每次 5000 元的违约使用电费。

（6）暂拆：因修缮房屋等原因需要暂时停止用电拆表，应持有关证明向供电企业提出申请。

1）暂停时间最长不得超过六个月。

2）暂拆原因消除，客户要求复装接电时，须向供电企业办理复装接电手续并按规定交付费用。

3）超过暂拆规定时间要求复装接电者，按新装手续办理。

（7）更名或过户：依法变更客户名称或居民客户房屋变更户主，应持有关证明向供电企业提出申请。

1）在用电地址，用电容量，用电类别不变条件下，允许办理更名或过户。

2）原客户应与供电企业结清债务，才能解除原供电关系。

3）不办理过户手续而私自过户者，新客户应承担原客户所负债务。经供电检查发现客户私自过户时，供电企业应通知该户补办手续，必要时终止供电。

（8）分户：客户应持有关证明向供电企业提出申请。

1）在用电地址，供电点，用电容量不变，且其受电装置具体分装的条件下，允许办理分户。

2）在原客户与供电企业结清债务的情况下，再办分户手续。

3）分户引起的工程及手续费用由分户者负担。

（9）并户：客户应持有关证明向供电企业提出申请。

1）在同一供电点，同一用电地址的相临两户及以上客户允许办理并户。

2）在原客户应在并户前与供电企业结清债务。

3）新客户用电容量不得超过并户前各户容量之总和。

4）并户引起的工程费用由并户者负担。

（10）销户。

1）销户必须停止全部用电容量的使用。

2）客户已向供电企业结清电费。

3）查验用电计量装置完好性后，拆除接线和客户计量装置。办完上述事宜，即解除供用电关系。

（11）改压：客户需要在原址改变电压等级时，应向供电企业提出申请。

1）改为高一等级电压供电，超过原容量者，超过部分按增容手续办理。

2）改压引起的工程费用客户负担。

（12）改类：客户改类须向供电企业提出申请。

1）在同一受电装置内，电力用途发生变化而引起电价类别改变时，允许办理改类手续。

2）擅自改变用电类别，应按实际使用日期补交其差额电费，承担二倍差额电费的违约使用电费。使用起讫日期难定的，实际使用时间按三个月计算。

（六）客户须知

（1）申请新装用电，增容用电与变更用电（包括：减容、暂停、暂换、迁址、移表、暂拆、更名或过户、分户、并户、销户、改压，改类等），均需持有关证件到营业厅办理手续。

（2）计费电能表装好后，客户应妥为保存，不应在表前堆放影响抄表或计量准确及安全的物品。如发现计费电能表空转、丢失、损坏或烧坏等情况，客户应及时告知供电单位，以便供电单位采取措施。如因供电单位责任或不可抗力致使计费电能表出现或发生故障的，供电单位负责换表，不收费用；由于其他原因引起的，客户应负担赔偿费或修理费。

（3）电是商品，客户应按供电单位规定的交费期限和交费方式交清电费，不得拖延或拒交电费。否则，自逾期之日起，将加收违约金并直至停电。

（4）客户不得有窃电和违约用电行为。否则，将按照《中华人民共和国电力法》《电力供应与使用条例》等相关法规中相关条款予以处罚；构成犯罪的，依法追究其刑事责任。

（5）由于供电单位的责任引起居民家用电器损坏，受害居民应从家用电器损坏之日起 7 日内向供电单位投诉并提出索赔要求，经供电单位现场调查，核实后，予以修复或赔偿；超过期限，即视为放弃索赔权。

（6）用户安装电器和用电，必须符合安全规定，否则，引起不安全问题，由客户负责。

（7）电力事业是社会公益事业，对于事故抢修、线路施工、用电检查、设备维护、抄表收费、装表等应给予支持配合。

四、电价知识问答

(1) 现行电价管理权限是怎样规定的？执行电价的制度依据是什么？

国家对电价管理体制权限是有严格规定的。目前执行的电价全部是由各省发展和改革委员会核定的，电业局只有执行电价义务，而没有核定电价的权利。现行电价是在成本核算和合理的利润水平基础上，按照国家有关方针、政策所规定的资金积累和利润水平，在保持总成本不变和一定利润的前提下，经过反复测算，制定了不同用电的电价。

(2) 我国执行电价方式有哪些？

我国现行的电价计价方式主要有；单一制电价、两部制电价、分时电价，功率因数调整电费等。不同的用电实行不同的计价方式。日前，常用的计价方式有单一制电价、两部制电价。

(3) 目前的电价类别有哪些？

目前的电价大体为居民生活、非居民照明、一般工商业、一般大工业、农业生产及贫困县农业排灌等几类。每类中根据电压等级不同，电价不同。

(4) 什么是单一制电价？

单一制电价是按客户的实际用电量乘以单一制电价的电费计算方法，执行单一制电价客户的电费与其用电容量和用电时间无关，只按用电量计算。我省目前对居民生活用电、商业用电、其他照明用电、普通工业用电、非工业用电、农业用电等执行单一制电价，其中对用电容量达 100kVA 及以上的普通工业用电、非工业用电还应按规定执行功率因数调整电费方法。

(5) 什么是两部制电价？

两部制电价是将电价分成两部分即基本电价和电度电价，基本电价的计算以用户设备容量千伏安或用户最大需量千瓦为计算单位，电度电价以用户实际使用电量为计算的单位。其中对用电容量达 100kVA 及以上的普通工业用电、非工业用电还应按规定执行功率因数调整电费方法。

（6）什么是电费违约金？

对不按合同约定交费期限而逾期交付电费的用户所加收的款项，叫电费违约金。

（7）什么是功率因数？

功率因数是衡量电气设备效率高低的一个系数，它是交流电路中有功功率和视在功率的比值：功率因数 = 有功功率/视在功率。

（8）什么是功率因数调整电费？

功率因数调整电费是鼓励用户改善功率因数，提高电压质量，促进节约电能的电价政策。

五、供电服务承诺

（一）供电服务“十项承诺”

（1）城市地区：供电可靠率不低于 99.90%，居民客户端电压合格率 96%；农村地区：供电可靠率和居民客户端电压合格率，经国家电网公司核定后，由各省（自治区、直辖市）电力公司公布承诺指标。

（2）提供 24h 电力故障报修服务，供电抢修人员到达现场的时间一般不超过：城区范围 45min；农村地区 90min；特殊边远地区 2h。

（3）供电设施计划检修停电，提前 7 天向社会公告。对欠电费客户依法采取停电措施，提前 7 天送达停电通知书，费用结清后 24h 内恢复供电。

（4）严格执行价格主管部门制定的电价和收费政策，及时在供电营业场所和网站公开电价、收费标准和服务程序。

（5）供电方案答复期限：居民客户不超过 3 个工作日，低压电力客户不超过 7 个工作日，高压单电源客户不超过 15 个工作日，高压双电源客户不超过30个工作日。

（6）装表接电期限：受电工程检验合格并办结相关手续后，居民客户3个工作日内送电，非居民客户5个工作日内送电。

（7）受理客户计费电能表校验申请后，5个工作日内出具检测结果。客户提出抄表数据异常后，7个工作日内核实并答复。

（8）当电力供应不足，不能保证连续供电时，严格按照政府批准的有序用电方案实施错避峰、停限电。

（9）供电服务热线“95598”24h受理业务咨询、信息查询、服务投诉和电力故障报修。

（10）受理客户投诉后，1个工作日内联系客户，7个工作日内答复处理意见。

（二）国家电网公司调度交易服务“十项措施”

（1）规范《并网调度协议》和《购售电合同》的签订与执行工作，坚持公开、公平、公正调度交易，依法维护电网运行秩序，为并网发电企业提供良好的运营环境。

（2）按规定、按时向政府有关部门报送调度交易信息；按规定、按时向发电企业和社会公众披露调度交易信息。

（3）规范服务行为，公开服务流程，健全服务机制，进一步推进调度交易优质服务窗口建设。

（4）严格执行政府有关部门制定的发电量调控目标，合理安排发电量进度，公平调用发电机组辅助服务。

（5）健全完善问询答复制度，对发电企业提出的问询能够当场答复的，应当场予以答复；不能当场答复的，应当自接到问询之日起6个工作日内予以答复；如需延长答复期限的，应告知发电企业，延长答复的期限最长不超过12个工作日。

（6）充分尊重市场主体意愿，严格遵守政策规则，公开透明组织各类电力交易，按时准确完成电量结算。

（7）认真贯彻执行国家法律法规，严格落实小火电关停计划，做好清洁能源优先消纳工作，提高调度交易精益化水平，促进电力系统节能减排。

（8）健全完善电网企业与发电企业、电网企业与用电客户沟通协调机制，定期召开联席会，加强技术服务，及时协调解决重大技术问题，保障电力可靠有序供应。

（9）认真执行国家有关规定和调度规程，优化新机并网服务流程，为发电企业提供高效优质的新机并网及转商运服务。

（10）严格执行《国家电网公司电力调度机构工作人员"五不准"规定》和《国家电网公司电力交易机构服务准则》，聘请"三公"调度交易监督员，省级及以上调度交易设立投诉电话，公布投诉电子邮箱。

（三）员工服务"十个不准"

（1）不准违规停电、无故拖延送电。

（2）不准违反政府部门批准的收费项目和标准向客户收费。

（3）不准为客户指定设计、施工、供货单位。

（4）不准违反业务办理告知要求，造成客户重复往返。

（5）不准违反首问负责制，推诿、搪塞、怠慢客户。

（6）不准对外泄露客户个人信息及商业秘密。

（7）不准工作时间饮酒及酒后上岗。

（8）不准营业窗口擅自离岗或做与工作无关的事。

（9）不准接受客户吃请和收受客户礼品、礼金、有价证券等。

（10）不准利用岗位与工作之便谋取不正当利益。

六、供电服务的含义

《国家电网公司供电服务质量标准》中对于供电客户服务的含义：电力供应过程中，企业为满足客户获得和使用电力产品的各种相关需求的一系列活动的总称，也称"客户服务"。

《国家电网公司供电服务质量标准》中对于供电服务的定义服务提供者遵循一定的标准和规范，以特定方式和手段，提供合格的电能产品和满意的服务来实现用户现实或者潜在的用电需求的活动过程。供电服务包括供电产品提供和供电客户服务。

七、营业场所服务内容

（1）受理电力客户新装或增加用电容量、变更用电、业务咨询与查询、交纳电费、报修、投诉等。

（2）设置值班主任，安排领导接待日。

（3）县以上供电营业场所无周休日。

柜台服务的要求：优质、高效、周全。至少提前 5min 上岗，检查计算机、打印机以及触摸服务器等，做好营业前的各项准备工作。

八、“95598”电力服务热线

“95598”电力服务热线一般设在市县供电公司呼叫中心，是供电公司与客户电话联系的窗口。

（一）“95598”电力服务热线服务内容

（1）“95598”客户服务热线：停电信息公告、电力故障报修、服务质量投诉、用电信息查询、咨询、业务受理等。

（2）“95598”客户服务网页（网站）：停电信息公告、用电信息查询、业务办理信息查询、供用电政策法规查询、服务质量投诉等。

（3）24h 不间断服务。

（二）电话（网络）服务的要求

畅通、方便、高效。时刻保持电话畅通，电话铃响 3 声内接听（超过 3 声的应首先道歉），应答时要首先问候，然后报出单位（部门）名称。

投诉电话和举报电话的答复时间：投诉电话应在 5 日内，举报电话应在 10 日内给予答复。

（三）接受客户的投诉和举报的方式

（1）“95598”供电客户服务热线或专设的投诉举报电话。

（2）营业场所设置意见箱或意见簿。

（3）信函。

（4）“95598”供电客户服务网页（网站）。

（5）领导对外接待日。

（6）其他渠道。

（四）受理客户来电业务

一般分为5个步骤（包括5个电话记录）。

（1）接到客户来电。

（2）通知抢修部门。

（3）到达现场抢修。

（4）抢修结束回电。

（5）最后反馈客户。

（五）用户报修要点

用户发现故障停电后，在拨通报修电话时，要告知下列情况：

（1）报修人姓名，联系电话。

（2）报修故障地点和相近的名称。

（3）停电范围：本户无电、本集装箱无电或全村无电，几村无电或毗邻一片无电。

（4）明显的故障现象，如什么部位冒火、冒烟、什么地方断线或电杆被撞，导致落地等。

九、电网公司员工守则

（一）国家电网公司员工守则

遵纪守法，尊荣弃耻，争做文明员工。
忠诚企业，奉献社会，共塑国网品牌。
爱岗敬业，令行禁止，切实履行职责。
团结协作，勤奋学习，勇于开拓创新。
以人为本，落实责任，确保安全生产。
弘扬宗旨，信守承诺，深化优质服务。
勤俭节约，精细管理，提高效率效益。
努力超越，追求卓越，建设一流公司。

（二）国家电网公司员工道德规范

爱国守法，诚实守信，敬业爱岗，遵章守纪，团结协作，优质服务，文明礼貌，关爱社会。

（三）市县供电公司职工服务守则

（1）要认真学习和贯彻执行社会主义精神文明建设指导方针，遵纪守法，按政策和规定办事。

（2）要发扬“人民电业为人民”的光荣传统，树立客户至上、服务光荣的观念，不以电权谋私。

（3）要刻苦钻研技术业务，熟悉本职工作，尽职尽责。

（4）要遵守职业道德，礼貌待人，讲诚信，守信用，不受礼，不吃请，外出工作按规定用餐。

（5）要办事认真，讲质量，提高效率，不准推诿塞责。

（6）要严格执行各项用电政策和规定，不准擅自拉闸停电。

（7）要认真查处违章用电和窃电行为，按规定处罚，不徇私情，不公事私了。

（8）要接受客户监督，虚心听取群众意见，不断提高服务质量。

第五节　居民生活用电阶梯电价

居民阶梯电价是指将以前单一形式的居民电价，改为按照用电家庭消费的电量分段定价，用电价格随用电量增加呈阶梯状逐级递增的一种电价定价机制。

一、实施居民生活用电阶梯电价的目的

长期以来，我国对居民生活用电采取低价政策。近年来随着我国能源供应紧缺、环境保护压力增大等矛盾凸显，煤炭等一次能源价格持续攀升，电力价格也随之上涨，但居民电价的调整幅度和频率均低于其他行业，居民生活用电价格受到补贴一直处于较低水平。在广大人民群众受益的同时，也造成了用电量越多的

家庭，享受的补贴越多，用电量少的家庭，享受的补贴少的问题，既没有体现社会公平的原则，也不能体现电能资源价值的变化，不利于社会节电工作的开展。为了促进资源节约型和环境友好型社会建设，逐步减少电价交叉补贴，引导居民合理、节约用电，有必要对居民生活用电实行阶梯电价。2011 年 11 月 30 日国家发展和改革委员会宣布实行居民生活用电阶梯制度，各省发展和改革委员会制定本省居民阶梯电价实施方案，经价格听证，报请省政府同意，2012 年 6 月正式下发文件，供电部门执行。

二、实施时间

居民阶梯电价自 2012 年 7 月 1 日起执行。用电家庭 7 月 1 日后的用电量，可按对应抄表周期内日平均用电量乘以应执行阶梯电价的天数确定。

三、执行范围

居民阶梯电价执行范围为全省范围内实行“一户一表”的城乡居民用户。对未实行“一户一表”的合表居民用户和执行居民电价的非居民用户（如学校等），暂不执行居民阶梯电价，电价水平按居民电价平均提价水平调整，每千瓦时提高 0.008 元。

“一户一表”居民用户电量分为三挡，电价依次升高形成阶梯，具体标准由各省制定。

四、对城乡“低保户”、“五保户”如何优惠和认定

对城乡“低保户”和农村分散供养的“五保户”家庭，在第一挡电量中每户每月设置 10kW 时免费用电基数，作为对社会困难人群的特别优惠。

供电企业以同级民政部门出具的城乡“低保户”和农村“五保户”名单（家庭住址、户主姓名、身份号码、银行对账单）为依据，在当期发生电费中进行减免。当抄表周期内实际用电量小于免费基数的，按实际用电量减免，免费用电基数不跨抄

表周期结转。

对合表用户中的城乡“低保户”和“五保户”，供电部门根据民政部门名单，减免当期总表电量，同时将相应“低保户”和“五保户”名单交付小区物业等合表交费单位。小区物业等合表交费单位要及时对“低保户”和“五保户”减免计费电量。

五、某省居民阶梯电价执行情况示例

1. 分挡情况

“一户一表”用户第一挡电量标准按每户每月 180kW 时确定，电价仍按现行电价执行；第二挡电量标准按每户每月 180～260kWh 确定，电价提高 0.05 元/kWh；第三挡电量为每户每月 260kW 时以上电量，电价提高 0.30 元/kWh。

2. 计费周期

分挡电量标准以年为周期确定。一户一表用户一年内累计用电量不高于 2160kWh 部分，仍按原规定电价执行；高于 2160kWh 不高于 3120kWh 部分，按二挡电价标准执行；高于 3120kWh 部分，按第三挡电量电价标准执行。

2012 年由于从下半年才开始执行，故以半年为周期确定分挡电量标准，2013 年 1 月 1 日起以年为周期执行居民阶梯电价。

3. 电价标准

某省居民生活用电试行阶梯电价见表 3－1、表 3－2。

表 3－1　　某省居民生活用电试行阶梯电价表　单位：元/kWh

区域	分　类	不满 1kV	1～10kV
趸售县	一、“一户一表”居民用户		
	其中：1. 年用电量 2160kWh（含）以内	0.560	0.500
	2. 年用电量 2161～3120kWh（含）	0.610	0.550
	3. 年用电量 3121kWh 及以上	0.860	0.800
	二、居民合表用户	0.568	0.508

续表

区域	分　类	不满 1kV	1～10kV
省网直供	三、"一户一表"居民用户		
	其中：1. 年用电量 2160kWh（含）以内	0.560	0.521
	2. 年用电量 2161～3120kWh（含）	0.610	0.571
	3. 年用电量 3121kWh 及以上	0.860	0.821
	四、居民合表用户	0.568	0.529

表 3－2　某省 2012 年下半年居民生活用电试行阶梯电价表　单位：元/kWh

区域	分　类	不满 1kV	1～10kV
趸售县	一、"一户一表"居民用户		
	其中：1. 半年用电量 1080kWh（含）以内	0.560	0.500
	2. 半年用电量 1081～1560kWh（含）	0.610	0.550
	3. 半年用电量 1561kWh 及以上	0.860	0.800
	二、居民合表用户	0.568	0.508
省网直供	三、"一户一表"居民用户		
	其中：1. 半年用电量 1080kWh（含）以内	0.560	0.521
	2. 半年用电量 1081～1560kWh（含）	0.610	0.571
	3. 半年用电量 1561kWh 及以上	0.860	0.821
	四、居民合表用户	0.568	0.529

4. 电费结算

以用电家庭当年发生的累计电量，与当地分挡标准比对，来确定各挡电量，再乘以各挡电价，算出应交电费金额。示例如下：

趸售县某村李先生家庭 2012 年 7 月到 9 月累计用电 1013kWh，随后一个月因种种事务用电量较大，到 2012 年 10 月累计用电量 1680kWh，问李先生 10 月应交电费是多少？

计算方法如下：

(1) 确定分挡电量。

第一挡电量：1080 - 1013 = 67 (kWh)

第二挡电量：1560 - 1080 = 480 (kWh)

第三挡电量：1680 - 1560 = 120 (kWh)

(2) 确定分挡电费。

第一挡电费：67 × 0. 56 = 37. 52 (元)

第二挡电费：480 × 0. 61 = 292. 80 (元)

第三挡电费：120 × 0. 86 = 103. 20 (元)

(3) 本月应交电费。

本月应交电费：37. 52 + 292. 80 + 103. 20 = 433. 52 (元)

李先生 10 月应交电费 433. 52 元。

安全供用电

第一节 电力安全生产要点

电力是一种清洁、方便的能源形式，各行各业的基建生产运营和千家万户的吃穿住行都越来越离不开电力。因此，电力安全也越来越被重视。在电网建设、运营和维修等工作中，很多都是高空作业，机械事故、坠落事故等容易发生。故电力行业是高危行业，重视安全生产、安全供用电十分必要。

一、安全生产要求

国家电网公司提出的“三个不发生” 目标不发生大面积停电事故，不发生人身死亡和恶性误操作事故，不发生重特大设备损坏事故。

安全生产总思路 坚持“安全第一、预防为主、综合治理”方针，坚持速度、质量、效益与安全的有机统一，坚持全面、全员、全过程、全方位抓安全，提升安全水平。

生产性企业和单位 指以输变电、供电、发电、调度、检修、试验、电力建设等为主要业务的企业（包括上述企业领导的与电力生产有关的多种经营企业）和单位。

危险性生产区域 是指容易发生触电、高空坠落、爆炸、爆破、起吊作业、中毒、窒息、机械伤害、火灾、烧烫伤等引起人身伤亡和设备事故的场所。

安全生产管理的主题 治理隐患、防范事故。

“两措” 反事故措施和安全技术劳动保护措施。

电气设备按电压分类 高压电气设备和低压电气设备两种。高压电气设备：电压等级在1000V及以上者；低压电气设备：电压等级在1000V以下者。

安全生产“五同时” 安全工作和生产同步进行，即同时计划、同时布置、同时检查、同时总结、同时评比。

各类作业人员应接受相应的安全生产教育和考试：

（1）作业人员对电力安全工作规程应每年考试一次。

（2）因故间断电气工作连续三个月以上者，应重新学习电力安全工作规程，并经考试合格后，方能恢复工作。

（3）新参加电气工作的人员、实习人员和临时参加劳动的人员，应经过安全知识教育后，方可下现场参加指定的工作。

（4）外单位承担或外来人员参与公司系统电气工作的工作人员应熟悉本规程、并经考试合格，方可参加工作。

供电企业实行安全生产三级控制：

（1）企业控制重伤和事故，不发生人身伤亡、重大设备损坏和电网事故。

（2）车间（含工区、工地）控制轻伤和障碍，不发生重伤和事故。

（3）班组控制未遂和异常，不发生轻伤和障碍。

《电力安全工作规程（线路部分）》中保证安全的组织措施：在电气设备上工作，保证安全的组织措施是工作票制度、工作许可制度、工作监护制度、工作间断、转移和终结制度。

《电力安全工作规程（线路部分）》中保证安全的技术措施：停电、验电、接地、使用个人保安线，悬挂标识牌和装设遮拦（围栏）。

二、人身触电伤亡因素分析

人体触电后，轻则损伤，重则死亡，影响击伤轻重的因素如下。

1. 电流种类

交流电与直流电的电压在500V时，它们的致病作用大致相同。电压在500V以下，交流电比相同电压的直流电更危险。电压超过500V，则直流电比相同电压的交流电危险，这可能是由于直流电电压越高，则电解作用越强的缘故。

直流电在电流小、时间短的条件下，对人和动物没有什么危险。国内初步研究认为：直流电20mA 2h，对动物没有致命的危险；但若电流量增大、时间延长，则有危险，特别是直流电维持的动物同时受到交流电击时，其危险性显著增高。人体对直流电耐受性比交流电强，接触直流电强度至250mA，只要时间短暂亦不引起特殊损害，交流电和直流电对人体的影响见表4－1。

表4－1　　交流电和直流电对人体的影响

直流电 110～800V	交流电（50Hz） 110～380V	对人体的影响
<80mA	<25mA	1. 呼吸肌轻度收缩 2. 对心脏没有损害
80～300mA	20～80mA	1. 呼吸肌痉挛 2. 通电时间超过25～30s，可发生心室颤动或心跳停止
300～3000mA	80～100mA	1. 直流电可能引起心室颤动 2. 交流电接触0.1～0.3s以上，可引起严重心室颤动
	>3000mA （3000V以上）	1. 心跳停止 2. 呼吸肌痉挛 3. 接触几秒以上，可引起严重灼伤致死

不同频率的交流电，对机体的作用也不相同，其发生触电的死亡率是：10Hz，触电死亡率为21%；25Hz为70%；50Hz为

95%；60Hz 为 91%；80Hz 为 43%；100Hz 为 34%；120Hz 为 31%；200Hz 为 22%；500Hz 为 14%；1000Hz 为 11%。

为了适应电器设备的经济合理设计，我国常用的工频交流电是 50Hz，但如果从触电的死亡率来看，50Hz 的交流电对人是最危险的。20～150Hz 的交流电致病作用最强，可能是这些频率与机体组织，特别是神经与肌肉组织的生理性节奏相符合，因而会引起强烈的反应。其中以 50～60Hz 的交流电危险性最大。150Hz 以上的交流电的伤害作用，随着频率增高而降低；到 2kHz 以上时，危险性反而降低；而高频（100kHz 以上）电流则不仅没有致病作用，而且由于它有微弱的温热效应，可以使组织的温度升高，引起充血和代谢增强，因而可以用来治疗很多疾病，这就是透热疗法。

2. 电流强度和作用时间

国内外学者通过对大量触电现象的研究，得出了大体相似的结论：

（1）通过人体的电流越大、时间越长、危险性越大。5mA 及以下为在各种条件下不致有电击危险的安全电流。

（2）心室颤动是造成低压触电死亡的生理原因。当通过人体的触电电流和通过时间超过某个限值时，心脏正常搏动的电信号便受到干扰而打乱，这样，心脏便不能再进行强有力的收缩而出现心肌震动，这就是医学上所称的“心室颤动（心室纤颤）”。此时心室各部分快速而不协调地乱颤，血不能从心脏排出，血液循环骤然停顿，随后细胞组织缺氧导致呼吸停止，死亡伴之而来。

（3）当通电时间超过心脏脉动周期（人体的心脏脉动周期为 0.75s），通过了收缩期与舒张期之间心脏对电流的敏感时段（约 0.1s），则较小的电流（几十毫安）也会引起心室颤动。

表 4－2 是毕格麦亚根据心脏脉动周期所得的实验结果，证实了触电时间超过心脏脉动周期时危险性增加的结论。

表 4-2　　　电流强度和作用时间对人体的影响

电流范围	50~60Hz 电流有效值（mA）	通电时间	人体的生理反应
O	0~0.5	连续（无危险）	未感到电流
A1	0.5~5.0 摆脱极限	连续 （也无危险）	开始感到有电流，未引起痉挛的极限，可以摆脱的电流范围（触电后能自动摆脱，但手指、手腕等处有痛感）
A2	5.0~30	以数分钟为极限	不能摆脱的电流范围（由于痉挛，已不能摆脱接触状态），引起呼吸困难，血压上升，但仍属可忍耐的极限
A3	30~50	由数秒到数分钟	心律不齐，引起昏迷，血压升高，强烈痉挛，长时间将要引起心室颤动
B1	50~数百	低于心脏脉动周期	虽受到强烈冲击，但未引起心室颤动
		超过心脏脉动周期	发生心室颤动、昏迷，接触部位留有通过电流痕迹（脉动周期相位与开始触电时间无特别关系）
B2	超过数百	低于心脏脉动周期	即使通电时间低于脉动周期，如在特定的脉动相位开始触电时，要发生心室颤动、昏迷，接触部位留有通过电流的痕迹
		超过心脏脉动周期	未引起心室颤动，将引起恢复性心脏停跳、昏迷，有灼伤致死的可能性

从表 4-2 中可得出下述结论：

（1）触电电流在 50mA 以内（表中 O、A1、A2、A3 区域）一般不致产生致命危险。

（2）触电电流为数百毫安，若触电时间不超过 0.75s，也不致发生致命危险（B1 区域）。

（3）超过数百毫安时将造成死亡（B2 区域）。

由以上分析可见，人体触电后是否产生心室颤动，决定于触电电流的大小和电流作用于人体时间的长短，当触电电流小于某一数值时，将不会产生心室颤动。图 4－1 所示为国际电工委员会 TC64（建筑电气设备专门委员会）提出的触电电流和通电时间对人体影响的曲线。图中曲线 a、b、c、d 将整个坐标平面分成五个区域。曲线 a 表示最小的感知电流，曲线 a 左边的区域①为无反应区域；曲线 a 和 b 之间的区域②，虽有发生反应的可能，但通常无病理学上的危险；曲线 b 和 c 之间的区域③，一般无心室颤动的危险；曲线 c 和 b 之间的区域④，可能产生心室颤动；曲线 d 右边的区域⑤为产生心室颤动的危险区域。

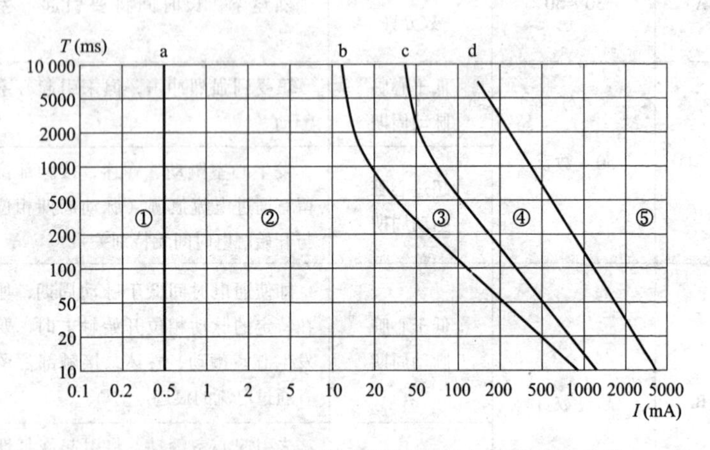

图 4－1　触电电流 I 和通电时间 T 对人体影响的曲线

根据动物的试验数据及触电事例的调查，得到心室颤动电流 I 与触电时间 T 的关系为

$$I = 50/T\ (\text{mA}) \qquad (4-1)$$

$$T \leqslant 1\text{s}$$

式（4－1）告诉我们，当触电电流为 50mA，通电时间超过

1s，人体将会产生心室颤动，造成触电死亡。如触电电流为500mA时，为了不造成触电死亡，电流通过人体的时间不得超过0.1s。通常将触电电流I与通电时间T的乘积

$$I \cdot T = 50\text{mA} \cdot \text{s} \qquad (4-2)$$

称为柯宾安全界限。

考虑到1.67的安全系数，柯宾界限为

$$I \cdot T = 30\text{mA} \cdot \text{s} \qquad (4-3)$$

式（4－3）可作为整定触电保护装置动作特性的依据。

3. 电压高低

直流电电压不超过380V时很少引起伤亡事故，而交流电超过65V即有危险。但当人体与地面接触良好时，则更低的电压也能伤害性命。

电压越高，其穿透机体的力量就越强，对人体的损害也越严重。低压交流电（220V）通过心脏时引起心室纤颤；高压交流电（1000V以上）先引起呼吸中枢麻痹、呼吸停止，后来再造成心跳停止；220～1000V交流电则同时影响心脏和呼吸中枢。过去错误地认为电压越高，危险性越小，以为高压电引起局部烧伤，使组织碳化而成为“绝缘点”，导致电流不易进入人体。这种看法是十分错误的，因为碳是电流的良导体，当伤处与人体相同电阻时，电源的电压越高，则通过人体的电流也越强，所以高电压比低电压的危险性更大。人体若触及6～10kV及以上的高压带电体，一般都是瞬间致命的。我国历年来统计低压触电伤亡人数始终占高、低压触电伤亡人数的80%以上，是因为人们一般不接触高压，生产、生活上广泛接触操作的电气设备、线路都是低压的，接触多，受电击几率自然也大。

4. 人体电阻大小

在相同电压作用下，人体的电阻越大，则通过人体的电流越小，受损伤就越轻；反之，电阻小，则通过的电流越强，损害就越严重。

人体各处的电阻大小不同，即使在同一部位，也会因潮湿程

度不同而导致电阻值发生变化。

一般说来，含水量和电解质量越多的组织，其电阻也越小。在正常情况下，骨骼和胼胝的电阻最大，血管、神经的电阻最小。电阻从大到小的顺序是：骨骼 > 脂肪 > 肌腱 > 皮肤 > 肌肉 > 内脏 > 血管 > 淋巴管 > 血液 > 神经。

当电流穿过皮肤后，就迅速沿体内电阻最小的路线前进，这就是通过组织液，沿血管前进，在那里，电流可以引起血管壁的变性，并导致血栓形成。

如果电流首先通过电阻很高的组织，则危险性可能相对地减少。

皮肤电阻变化很大，冬季及皮肤干燥时，皮肤的电阻在 5 万 ~ 200 万 Ω 之间；潮湿的皮肤电阻可降至 1000 ~ 1500Ω。一般来说，表皮角化层较薄、血管和神经供应比较丰富的皮肤，电阻比较低；当受雨淋或大汗淋漓时，皮肤电阻可降至 1000Ω 或更小。当皮肤电阻降至 1200Ω 时，110V 交流电可引起机体死亡；皮肤潮湿使电阻降至 300Ω 时，则低到 30V 的交流电也有致命的危险。大家知道，季节、气候、劳动、生活状况以及中枢神经系统的功能状态会影响皮肤的排汗情况，因而上述因素可以通过改变皮肤电阻而影响电流的致病作用。

实验证明，人体内部电阻的平均值大约是 500Ω。皮肤在不同状态下，接触不同电压时通过人体的电流也不同。

（1）皮肤完全干燥无汗时，触及 10V 电压，测出皮肤电阻是 7000Ω，这时通过人体的电流是 1.4mA；当触及 100V 电压时，皮肤电阻降至 3000Ω，相应的电流是 33mA。

（2）手足全部浸入水中，而且皮肤湿透时，触及 10V 电压，测得的皮肤电阻是 600Ω 左右，相应的电流是 17mA；但是当触及 100V 电压时，皮肤电阻降至 460Ω，电流量可高达 216mA。由此可见，接触电压对人体电阻有很大影响。

双脚穿的鞋有不同的电阻。穿电阻大的胶鞋比穿皮鞋安全，触电时穿着电阻小的湿鞋或有铁钉的鞋，则危险性较大。

5. 人体的功能状态

疲劳、受热、着凉、失血、创伤、精神创伤以及内分泌腺疾病，如甲状腺功能亢进、肾上腺皮质功能减退等，都能使人体对电流刺激的敏感性升高；而麻醉则能使其敏感性降低。年老、体弱者触电后的反应就比较严重。

6. 电流通路（即电路）

电流通过人体不同器官，会产生不同的后果。电流通过心脏或脑子是最危险的。通过脑部的电流可以引起呼吸中枢麻痹，呼吸停止；通过心脏的电流可引起心室纤颤。这两种情况都可以立刻导致死亡。如果电流通过两上肢或通过右上肢至左下肢，由于电流通路经过心脏，所以危险性大。最危险的通路是左手至胸部，因为心脏正处在电流的直接通路上。但假若电流通过两下肢或腹部，则危险性较小。

估计触电损害人体的程度，主要考虑以上六种因素，并且需要综合起来加以判断。

触电已经发生，则损害程度由通电时间决定，所以触电急救首先要迅速脱离电源。

三、保证在电力线路上安全工作的技术措施

（一）停电

人身触电可能发生死伤事故，停电则可消除这一威胁。停电的要点是停得干净彻底和防止误送电。

（1）进行线路停电作业前，应做好下列安全措施。

1）断开发电厂、变电站、换流站、开闭所、配电站（包括用户设备）等线路断路器和隔离开关。

2）断开线路上需要操作的各端（含分支）断路器、隔离开关和熔断器。

3）断开危及线路停电作业，且不能采取相应安全措施的交叉跨越、平行和同杆架设线路（包括用户线路）的断路器、隔离开关和熔断器。

4）断开有可能返回低压电源的断路器、隔离开关和熔断器。

（2）停电设备的各端，应有明显的断开点，若无法观察到停电设备的断开点，应有能够反映设备运行状态的电气和机械等指示。

（3）可直接在地面上操作的断路器、隔离开关的操动机构（操作机构）上应加锁，不能直接在地面上操作的断路器、隔离开关应悬挂标示牌；跌落式熔断器的熔管应摘下或悬挂标示牌。

（二）验电

确实停电了吗？因情况错综复杂，故还要检验一下，客观证实确实无电，才说明停电干净彻底了。

（1）在停电线路工作地段装接地线前，应先验电，验明线路确无电压。验电时，应使用相应电压等级、合格的接触式验电器。

（2）验电前，应先在有电设备上进行试验，确认验电器良好；无法在有电设备上进行试验时，可用工频高压发生器等确证验电器良好。如果在木杆、木梯或木架上验电，不接地不能指示者，可在验电器绝缘杆尾部接上接地线，但应经运行值班负责人或工作负责人许可。

验电时人体应与被验电设备保持表4－3规定的距离，并设专人监护。使用伸缩式验电器时应保证绝缘的有效长度。

（3）对无法进行直接验电的设备、高压直流输电设备和雨雪天气时的户外设备，可以进行间接验电。即通过设备的机械指示位置、电气指示、带电显示装置、仪表及各种遥测、遥信等信号的变化来判断。判断时，应有两个及以上的指示，且所有指示均已同时发生对应变化，才能确认该设备已无电；若进行遥控操作，则应同时检查隔离开关的状态指示、遥测、遥信信号及带电显示装置的指示进行间接验电。

（4）对同杆塔架设的多层电力线路进行验电时，应先验低压、后验高压，先验下层、后验上层，先验近侧、后验远侧。禁止工作人员穿越未经验电、接地的10kV及以下线路对上层线路进行验电。

线路的验电应逐相（直流线路逐极）进行。检修联络用的断路器、隔离开关或其组合时，应在其两侧验电。

（三）装设接地线

即使已经断电，为防止工作期间意外来电，还要装设接地线，使得万一来电（因线路短路接地）变电站自动跳闸，保护人身安全。

（1）线路经验明确无电压后，应立即装设接地线并三相短路（直流线路两极接地线分别直接接地）。各工作班工作地段各端和有可能送电到停电线路工作地段的分支线（包括用户）都要验电、装设工作接地线。直流接地极线路，作业点两端应装设接地线。配合停电的线路可以只在工作地点附近装设一处工作接地线。装、拆接地线应在监护下进行。

工作接地线应全部列入工作票，工作负责人应确认所有工作接地线均已挂设完成方可宣布开工。

（2）禁止工作人员擅自变更工作票中指定的接地线位置。如需变更，应由工作负责人征得工作票签发人同意，并在工作票上注明变更情况。

（3）同杆塔架设的多层电力线路挂接地线时，应先挂低压、后挂高压，先挂下层、后挂上层，先挂近侧、后挂远侧。拆除时顺序相反。

（4）成套接地线应由有透明护套的多股软铜线组成，其截面不准小于25mm^2，同时应满足装设地点短路电流的要求。

禁止使用其他导线作接地线或短路线。

接地线应使用专用的线夹固定在导体上，禁止用缠绕的方法进行接地或短路。

（5）装设接地线时，应先接接地端，后接导线端，接地线应接触良好、连接应可靠。拆接地线的顺序与此相反。装、拆接地线均应使用绝缘棒或专用的绝缘绳。人体不准碰触未接地的导线。

（6）利用铁塔接地或与杆塔接地装置电气上直接相连的横担接地时，允许每相分别接地，但杆塔接地电阻和接地通道应良好。杆塔与接地线连接部分应清除油漆，接触良好。

（7）对于无接地引下线的杆塔，可采用临时接地体。接地体的截面积不准小于190mm^2（如ϕ16圆钢）。接地体在地面下深度不准小于0.6m。对于土壤电阻率较高地区，如岩石、瓦砾、沙土等，应采取增加接地体根数、长度、截面积或埋地深度等措施改善接地电阻。

（8）在同杆塔架设多回线路杆塔的停电线路上装设的接地线，应采取措施防止接地线摆动，并满足表4－3安全距离的规定。

断开耐张杆塔引线或工作中需要拉开断路器（开关）、隔离开关（刀闸）时，应先在其两侧装设接地线。

（9）电缆及电容器接地前应逐相充分放电，星形接线电容器的中性点应接地，串联电容器及与整组电容器脱离的电容器应逐个多次放电，装在绝缘支架上的电容器外壳也应放电。

（四）使用个人保安线

（1）工作地段如有邻近、平行、交叉跨越及同杆塔架设线路，为防止停电检修线路上感应电压伤人，在需要接触或接近导线工作时，应使用个人保安线。

（2）个人保安线应在杆塔上接触或接近导线的作业开始前挂接，作业结束脱离导线后拆除。装设时，应先接接地端，后接导线端，且接触良好，连接可靠。拆个人保安线的顺序与此相反。个人保安线由作业人员负责自行装、拆。

（3）个人保安线应使用有透明护套的多股软铜线，截面积不准小于16mm^2，且应带有绝缘手柄或绝缘部件。禁止用个人保安线代替接地线。

（4）在杆塔或横担接地通道良好的条件下，个人保安线接地端允许接在杆塔或横担上。

（五）悬挂标示牌和装设遮栏（围栏）

（1）在一经合闸即可送电到工作地点的断路器（开关）、隔离开关（刀闸）及跌落式熔断器的操作处，均应悬挂“禁止合闸，线路有人工作!”或“禁止合闸，有人工作!”的标示牌。

（2）进行地面配电设备部分停电的工作，人员工作时距设备小于表4－3安全距离以内的未停电设备，应增设临时围栏。临时围栏与带电部分的距离，不准小于表4－4的规定。临时围栏应装设牢固，并悬挂“止步，高压危险!”的标示牌。

表4－3　设备不停电时的安全距离

电压等级（kV）	安全距离（m）
10及以下	0.70
20、35	1.00
63（66）、110	1.50

注　表中未列电压应选用高一电压等级的安全距离，表4－4同。

表4－4　工作人员工作中正常活动范围与带电设备的安全距离

电压等级（kV）	安全距离（m）
10及以下	0.35
20、35	0.60
63（66）、110	1.50

35kV及以下设备的临时围栏，如因工作特殊需要，可用绝缘隔板与带电部分直接接触。绝缘隔板的绝缘性能应符合绝缘安全工器具要求。

（3）在城区、人口密集区地段或交通道口和通行道路上施工时，工作场所周围应装设遮栏（围栏），并在相应部位装设标示牌。必要时，派专人看管。

（4）高压配电设备做耐压试验时应在周围设围栏，围栏上应向外悬挂适当数量的“止步，高压危险!”标示牌。禁止工作人员在工作中移动或拆除围栏和标示牌。

四、供用电设备损坏因素分析

（1）过压击穿烧毁。供用电设备都只能在额定电压下长期工作，若外加电压过高，超过一定限度，就会发生绕组绝缘击穿匝间断路、电子元件击穿短路等，设备损坏或烧毁。

（2）过载发热烧毁。导线有允许载流量限制，电感性设备有额定功率限制，若超载过多，时间一长，热量急剧上升，导线可能烧断、电感性设备可能绕组绝缘击穿烧毁。

（3）接触不良发热烧毁。供用电设备（如开关、计量表计、电感性设备等）与外电路的连接点本来应是接触电阻很小的，但由于工艺不良和接触面氧化等原因，导致接触电阻增大→发热增多→接触更差→发热更严重，终致烧毁；供用电设备内部连接点也会出现这种情况。

由此可见供用电设备过早损坏是有清晰的客观原因的，不过压、不过载、内外连接接触良好是其安全工作的前提。

第二节　断路故障检修

断路是最常见的一类电路故障。断路故障最基本的表现形式是回路不通。在某些情况下，断路还会引起过电压，断路点产生的电弧还可能导致电气火灾和爆炸事故。

一、断路故障的现象

1. 回路不通，装置不能工作

电路必须构成回路才能正常工作。电路中某一个回路断路，往往会造成电气装置的部分功能或全部功能的丧失（不能工作）。

图 4－2 所示是常见的电灯电路（其他单相家用电器如电视机、电磁灶等电路类似）中性线部分断路，电灯不能点亮。其

实，熔断器 FU 中熔丝烧断、开关 S 触点接触不良、灯头连线脱落，也是造成断路的常见原因。

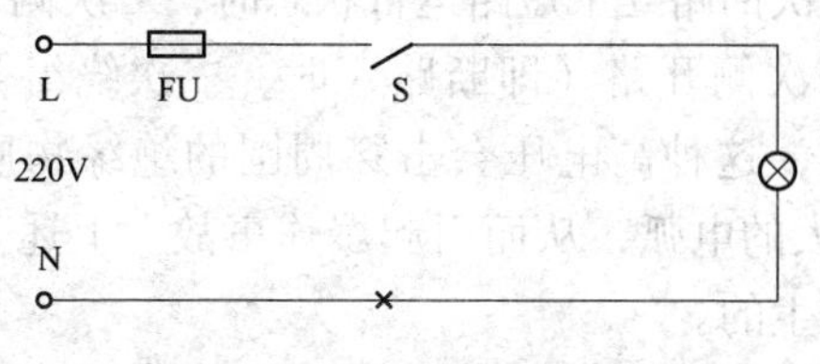

图 4－2　电灯电路断路故障

2. 火灾的发生——断路点电弧故障

某施工单位工棚是一油毡顶木结构简易房。某日，突然发生火灾，整个工棚烧毁，一台卷扬机和许多建筑材料化为灰烬。为何会发生大火呢？经检查发现，系电源引入线一断线处产生的电弧引燃了油毡所致。电路断线，尤其是那些似接非接（时断时通）的断路点，在断开瞬间往往产生电弧，在断路点产生高温，可能会酿成火灾。

3. 爆炸事故的发生——电流互感器二次侧回路断路事故

某变电所油浸式电流互感器爆炸，损失严重。究其原因，也是源于一个断路故障。如图 4－3 所示，电流互感器二次回路中，电流表指针失灵，电工将其拆下来准备修理，但却忘了将其线端 1 和 2 短接，从而人为地造成了一个断路故障。

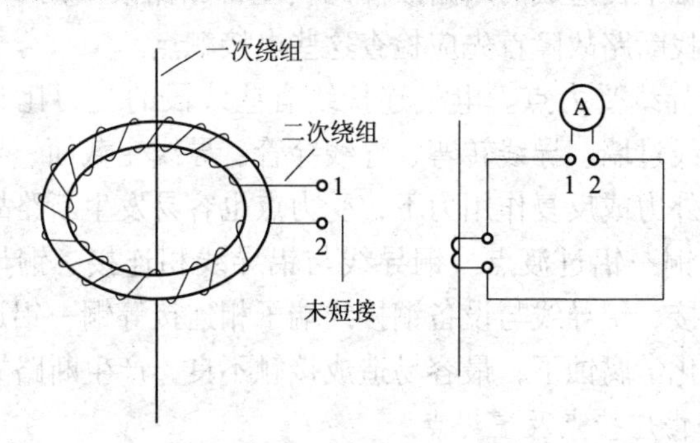

图 4－3　电流互感器二次回路断路故障

众所周知，电流互感器实际上是一台升高电压、降低电流的变压器，一次绕组匝数很少（有的仅一匝），而二次绕组匝数很多。只有当二次回路处于短路运行状态时，二次侧才不致产生高电压；而当二次侧开路（即断路）时，二次绕组会产生高达数千伏的高电压，这种高电压会击穿周围的绝缘物质（如变压器油），产生巨大的电弧，从而引起爆炸事故。上述互感器爆炸事故就是这样发生的。

4. 三相电路中的断路故障

三相三线电路中，如果发生一相断路故障，可能使电动机因缺相运行而被烧毁。三相四线电路中，如果中性线（俗称零线）断路，则可能三相电压严重不对称，对单相负荷影响极大。

二、断路故障的原因探析

查找断路故障，首先要探讨断路故障的大致范围，即在哪些线段，在哪些情况下容易发生断路故障。

1. 电接触点是断路故障的多发点

在电路中，除了开关触头等电接触点由于接触不良容易造成断路故障外，电路中的其他电接触点也容易发生断路故障。

（1）导线相互连接点。无论是采用铰接、压接、焊接、螺栓连接等任何一种连接方式的导线连接点，都是断路故障的多发点。电接触不良造成的断路故障约占全部断路故障的 80% 以上，因而，查找断路故障首先应检查这些电接触点。

（2）导线受力点。电气连接线有些线段的受力比其他线段大，如导线过墙、导线转弯、导线穿管、导线变截面、导线支撑点等，在外力或反复作用力下，受力点也容易发生断路故障。

（3）铜—铝过渡点。铜导线与铝导线相连接、铜母线和铝母线相搭接、铝导线与设备铜接线端子相连接等铜—铝过渡连接点，在电化学腐蚀下，最容易造成接触不良，产生断路故障。

2. 警惕虚接点及虚焊点

形似接触实际上并未接触的连接点称为虚接点，如为焊接连接则称为虚焊点。虚接点和虚焊点多是由于安装质量差所造成的。例如，用烙铁焊接连接点，烙铁温度偏低，焊丝未完全熔化，或者松香过多又未完全熔化，都可能造成虚焊。

虚接点和虚焊点也是造成断路故障的重要原因之一。这种虚接点和虚焊点，肉眼不能分辨，只有借用仪器才能检测出故障点。

3. 灰尘也能造成断路故障

某接触器通电吸合非常正常，但却不能接通电路，经检查是接触器触头上沾了一层灰尘，导致触头接触不良；某晶体管收音机没有声音，经检查是电池极片上沾了一层灰尘。类似这种因灰尘、油污、锈迹等造成电路断路故障也是常见的。

三、查找断路故障的方法

首先应根据故障现象判断出是否确属断路故障，再根据可能发生断路故障的部位确定断路故障的范围和断路回路，然后利用检测工具，找出断路点。

查找断路故障常用的方法有电压法、电位法、电阻法等。

1. 电压法

电压法的基本原理是，当电路断开以后，电路中没有电流通过，电路中各种降压元件已不再有电压降落，电源电压全部降落在断路点两端。因而可通过测量断路点的电压判断出断路故障点。例如图 4－4 所示的照明电路，当开关 S 闭合时，电路中有负载电流通过，在忽略导线电阻的情况下，电源电压 U 全部降落在灯 E 的两端，即

$$U = IR$$

式中 I——电路中的电流，A；

R——灯丝的电阻，Ω。

当开关 S 断开（人为断路点）时，电路中无电流流通 $I=0$，$IR=0$，即灯泡两端已无电压降。依据电压网路定律，回路中的电源电压应等于回路中的电压降，因此电源电压 U 全部加在断路

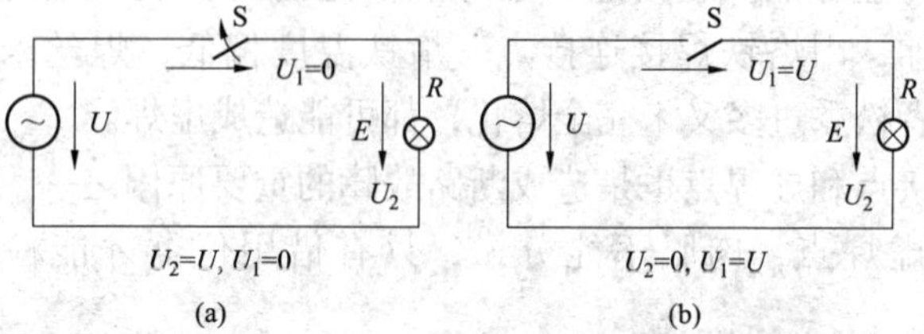

$U_2=U, U_1=0$

(a)

$U_2=0, U_1=U$

(b)

图 4-4　电压法原理图

（a）开关闭合；（b）开关断开

点两端。测量开关 S 两端电压便可找出断路故障点。

下面以图 4-5 的简单电路为例，说明电压法的使用方法。图中，电压为直流 100V，通过动合触头 S1 和动断触头 S2、S3、S4 对电磁线圈 Y 进行控制。

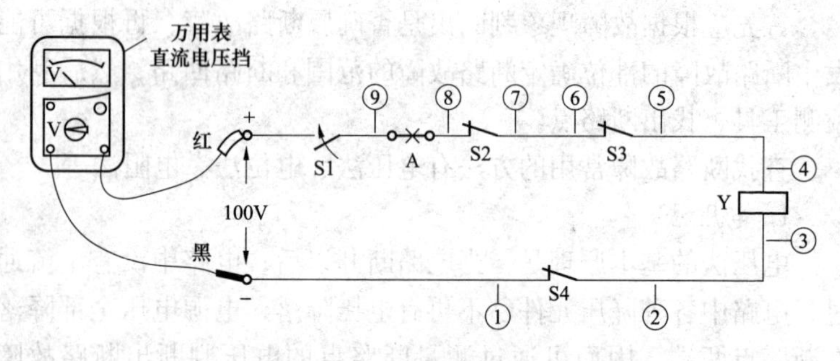

图 4-5　电压法查找电路故障

检测仪表为通用型万用表，选择直流电压 250V 挡位（大于或等于 100V 即可）。

假定电路在 A 处存在断路故障点，当动合触头 S1 人为闭合（或采用导线短接）后，电磁线圈 Y 仍不能工作。

将万用表红表笔与电源“+”极相连，黑表笔与电源“-”极相连，万用表指示应为 100V。然后，移动黑表笔，依次与端点①、②、③、④、⑤、⑥、⑦、⑧相碰触，若万用表指示也为 100V，则说明这些点至电源“-”极的电路无断路故障。当黑表笔移动至端点⑨时，万用表指示为零，则断路故障就在⑧－⑨之间。

这时，如果再测量⑧－⑨之间的电压，必与电源电压相等，进而可判断该电路只有A处一个断路故障点。

2. 电位法

电位法的基本原理是，断路点两端电位不等，断路点一端与电源一端电位相同，断路点另一端与电源另一电位相同，因而可以通过测量电路中各点电位判断断路点。

试电笔实际上是一种显示带电体高电位（带电体对地电位）的工具，因此，可通过试电笔测量（显示）电路中各点的电位来检测断路故障。

以图4－6为例，该电路电压为单相交流220V，当动合触头S1闭合时，在正常情况下，电路中有电流通过，忽略导线的阻抗，电源电压将全部降落在电磁线圈Y的两端，即电源线L至电磁线圈Y的一端⑥为高电位，用试电笔测量这段线路上的各点，试电笔应显示高电位；而中性线N至电磁线圈Y的另一端⑦的这段线路则为低电位（为零），试电笔不发亮。

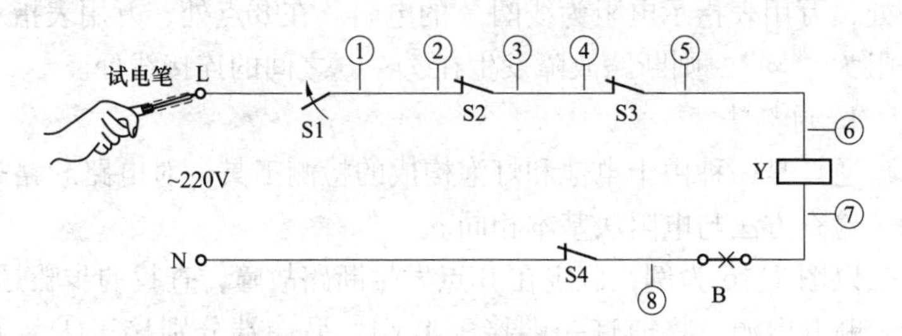

图4－6　电位法查找电路故障

假定B点发生断路故障，查找该断路点的步骤是：短接动合触头S1，合上交流电源220V，用试电笔检测电源L点电位，试电笔应发亮。然后依次检测电路①～⑧点电位。若⑦点为高电位（试电笔亮），而移至⑧点时、试电笔不亮，则⑦－⑧线段间有断路故障点。

显然，电位法主要适宜于一根相线（高电位线）和一根中性线（低电位线）单相交流电路。对于直流电路也可采用，因为试电笔检测正、负极时，正极比负极明亮一些。

3. 电阻法

电阻法的基本原理是：电路出现断路故障以后，断路点两端电阻为无穷大，而其他各段的电阻近似为零，负载两端的电阻则为某一定值。因此，可以通过测量电路各线段电阻值来查找断路点。

检测电阻值一般采用万用表欧姆（Ω）挡。

以图 4-6 为例，假定电路在 B 点发生断路故障，查找的步骤是：

断开电源。将万用表调至“Ω”挡，且一般选择 R×10Ω 或 R×1Ω 的位置。不要选择 R×1kΩ 以上的高阻挡，以免发生误差。将万用表一表笔接于电路中的 L 点，手持另一表笔，将其接于①点，由于电源 L 和①之间为一动合触头，应手动将其闭合后再断开，观察表头指示，以检验此触头是否正常。

再将动合触头 S1 短接，然后依次将表笔接于②~⑧。在⑦点处，万用表指示电阻为线圈 Y 的电阻。在⑧点处，万用表指示电阻为“∞”，则断路故障发生在⑦-⑧之间的连接线处。

4. 通灯法

通灯是一种由干电池和灯泡构成的检测工具，对电路断路故障，检查方法与电阻法基本相同。

以图 4-6 为例，假定在 B 点发生断路故障，查找的步骤是：

断开电源。将通灯一端接于 L 端，另一端分别接于①~⑧点。其中 L-①~L-⑥各点灯亮，说明各段导线无短路故障（触头 S1 两端应短接）。L-⑦灯泡发暗甚至不亮，这是因为灯泡与线圈 Y 串联，加在灯泡两端的电压降低。

L-⑧不亮，说明故障发生在⑦-⑧之间的导线段。

第三节 短路故障检修

电路故障主要有断路、短路两大类，有经验的电工都知道，断路故障较好对付，但查找短路故障许多人却畏之如虎，深为忌讳，一是因为查短路不能加电，需“摸黑”查找，东碰西撞，很难查出故障点；二怕查后送电再出现短路爆炸，提心吊胆，异常紧张。因之研讨、掌握检修短路故障的方法很有价值。

请看下面一个检修实例。

某村照明线路总熔断器插上即爆熔丝。因该线路供电范围较大，用电农户居住较分散，查短路故障点很困难，农户又急需用电，该村电工向有多年电力工作经验的万师傅求援，问有没有快速的查找方法。

万师傅即带上万用表和钳形电流表来到现场，拉下闸刀用万用表测得线路总电阻接近零，怀疑是短路。接着拔下总熔断器，在熔断器两端串接1只220V、500W的电热器；合闸后用钳形电流表测得电流为2.3A。在村电工的带领下，采用中点平分法，依据干线上有故障段电流为2.3A，无故障段电流为零的道理，缩小故障范围，当查到某农户线路电流为2.3A时，断定故障点就在该户线路中，最后查出系该户进户线缠绞在一起短路，排除故障后，合闸送电，一切正常。

用这一方法之所以快速，在于不必将干线分段，然后再连接；亦不必断开各农户进户线，再一户一户试送，节省了大量时间。只要用钳形电流表一测便知故障在哪里。

图4-7为该照明短路故障快速查找原理图。图中a~b间为总熔断器，拔下总熔断器在熔断器两端串接500W的电热器，因其后线路短路，故总电阻接近零，则合闸后220V电压全部加到电热器上，总电流 $I=P/U=500W/220V=2.3A$，显然在故障点以前的干线上用钳形电流表测量电流，无论相线还是中性线，均为2.3A，但故障点以后电流为零。图中假设第3户有故障，则

测 c 点电流为 2.3A，测 d 点电流为 2.3A，测 e 点电流为零，测第 3 户线路中电流为 2.3A，即可判定。

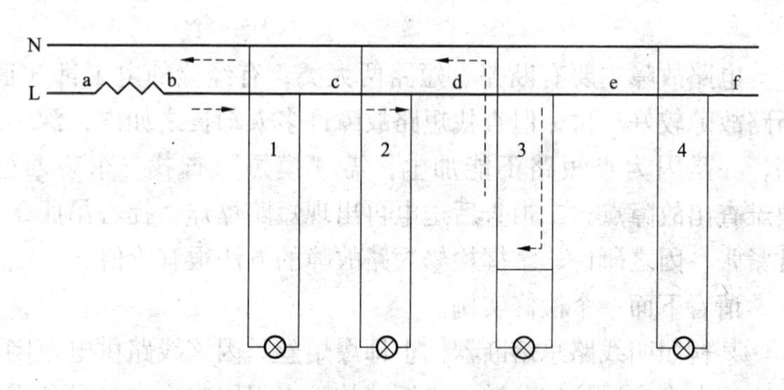

图 4－7　照明短路故障快速查找原理

显然在故障电路中串接用电器（如上述电热器），其限流作用使事物起了质的变化，它使无限大的电流变为有限，使不敢加电变为敢加电，使不可捉摸变为确定可测，使危险紧张变为安全轻松，从而使难办的事变得好办。

灵活运用上述原理，如把电热器换为 220V 灯泡，显然切断故障前灯泡一直明亮，表明短路故障没有排除；切断故障后灯泡亮度明显降低，说明切断的是故障电路。灯泡既可以限流还可以指示。

电子电路的短路故障，因为印刷电路板上的铜箔无法拉起来测量电流，故处理起来更棘手，可用一只小灯泡（其额定电压与电源电压匹配），采用中点平分法，切断电路根据小灯泡明暗，判断故障范围，如此比较安全和简便。

作者曾用此原理修理一台“小鸭”滚筒洗衣机。该洗衣机一开即听到“啪”，熔丝爆熔，怀疑其内部短路。但检查了内部多处电路，将怀疑之处做了处理，再开仍熔丝爆熔，说明没找出毛病。耽搁良久，仰头思索，突然想到此法，即用一只 220V、100W 灯泡，串联在洗衣机电源电路中，但加电之后悄无反应，因其内部电路错综复杂，测电流也很难找出故障点。方法已经用尽，无计可施之际，又翻看这篇文章，突然悟出应该用较大容量的电热器串联，即找来一只2000W的电炉子，串联在洗衣机电源电路中，加电之后洗衣机内部即冒烟，赶紧停电，看到烟是从电动机里边冒出来的，即确定故障为电动机匝间短路。取下电动机进线，恢复常规电源线路，果然熔丝不再爆熔。

为什么这里用灯泡不行，但用大功率电热器可行？因为在电动机匝间短路情况下，电动机绕组尚有较大的阻抗，此时串联灯泡，因灯泡电阻大，电压主要加到灯泡上，电动机上加的电压很小，不能使电动机匝间短路故障表现出来；而串联大功率电热器，因其电阻小，分压少，有较大电压加到电动机上，电动机匝间短路发热冒烟，故障显现。

第四节　认识熔丝烧断故障

熔断器俗称保险，熔丝俗称保险丝。熔断器用于其后线路和电气设备的短路保护（超过额定电流5倍及以上，熔丝迅速熔断）和过载保护（当过载电流超过额定电流1.3~2.1倍时，熔丝在一定时间内因热量积累而熔断）。

熔丝熔断后应该怎么办？其中存在着许多疑问和问题，细节决定成败，看似小事却牵涉用电安全的大事，有必要做些探讨。

一、从维修空调器引发的火灾事故谈起

1. 事故经过

几年前7月，电工王某去孙某家检修一台春兰KF－L70柜式空调器。此空调器使用三相交流电源，已运行两年，但不知何故，近期经常出现熔丝熔断现象。刚开机，熔丝便熔断了。

王某发现空调器面板上欠压指示灯发亮，用万用表测量闸刀三相电压均正常，但两根熔丝却烧断了。他更换后，又将室外机连线断开，重新开机熔丝又断了。此时，王某认为熔丝容量不够，就用细铜线代替熔丝，再次开机，这次通电时间比上次长了

几秒，铜丝再次烧断。王某烦躁，认为输入电源部分有问题，决定再次用两根细铜线代替熔丝，再次开机，和主人孙某蹲在空调器边进行观察。片刻听到衣柜后面有“啪啪”响声，一看柜子后面火光通红，两人慌忙站起灭火。等将火扑灭，衣柜里的衣物已烧得残缺不全，桌子、沙发和墙壁全都变成了黑灰色。

2. 事故原因

原来，户主孙某为了室内布局美观，将空调器置于离电源插座较远处，而空调器自带电源线较短，故他将自带电源插头剪掉，再将剩余部分加长后接隔离开关。

据孙某讲，当时他接线时，两边芯线中的多股铜线是用钳子拧合在一起，用普通不带黏性的塑料带将其缠绕。最后在3个接头外边，又用塑料带紧紧缠绕起来。为了美观，把衣柜搬过来，挡住这些接头。不久，放在衣柜上的一个易燃的沙发垫落下，刚好盖在了接头上。

由于接头处的多股铜线连接不合格，有少数铜线被拧断，造成截面积减小。加上铜线表面氧化物的存在，使接头间产生接触电阻。由于空调器有较大的启动电流和工作电流，在接头处产生压降和热量，使温度升高，这又加剧了铜线表面的氧化。这样恶性循环，日久使铜线间接触电阻和压降增大很多。

当接触电阻及其压降增大到一定程度，一方面空调器输入电压过低，内部欠压保护动作，欠压指示灯亮，空调器停机，另一方面空调器通电瞬间大电流在接头上产生高温，塑料带融化破损，使紧挨着的接头电阻性碰触，过流烧断熔丝。王某盲目在短时间内连续加大熔丝容量，接头处剧烈发热→塑料带融化→接头碰触短路→电流更大→接头发热更甚终于着火→燃着沙发垫，最终导致了火灾。

3. 事故教训

(1) 户主孙某非专业电工，在不懂技术的情况下，接头没接好，且用普通塑料带绝缘，埋下了隐患，成为此次事故的内因。在大负荷情况下，接头应用焊锡焊牢，之后先用塑料纸、再用电工胶布包扎，且要把三个接头分开，不使碰触。

（2）碰巧沙发垫落下，盖在了接头上，引发火灾。故家庭发现易燃物覆盖在电源线上，应及时移开。

（3）电工王某看到欠压指示灯亮，而用万用表测量隔离开关三相电压均正常，本应敏感地醒悟到线路接触不良，而他没有想到这一点，错误的思想必引发错误的动作。

（4）低压熔丝的选择原则：稍大于负荷电流，最大不超过20%～30%，不得超出过多。若线路、设备正常，这样容量的熔丝当能长期正常工作。反之正常容量的熔丝连续熔断，即说明线路、设备发生故障，不是熔丝的问题。此时盲目加大熔丝，则使线路、设备的隐性故障爆发，可能扩大事故。

总之，从熔断器的定义可知：熔丝应是用电路中最薄弱的部分，当其后的线路和电气设备发生短路或过载故障时，熔丝首先熔断，切断电流，保护后面的供电线路和电气设备。这才是“熔断保护”的真正含义。

二、从熔丝的熔断状况判断线路、设备故障

当熔丝熔断后，细细观察，可分为数种状况，以此可分析判断故障原因。

（1）熔丝两端断。熔丝两头附近熔断，是由于熔丝设有压紧和固定好造成的，熔丝长期松动，氧化时间长，使接触电阻增大，电流通过产生热量，时间一长。会使熔丝在两头的螺钉附近熔断。

（2）熔丝中间熔断。两端紧压的熔丝，其熔断点在熔丝中间，而且熔断点很小，可判断为过负荷，使所用熔丝过电流产生过多热量，随着时间增长，热量积累越多，温度不断升高，当达到熔丝熔点时，便在中间熔断，这是正常的保护性熔断。

（3）熔丝中间严重烧断。在三相隔离开关中，其中一根熔丝严重烧断，一般为单相接地所致；三根熔丝同时烧断，是严重超出额定负载。从熔丝熔断程度上可以看出通过电流的大小，若熔丝全部融化，开关内烧黑，可能是相间短路造成，这种情况必

须查找原因，排除故障后，才能更换熔丝合闸工作。

（4）严重烧毁。出现故障后，熔丝全部气化，隔离开关瓷盘底座烧碎，并由白色烧为红色，这种情况非常严重，并且危险极大。此情况一般多发生在三相隔离开关中，其主要原因是弧光短路。若隔离开关没有盖好上下盖，熔丝安装不合格，当遇上严重过载或短路故障时，会造成严重的电源相间短路，瞬间产生高温将隔离开关烧毁。

第五节　农村低压电器使用中应注意的问题

数年来，我们在农村、厂矿配电台区和用电设备检查中，发现低压电器使用中存在一些普遍性的问题，有的问题相当严重，造成低压电器频繁损坏，有的甚至造成设备或人身事故，故需加以注意。下面分类以表格形式叙述，见表4－5～表4－8。

表4－5　　刀开关使用中应注意的问题

使用中存在的主要问题	正确使用方法或应注意事项
1. 用配电盘上的隔离开关停、送电	没有灭弧装置的刀开关不应切断带电流的负载。配电盘上部装设的隔离开关很多没有灭弧装置，即使有灭弧能力也很弱，直接停、送电可能造成弧光短路。 当前农村配电盘多是上部装设隔离开关，下面装设漏电保护器控制的交流接触器，其正确的操作顺序是：停电时，先停下接触器，然后拉下隔离开关；送电时顺序相反
2. 闸刀胶盖损坏或遗失后，仍然用来开断电动机等负载	有灭弧装置的刀开关，如胶盖闸刀，可以切断电流，但不能超过其额定电流。灭弧装置缺失的一定要修复补全再用，否则可能造成弧光短路
3. 闸刀平装或倒装	闸刀应垂直安装，使夹座位于上方，不能平装（水平放置）或倒装（夹座位于下方）。平装的操作不方便，倒装的可能在分断位置，由于刀架松动或闸刀脱落而造成误合闸

续表

使用中存在的主要问题	正确使用方法或应注意事项
4. 开断电动机的胶盖闸刀合闸时三相不同步，引起漏电保护器动作，电动机容量越大越显著	合上闸刀起动电动机时，若两相先接触，另一相稍迟接触，在此瞬间电动机绕组对外壳泄放电容性电流，流入大地，引起漏电保护器动作，电动机越大该电容性电流越大 应细心调整闸刀刀口或触头，使三相同步接触

表 4－6　　熔断器使用中应注意的问题

使用中存在的主要问题	正确使用方法或应注意事项
1. 不重视熔断器的作用，贪图省事，把低压侧熔丝配得很大，高压侧熔丝用铝、铜丝代替	熔断器有良好的保护作用：熔体的熔断电流一般为额定电流的1.3～2.1倍（在此范围内主要保护过载），超过额定电流5倍及以上，熔断非常快（主要保护短路） 近年来配电变压器因过载、短路而致损坏的占很大比重，摆好熔丝，发挥熔断器的作用就能避免这类事故
2. 低压侧熔丝配得很大，仅靠高压侧熔丝保护配电变压器	配电变压器熔丝容量的选择规定：高压侧按额定电流的1.5～3倍选取；低压侧稍大于额定电流，最大不超过20%～30%。可见熔丝配置、防止配电变压器损坏的重点在低压侧。 低压侧有众多的供电线路和用电设备，因而发生过载、短路的机会较多，故其熔丝一定要紧扣额定电流，不能过大，以此有效地保护配电变压器；而高压侧熔丝允许为额定电流的1.5～3倍，这样在过载和低压线路末端短路的情况下，熔丝可能不会熔断

表 4－7　　交流接触器使用中应注意的问题

使用中存在的主要问题	正确使用方法或应注意事项
1. 发现主触头表面发黑或有所烧损，就修锉	一般来说正规开关产品的主触头基材为铜、表面为银合金，由于银不易氧化，即使有一层氧化膜仍能保

续表

使用中存在的主要问题	正确使用方法或应注意事项
1. 发现主触头表面发黑或有所烧损，就修锉	持很好的导电性，从而避免触头发热过甚烧坏，延长触头寿命。若锉掉银合金层，其他金属在电弧高温下容易氧化，则增大接触电阻，流过电流使触头温度升高，温度高又促使触头进一步氧化，恶性循环最终导致触头烧坏。且修锉后接触压力减小，使接触变差，通电能力下降。所以许多电工都有越锉烧坏得越快的体会。 一般情况下触头有所烧损或发黑可不清理，表面有硬物可用钳子拔掉，有污物可用柔软材料擦去，不要修锉，烧蚀严重则更换
2. 接触器运行时线圈始终通电，线圈易烧毁，噪声大	大中型交流接触器应附加无压运行装置，闭合后线圈无压运行；或配用无声节电电路（如无声节电器、节能型漏电继电器），吸合后无声节电运行。可节电、不烧线圈、消除噪声，明显减少接触器损坏

表4-8　漏电保护器使用中应注意的问题

使用中存在的主要问题	正确使用方法或应注意事项
1. 因总保护动作频繁，或根本送不上电，电工将总保护退出运行	1. 首先，采取技术措施减少非正确动作： 把照明户均衡地分配到三相上，把正常漏电流平衡掉，这是最根本、最有效的措施； 调整开断电动机的闸刀，使其三相同步接触； 普及未端保护，减少总保护动作机会。 采用新型漏电继电器或漏电综合保护器（如能区分突变触电电流和缓变漏电流）做总保护。 2. 其次，对正确动作，应及时查清原因，去除信号源： 查出单相金属性接地故障点，避免因漏电造成的电能损耗； 查出错误接线，如配电盘上有负载接在零序电流互感器两端，线路中不同保护系统混接等。 严禁将漏电保护器退出运行。

续表

使用中存在的主要问题	正确使用方法或应注意事项
2. 家用漏电保护器跳闸送不上电，强推上其开关送电	应查清原因，消除缺陷后再送电。由于在一个家庭内，范围小，线路熟悉，容易查清。 不可强推上开关送电，否则将损坏保护器。

第六节 装设漏电保护器的必要性

漏电保护器在农村已推广多年，但在城镇、厂矿企业推广使用还有很大空间。本节主要介绍安装漏电保护器的作用，以及使用注意事项。

一、防止触电的传统技术措施

（一）在电力线路上工作时的安全措施

在高、低压电力线路上工作（如停电检修）时，最容易发生触电事故的原因有4点：① 操作错误，错停电、漏停电或错送电；② 错攀登非停电线路的杆塔；③ 反馈电源倒供电（如高压侧已停电，但低压侧带电感应出高电压反供上线路）；④ 操作失误，如在部分停电线路工作时误触碰邻近带电的导体等。

因此，遵守国家电网公司颁发的《电业安全工作规程（电力线路部分）》和《农村低压电气安全工作规程》，依靠健全的组织措施和完善的技术措施，是十分重要的。在具体工作中，通常要执行如下几种防止触电的基本制度。

1. 线路停电制度

首先要认真填写好工作票，经业务领导签发，交工作许可人具体进行停电操作，在工作范围内，所有线路和设备均须停电，所有各方面可能突然来电的地方在断开时还应有明显可见的电源断开点。之后经工作许可人许可，工作人员方能开始工作。

2. 验电与接地制度

线路停电之后，一般从外观上难以判别它是否确已无电。在装接地线之前，应先按照电压等级选用合格的验电器（俗称试电笔）进行验电。有时为了慎重起见，作为辅助措施还须检查附近的电灯是否已熄。

防止突然来电的保安措施，是指在工作范围的外端，凡有可能来电的各方均须挂接地线，这样即使发生突然来电，也会因接地线的短路作用促使线路开关速断跳闸，切断电源，保障施工人员不致发生触电。

为了确保安全，接地线应挂接在工作地段可以看得见的地方；由于临时接地线有可能通过短路电流，故应选用多股软铜绞线，总截面积不少于25mm^2；装挂时要注意顺序，装时先挂接地端，后挂线路端，拆时相反。

对于电容器组和电力电缆等设备，还应通过放电来消除残存的电荷；无论是采用专门的放电设备，或是采用其他导体短接进行线与地、线与线之间的放电操作，人手一律不得与放电导体相接触。

工作地段如有邻近、平行、交叉跨越及同杆塔架设线路，为防止停电检修线路上感应电压伤人，在需要接触或接近导线工作时，应使用个人保安线。

3. 装设遮栏与悬挂标志牌

在局部停电检修的处所，人员最大活动半径与各级电压带电导体的最小距离应符合下列要求。10kV及以下：0.7m；35kV：1.0m；110kV：1.5m；220kV：3.0m。凡35kV及以下的带电设备，不能达到上列要求时，必须采取可靠的绝缘隔离措施，方可进行工作。

为了提醒人们注意不要误合有人工作地段的开关与刀闸，应在所有断开设备的操作机构上挂上“有人工作，严禁合闸”字样的警告牌。在临近带电设备的遮栏上，也应挂上“止步！高压危险”的标示牌。

4. 工作监护制度

对触电危险及施工地段情况复杂、容易发生事故的停电作业，或进行完全不停电的检修工作，均须严格执行监护制度。开工前，监护人必须向工作人员交待现场安全措施；工作中，监护人要始终不离现场，及时纠正工作人员的不安全动作。

5. 工作间断、终结和恢复送电制度

在工作中如遇雷、雨、大风或其他情况威胁工作人员安全时，工作负责人或监护人，可指令临时停止工作，工作地点的安全措施保留不变，必要时派人看守。

全部工作完毕后，工作人员清扫、整理现场，从杆塔上撤下，拆除工作地段接地线，工作负责人向工作许可人报告工作结束，可以恢复送电。工作许可人核查无误后拆除电源侧安全措施，向线路恢复送电。

(二) 防止人身触及带电导体的安全措施

人身触电事故往往是在一瞬间不慎触及带电导体而造成的。因此，人们除了要在思想上高度重视之外，还必须强调电气设备的安装标准，务使人身接触不到带电的导体。

1. 低压架空线路要强调线材、线径和安装高度

线路通过居民区时，应采用铜芯或铝芯胶麻（塑料）绝缘线；通过非居民区时，允许采用裸导线架设，但导线截面积除应满足电气负荷要求外，还应具备足够的机械强度。一般规定单根铜芯线的截面不得小于6mm^2，铝芯绞线不得小于16mm^2；跨越马路、公路、铁路及河流时，还应用多股线，其截面铜芯不得小于16mm^2，铝芯不得小于35mm^2。

低压线在最大弧垂时，导线对各类跨越点的最小垂直距离应满足下列要求：至标准铁路轨顶7.5m；至公路及马路6m；一般河流6m（最高水位时离最高船桅顶1m）；居民区6m；非居民区5m；建筑物2.5m；树木1.25m。

低压线沿马路或行人道架设时，对地面垂直距离不应低于3m；低压电力线与广播线、通信线互相交叉时，垂直距离不应

少于1m，其中广播线需在低压线的下面。

2. 室内电线装置要强调绝缘标准和安全规格

室内敷设的电线，一般应使用能够耐压500V及以上的各种铜芯或铝芯绝缘导线。水平敷设距地面的距离应不少于2.5m，垂直敷设不少于1.8m。一般室内生活照明装置的安装高度，对地面距离不得低于下列数值：吊灯2.5m；壁灯2m；拉线开关1.8m；其他开关1.4m；插座1.8m。

一般照明控制宜使用拉线开关，开关应控制相线，开断后灯头不再带电。采用螺口式灯头时，相线必须接在灯头的顶芯上，灯泡拧紧后金属部分不得外露。各种刀闸开关的接线，应使开断之后刀片不再带电。家用电器的外壳和操作部分应绝缘良好，外壳要按说明书要求可靠接地。

3. 防止人体触碰电气设备带电部分和外壳带电伤人的措施

在特殊用电场所，一般人身容易触碰到的电气设备的带电部分应有封闭外盖，并应有完善的机械联锁装置，即电源未切断，外盖不能开启。

预防电气设备外壳带电伤人通常采用如下保安措施。

（1）保护接地。即把用电设备的金属外壳直接接地，这时如果发生设备外壳带电故障，其单相短路电流便可通过接地装置导入大地，从而把对地电压限制在较低水平。城乡公用电网和农村工厂企业中的用电设备，大都采用这种保护形式。

（2）保护接零。即把电气设备的金属外壳直接与低压线路的零线相连接。这时设备万一漏电时，其对地电压将大为降低。城市工厂企业的用电设备，多采用这种保护形式，在电源处装设带有过流、短路保护的自动开关，一旦发生机壳带电故障即自动跳闸切断电源。每台设备都单独保护效果最好。

（3）采用220V/220V隔离变压器或220V/36V安全变压器。前者由于线路电源和用电设备经过隔离之后已对地绝缘，人体单相触电不会产生危险；后者是属于安全电压，对人体触电不构成威胁，但毕竟因为设备昂贵、笨重而且供电能力小、距离短，所以除了行灯或理发行业之外，一般都不采用36V这个电压等级。

（三）电源系统与大地隔离避免单相触电伤亡

配电变压器低压侧中性点与大地不直接连接（即隔离），或仅有一点经一定阻抗接地，在单相触电时由于电流形不成回路，或限制得电流很小，就能避免发生伤亡事故。

但这种形式因存在下列缺点，故应用较少，仅应用在矿井和不允许停电、线路较短、用电设备较少的特殊场所。

（1）低压系统不能防止雷电过电压和配电变压器高、低压绕组击穿时的过电压。

（2）三相负荷不平衡时中性线上带有电压。6~10kV配电系统发生单相接地时，中性线上带有较高电压。

（3）当某相绝缘破坏直接接地时，人触及另一相导线会受到线电压（380V）电击。

（4）低压电网线路较长、用电设备较多时，因绝缘下降、分布电容较大，人触及相线时电流形成回路，仍有可能发生伤亡事故。

二、装设漏电保护器的必要性

我国广大城乡公用电网和众多工厂企业，普遍采用配电变压器低压侧中性点直接接地的运行方式，尽管采取了上述种种传统安全防护措施，极大地降低了触电事故发生的几率，但触电事故，特别是单相触电事故，有时仍可能发生。

（1）电工图省事或自认为有把握，不停电在低压电力线路上工作，或仅停电但没有采取其他安全措施，这在城乡屡见不鲜。再则细心的电工也难免有失误之处，或有时发生意想不到的事。这些都可能造成工作中的人身触电伤亡事故。

（2）架空低压电力线路因过负荷烧断，或因受大风、覆雪等外力挣断，带电裸导线落在地上，恰巧这时有人路过触及，这令人防不胜防。

（3）户内线路年久绝缘层老化破损，或受外力作用绝缘层剥脱，致使带电导体外露；电器外盖破损使电极外露；灯头太低，伸手可及；私拉乱接现象普遍；家用电器外壳漏电等，这些都可能造成家庭生活中的人身触电伤亡事故，并且因家庭中有不懂事的孩子而更具危险性。为改变这种状况开展低压整改又非易事，且整好后还会再乱。

(4) 手持式电具和移动性电具，如电熨斗、电烙铁、手电钻、振动机等，具有金属外壳，由于种种原因外壳多不接地，漏电时容易伤人。

(5) 农村电动机等电气设备外壳的保护接地存在较大问题。

1) 不接地的很多。这与电业部门的管理和用户嫌费事关系较大。

2) 接地不合格。多数接地的形式是用一根圆铁打入地下，用一段导线一头压接在电机外壳上，另一头压接在圆铁上端，而不管接地电阻是否合格。起初接地电阻还小些，日久压接处锈蚀、埋在地下的接地极圆铁锈蚀，更加大了接地电阻。

3) 即使接地电阻达到部颁规程要求的4～10Ω，并非就没有触电危险了。电动机外壳接地示意图及等值电路图如图4－8所示。

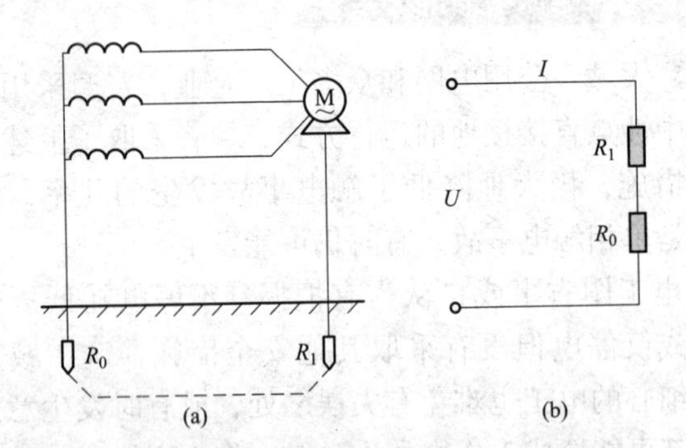

图4－8　电动机外壳接地示意图及等值电路图

(a) 电动机外壳接地示意图；(b) 等值电路图

按规程要求，配电变压器中性点工作接地电阻 R_0 也为4～10Ω电动机外壳接地电阻为 R_1。当绕组绝缘破坏或接线处破股

搭接等原因使某相导线触及电动机外壳时，外壳电压

$$U_r = R_1/(R_0 + R_1) \times U$$
$$= (4 \sim 10)/[2 \times (4 \sim 10)] \times 220V = 110\ (V)$$

人站在地上触及外壳时，触电电流（设人体电阻 R_r 为 1000Ω）

$$I_r = U_r/R_r = 110/1000 = 110\ (mA)$$

显然不能保证人身安全。

此种情况下的最大漏电故障电流（不考虑线路电阻）

$$I = U/R = 220/[2 \times (4 \sim 10)] = 11 \sim 27.5\ (A)$$

实际上因线路电阻的作用漏电故障电流会更小些，而农村常的 50kVA 配电变压器低压侧熔丝一般摆 75A 的，故不能保证熔断，即在故障情况下仅靠熔丝不能保护触电者。

电动机外壳接地电阻达到 4 ~ 10Ω，甚至为了降低接触电压搞得更小，其接地极就要做得和配电变压器接地极一样大小，甚至更庞大，由于场地的限制和要耗费许多钢材，这在实际中很难做到。

（6）采用接零保护形式的，当保护线或中性线断线，以及故障电流小于自动开关的动作电流值，则电气设备金属外壳带电时不能自动切断电源，构成对人的威胁。

随着工农业生产的发展和城乡电气化水平的提高，许多人天天都要接触电线电器，为了防止种种安全疏漏，人们越来越认识到需要这种装置：安置在电源处，当有人偶然受到电击且程度足以危及人身安全之前，电路上能及时准确地发回信息，装置动作切断电源，作为后备保护手段。这种装置就是漏电保护器。漏电保护器使人们万一不幸触电时无性命之虞，故装设它就显得非常必要。

三、漏电保护概说

在常见的配电变压器低压侧中性点直接接地运行方式下，漏电保护器怎样保护触电者呢？现以常用的电流动作型漏电保护器为例分析一下。参见本章第九节图 4－13、图 4－14。

我们把在电网系统中流动的电流叫系统电流，如图4－9中流过电动机的电流、流过电灯的电流；而把流出系统的电流叫剩余电流，剩余电流 I_B 等于三相不平衡漏电流 $I_{\Sigma Z}$ 与触电电流 I_r 的矢量和。

当线路上发生了触、漏电时，有剩余电流通过人体、大地、配电变压器接地极、接地线流回配电变压器低压侧中性点形成闭合回路，被安装在接地线上的漏电保护器的检测元件零序电流互感器感知，当 I_B 等于或超过漏电保护器RCD的额定漏电动作电流时，漏电保护器动作，交流接触器执行切断电源，也就切断了触、漏电故障电流，保护了触电者，这就是漏电保护器的工作原理。

"漏电保护器"这个名称是经历了一场演变才最后确定的。人们起初设计装设漏电保护器的目的是为了防止触电事故，因此过去人们叫它"触电保安器"。但实际上不仅发生人身触电时漏电保护器会动作，电网漏电它也会动作，即剩余电流（二者的矢量和）才是它动作的根本原因，因此国际上从1974年起正式称它为"剩余电流保护装置"或"漏电保护装置"，后者"漏电"一词有特定的定义。我国叫它"漏电电流动作保护器"，简称漏电保护器，始于1986年9月3日发布的国家标准GB6829—1986《漏电电流动作保护器（剩余电流动作保护器）》，其中这样规定："2·3　漏电电流　通过漏电保护器主回路电流的矢量和。"即漏电电流等于三相四线电流 I_a、I_b、I_c、I_o 的矢量和，但

$$I_a+I_b+I_c+I_o=I_{\Sigma Z}+I_r=I_B$$

故"漏电电流"等同于"剩余电流"。总之，称它"剩余电流动作保护器"比较科学正确，称它"漏电保护器"比较浅显形象，易于为普通群众所理解。

漏电保护器的常见型式有组合式漏电保护器装置（由漏电继电器和交流接触器组成）、三相漏电开关（三相三线或三相四线）、家用单相漏电开关等。额定电流、额定漏电动作电流、分断时间为漏电保护器的主要性能指标。额定电流（I_n）即漏电保

护器主回路电流的限额值；额定漏电动作电流（$I_{\Delta n}$）即剩余电流达到该值时，漏电保护器动作，俗称“灵敏度”；分断时间即从线路剩余电流等于或大于$I_{\Delta n}$时起，到保护装置动作完全切断电源时止，所经历的时间。国产漏电保护器的主要性能指标详见表4-9。该表项目栏中“要求值”即国家标准GB6829—2008《剩余电流动作保护器的一般要求》、GB13955—2005《剩余电流动作保护装置安装和运行》的有关规定，“实际值”即目前国产漏电保护器多数实际达到的数值。

表4-9　国产漏电保护器的主要性能指标

型式	项目	I_n（A）	$I_{\Delta n}$（mA）	最大分断时间（s）
家用单相漏电开关	要求值	任何值	≤30	0.2
	实际值	10、20、40	10~25	0.1
三相漏电开关	要求值	任何值	≥30	0.2
	实际值	40、60、100、250	25~100	0.1
组合式漏电保护装置	要求值	任何值	30~300	0.2
	实际值	250	30~300	0.1

四、装设漏电保护器的效果

（1）防止人身触电伤亡事故。对于直接触电，当发生人身触电时，一般情况下剩余电流有一个较大增量，引起漏电保护器动作，切断电源避免伤亡；对于间接触电，如电气设备外壳漏电，由于设备保护接地，电流泄入大地，使剩余电流有一个较大增量，漏电保护器动作，切断故障设备的电源，保护人们不触电。每个农村每年都有一些发生人身触电、漏电保护器动作救命的事例，因此，有些群众亲切地把漏电保护器叫作“保命器”。从以往全国农村触电伤亡事故统计数字看，基本上是安上漏电保护器，事故降下来一半。故多年来各电业部门，都把装设漏电保护器作为防止人身触电伤亡事故的重要技术措施，近年来随着城乡用电深度和广度的迅猛发展，人们触电的机会增多，装设漏电保护器愈来愈被重视。

（2）防止因漏电而引起的电气火灾和电气设备损坏事故。当线路发生金属性接地，如架空导线断落在地上、绝缘导线断落线头触地、地埋线路绝缘破坏、电动机绕组绝缘破坏触及外壳（外壳接地）等时，漏电电流量值较大，若未装设漏电保护器，则导线因载流过大，时间一长发热严重可能引起绝缘层着火，继而燃及周围易燃物引起火灾，或可能烧毁电动机绕组、甚至烧毁配电变压器等；若装设了漏电保护器，则这时较大的剩余电流必引起漏电保护器动作，切断电源防止事故。

不仅较大量值的漏电流能引起火灾，而且据国内外研究证实，较小的接地故障也能引起火灾。我国由用电引起的建筑物火灾数量逐年攀升，目前已跃居各类火灾的首位。究其原因，发现过去所谓的短路起火，大多是接地故障。导致电气火灾发生的最主要的元凶是相线对地电弧放电（或叫接地电弧短路、单相对地短路）。当相线接地时，由于故障回路阻抗大，故电流很小，往往以电弧或电火花的形式出现，电弧本身是个大阻抗，它进一步限制故障电流，因此熔丝不会熔断，不能切断电源，而电弧放电的局部的温度可达上千摄氏度，足以引起易燃物质着火。建筑物中电线密度大，且暗线多，装修成为时尚，又使这类火灾发生时难以扑救，往往造成惨重损失。所以接地故障是个危险的火源，为此在建筑物电源进线处装设漏电保护器，在发生接地故障时切断电源或报警，引导我们及时排除故障，是十分必要的。因为500mA以上的电弧能量才能引燃起火，故国际电工委员会IEC标准规定，专门用于防止建筑物电气火灾的漏电保护器的额定漏电动作电流不宜大于500mA。

（3）防止因漏电而引起的电能损失，降低低压线损。线路发生金属性接地时，大量电能通过大地流回配变中性点，没有做功，白白损耗掉了，这势必增大低压线损率，造成收不够应交电费或完不成线损计划指标。装设有漏电保护器就能避免这种损失。因此，装设漏电保护器不仅与安全用电有关，而且与经济效益有关，这一点已越来越被广大农电工和农电职工所认识。通过管好漏电保护器来看住线损，已成为一些农电工提高绩效的看家经验。

五、装设漏电保护器后传统技术措施不能放松

装设漏电保护器是防止触电的传统技术措施的后备措施，漏电保护是传统保护的后备保护，漏电保护和传统保护相辅相成，不能相互替代。在农村推广应用漏电保护器工作中，有些农电职工和群众对此认识不清，重此轻彼，一开始过分夸大漏电保护器的作用，忽视了防止触电的传统技术措施。但客观事物不以人的意志为转移，当通过实践看到漏电保护器并非像以前想象的那样神，也有局限性的时候，又反过来认为漏电保护器没什么用处，还带来一些麻烦（如误动作影响供电），又欲全面否定这个新生事物。许多人有过这样的思想经历，有人为此彷徨疑虑、无所适从，因之有必要进一步详加议论，讲清道理，辩明是非，避免工作中走弯路。

（1）漏电保护重要，传统保护更重要。为了防止种种安全疏漏，漏电保护必不可少，但比较起来传统保护更重要。

1）传统保护比漏电保护更高级。从供电可靠性方面考虑：传统保护使人们摸不到电，因之安全、可靠、连续地供电，而漏电保护虽然保护了触电者，但中断了供电。试想若放松了传统保护措施，线路绝缘下降，触电事故增多，漏电保护器频繁动作，人们的生产生活必受影响。从保护效果上考虑：对于直接触电，传统保护使人们不触电（如线路绝缘良好、或进行隔离使人们触不到带电体），而漏电保护使人们触电不伤亡，后者的保护效果自然不如前者；对于间接触电，传统保护和漏电保护并用效果最好，如电源处装设漏电保护器，电网中的用电设备保护接地，当用电设备的金属外壳带电时，瞬间有较大电流泄入大地，漏电保护器即刻动作切断电源，从而使人不触电。

2）传统保护比漏电保护更全面。目前漏电保护的器件只有

低压漏电保护器，只能保护在低压电力系统上发生的单相触电。在6~10kV中压配电线路上发生人身单相触电，变电所内声光报警，但开关不自动跳闸。对于低压两相触电，若触电者两手分别同时触及两相带电体，则因无电流泄入大地故漏电保护器不动作；若一只手先触及则漏电保护器动作予以保护。而传统保护不仅能保护低压触电，也能保护高压触电，不仅能保护单相触电，还保护两相触电。

（2）落实传统保护措施，漏电保护才能正确动作。剩余电流使漏电保护器动作，而剩余电流等于三相不平衡漏电流与触电电流的矢量和，换言之，三相不平衡漏电流的存在将影响漏电保护器对触电的保护。具体来说，在漏电量值大的相线上触电，保护灵敏度增高；在漏电量值小的相线上触电，保护灵敏度降低，这就是所谓的不灵敏相问题。灵敏度增高容易误动作（即使没有触电发生，灵敏相线路上漏电发生少量增加，漏电保护器即动作），灵敏度降低可能造成拒动（不灵敏相线路上发生触电，但漏电保护器不动作），这些都是我们所不愿看到的。这个问题不解决，漏电保护器的正确动作率就较低，而解决这个问题，就要靠传统技术措施：

1）提高线路绝缘水平，减少相线漏电量值。

2）调整三相上的单相负荷用户使平衡。

这样做使三相不平衡漏电流很小或为零，使三相漏电保护灵敏度接近或相同，则漏电保护器正确动作：即无论哪相线路上发生人身触电事故和较大量值漏电事故，漏电保护器都立即动作；未发生事故则漏电保护器不动作，线路持续供电，这才是理想状况。可见漏电保护器的有效工作，需传统技术措施做保障。

（3）漏电保护器也会损坏，这时就失去了漏电保护。漏电保护器是一种电器，其内部元器件也会损坏，其工作性能指标会因内外种种情况的变化而变化，即漏电保护器本身也需要传统电器维护措施：定期试验，检查工作是否正常；经常维护；损坏及时修理。

因此，过分夸大漏电保护器的作用和否定漏电保护器都是错误的，装设漏电保护器后防止触电的传统技术措施不能放松。打一个形象的比喻：传统保护好比大堤深厚的下层，漏电保护好比顶上一层，平时下层即能防止洪水泛滥，但有时还不保险，为了对付万一出现的险情，故添加了上层，上下层一起提高了防洪标准，并且下层越宽阔牢固，上层也就越可靠有效，怎么能不要下层只要上层呢？

第七节 低压漏电总保护安装要点

家用单相漏电开关和三相漏电开关安装简便，而配电台区低压漏电总保护，特别是我国农村常见的用一台或数台漏电继电器配合交流接触器作总保护的，其安装一要考虑配电变压器的运行方式，二多安装在低压配电屏上，周围电器多、干扰大，三是本身功能全、接线多。故技术要求较高，牵涉较多。

一、严格正确地按说明书安装

一般漏电保护器产品说明书都详细叙述了本产品的安装使用方法，并附有接线图。认真阅读正确理解后安装本无问题，但实践中问题多数出在这里：一是一些人靠老经验、盲目自大或文化水平低，不看说明书或只看了部分仅是一知半解；二是虽然看了说明书，但因知识水平有限、实践经验缺乏、钻研不够而理解浮浅甚至错误，就动手安装，结果运行不好或根本不能运行。下列为安装中出现较多的问题。

（1）漏电保护器应安装在通风干燥的地方，避免灰尘和有害气体的侵蚀。实践中一些农村因配电室阴暗潮湿通风不良，一些厂矿因配电室住人或和车间相通，漏电保护器受潮遭蚀过早损坏。

（2）漏电继电器的探头（即用铁壳或塑壳封闭起来的零序电流互感器）应尽量远离交流接触器和母线，一般上下、左右、前后的距离为20cm以上。实践中一些人不管这些，随便把探头固定在有空的地方，探头受到较大的电磁干扰使漏电继电器容易误动作，甚至一开就动作不能运行。如某村总保护的探头装在交流接触器线圈右侧10cm的地方，总保护一打开开关，交流接触器吸合，总保护即动作，不能运行。将探头移远后恢复正常。

（3）根据保护范围决定探头穿线。单台漏电继电器用作低压总保护，最好要用配电变压器低压侧中性点接地线穿过探头的方式（即保护器安装在电源中性点接地线上），有安装方便、不受负荷大小影响、探头受干扰小的优点；漏电继电器用作分路保护（即保护器安装在各条引出干线上）则需要探头穿四线，即将本路的三根相线和一根中性线同向穿过探头、拼紧拉直固定好，尽量减少干扰。这是实践经验的总结，一般说明书上没有说得这样详细。实践中发生问题多的有两方面：一是单台漏电继电器做总保护其探头穿四线，且四线松散杂乱，保护器动作频繁，改为中性点接地线穿探头后运行良好；二是分路保护采用中性点接地线并联穿过两个探头，触、漏电信号分流，两条分路总是同时跳闸，改为探头各穿四线后互不影响。

（4）中性点接地应良好。漏电继电器的说明书多附有使用接线图，标明中性点要接地，不改变配电变压器运行方式，但无详细要求。中性点接地线使触、漏电入地电流形成回路，从而探头检拾到信号，接地良好（中性点接地电阻4～10Ω）漏电继电器才可能灵敏运行。而要接地良好，低压侧中性点应通过适当规格的导线（铝线不小于$10mm^2$）接于良好的配电变压器接地极上，接头处理好。实践中中性点接地不良的问题发生得较多，主要存在两个方面：一是在配电室内用铁棍打入地下做接地极，入地不深且配电室的地下土壤较干燥，因而接地不良；二是接头处理得不好，接触电阻太大，或当时处理得不错，日久铝铁接头处氧化生锈，接触电阻增大，造成信号衰减，保护灵敏度降低甚至漏电继电器拒动。

二、负荷不能接在探头两端

某村配电盘上的照明灯一开总保护就跳闸，经查该总保护采用中性点接地线穿过探头的方式，该照明灯相线接在交流接触器（总保护的执行元件）的出线上，中性线接在探头后的接地线上（中性点接地线穿过探头的方式，所有负载都必须接在探头之前），如图 4 -9 所示，图中虚线为错误接线。造成该灯一开，其电流流过中性点接地线，总保护就跳闸。将该灯中性线接在探头前，恢复正常运行。

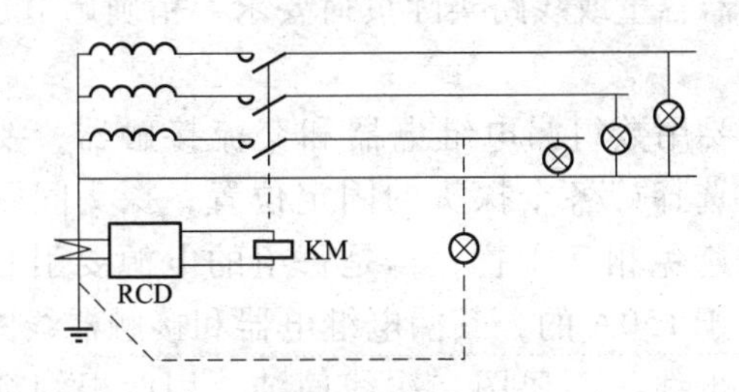

图 4 -9　照明灯错接在探头两端

RCD—漏电继电器；KM—交流接触器

四线穿过探头的形式，所有负载都必须接到探头之后。若有负载接到探头两端，其电流使四线合成矢量不为零，故这负载一开保护器就动作，如图 4 -10 所示，图中虚线为错误接线。

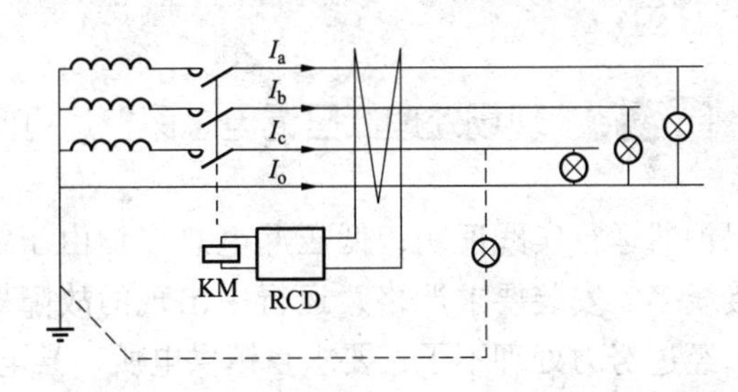

图 4 -10　照明灯错接在探头两端

三、分路保护安装接线应注意的问题

在一块配电屏上搞数路分路保护，最好采用数台漏电开关（或漏电综合保护器），较之数组漏电继电器和交流接触器，有体积小、造价低、安装简便、布线整齐、互相干扰小、可靠耐用的优点。尤其是近年发展起来的漏电综合保护器，不仅具有漏电保护功能，还有过流、短路、欠压、缺相、断零保护功能，能自动重合闸，特别适宜作分路保护。最新型式的漏电综合保护器还可显示三相负荷值，给三相负荷调整提供依据。带有可按变压器容量或线路实际负荷要求，精确调节过载保护值等实用功能。

如一定要用数组漏电继电器和交流接触器，要注意两个问题：一是选择好各个探头的固定位置，探头间距离要尽量远，减少或避免相互干扰；二是每组的电源要引自母线，交流接触器大于150A的，其漏电继电器和接触器线圈的电源还要分别引自母线。不要图二次线简洁，用两根细细的二次线依次为数组供电。这是因为接触器吸合瞬间其吸引线圈通过较大电流，在线径不大的二次线两端产生较大压降，使漏电继电器的供电电压波动，有可能使漏电继电器误动作。曾有某村采用后者搞了四路分路保护，一路送电总要引起另路跳闸甚至四路都跳闸。基本解决了上述两个问题后，运行状况有了很大改善。

第八节　现场处理低压漏电总保护运行问题

漏电保护器运行实践证明，低压漏电总保护由于结构复杂、功能多、接线多、安装要求严格，运行中出现的故障疑难复杂，有的农电工经过努力处理不了，要求乡镇供电所、县电业局漏电保护器管理人员前往帮助处理。本节就是为此而做，农电工也可参照本节自行处理问题。

一、事前准备

“打铁还得本身硬”，下乡处理问题人员须通晓漏电保护原理，熟悉要处理的漏电保护器的类型和结构特点，熟练掌握常见故障的处理技巧，具备一定的低压电器知识，才可能为用户提供优质的技术服务，于事有所补益。

下乡应带材料物品：熔丝、指示灯、电路板等易损件，万用表、尖嘴钳、中小旋凿、串有电阻的接地试验线等工具，以及有关资料、记录本（供记事、分析、研究、总结使用）。

二、调查摸底

如同医生看病一样，下乡处理问题人员到现场后应通过问、闻、看、测“四诊”弄清问题的起因、经过和现状，达到心中有数。

问，即询问电工问题的起因、经过和现状，判定的故障范围或器件，有何经验教训等。

闻，即闻一下保护器内部、接触器线圈等有无过热烧毁的气味。

看，即看一遍保护器装设是否有误，接线是否正确，有无明显损坏的器件，配变中性点接地线接头是否接触良好等。

测，即用万用表测量，看保护器的输入输出电压是否正常，零序电流互感器是否断线，中性点接地电阻大小等。

三、动手处理

不管问题多么复杂隐蔽，根据保护器动作情况，可分成图4－11、图4－12两大类基本故障分别进行处理，按照图中程序检查处理有快捷、准确的特点。

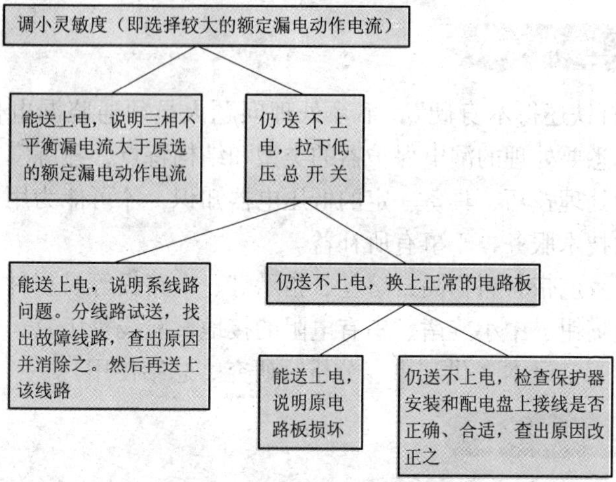

调小灵敏度（即选择较大的额定漏电动作电流）

能送上电，说明三相不平衡漏电流大于原选的额定漏电动作电流

仍送不上电，拉下低压总开关

能送上电，说明系线路问题。分线路试送，找出故障线路，查出原因并消除之。然后再送上该线路

仍送不上电，换上正常的电路板

能送上电，说明原电路板损坏

仍送不上电，检查保护器安装和配电盘上接线是否正确、合适，查出原因改正之

图 4－11　跳闸送不上电故障检查处理程序

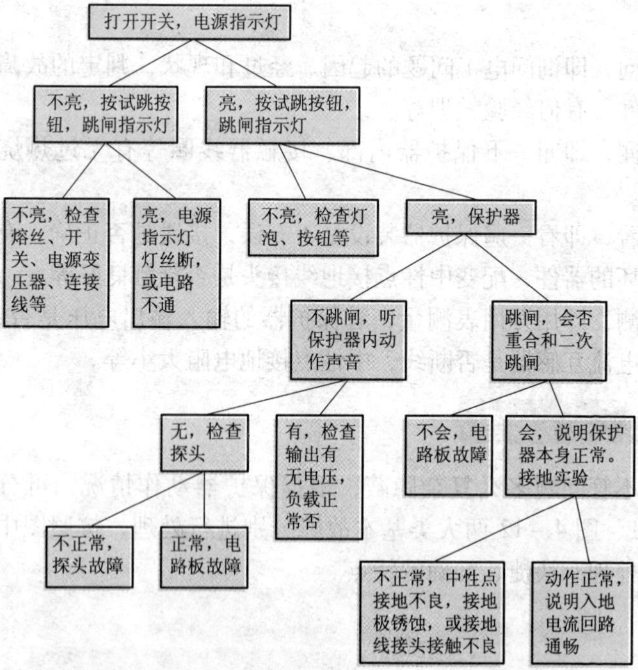

打开开关，电源指示灯

不亮，按试跳按钮，跳闸指示灯

亮，按试跳按钮，跳闸指示灯

不亮，检查熔丝、开关、电源变压器、连接线等

亮，电源指示灯灯丝断，或电路不通

不亮，检查灯泡、按钮等

亮，保护器

不跳闸，听保护器内动作声音

跳闸，会否重合和二次跳闸

无，检查探头

有，检查输出有无电压，负载正常否

不会，电路板故障

会，说明保护器本身正常。接地实验

不正常，探头故障

正常，电路板故障

不正常，中性点接地不良，接地极锈蚀，或接地线接头接触不良

动作正常，说明入地电流回路通畅

图 4－12　保护器拒动或动作不正常故障检查处理程序

第九节 调整单相负荷用户提高总保护运行率

引起低压漏电总保护非正确动作的最主要的原因是，长期以来人们只注意提高线路绝缘水平，而较少注意针对供电线路总要有一定的泄漏电流这一客观事实制定对策；只注意处理线路接地或严重漏电故障，较少注意三相上的单相负荷用户平衡问题。近年来人们已逐渐意识到了这一点。

一、理论分析

参见图4－13、图4－14，图中Z_a、Z_b、Z_c为各相的对地阻抗，$\boldsymbol{I}_r$为触电电流（字母加粗表示相量），$\boldsymbol{I}_{\Sigma Z}$为三相不平衡漏电流，$\boldsymbol{I}_B$为剩余电流，$\boldsymbol{I}_a$、$\boldsymbol{I}_b$、$\boldsymbol{I}_c$、$\boldsymbol{I}_o$为各线中流过的电流，RCD为漏电保护器，KM为交流接触器。由图4－13知，引起漏电保护器动作的剩余电流$\boldsymbol{I}_B=\boldsymbol{I}_{\Sigma Z}+\boldsymbol{I}_r$，由图4－14知，引起保护器动作的三相四线电流相量和$\boldsymbol{I}_a+\boldsymbol{I}_b+\boldsymbol{I}_c+\boldsymbol{I}_o=\boldsymbol{I}_{\Sigma Z}+\boldsymbol{I}_r=\boldsymbol{I}_B$。因此，两种方式是等效的，引起漏电保护器动作的剩余电流均为

$$\boldsymbol{I}_B=\boldsymbol{I}_{\Sigma Z}+\boldsymbol{I}_r$$

因为触电是偶然发生的，故平时

$$\boldsymbol{I}_B=\boldsymbol{I}_{\Sigma Z}$$

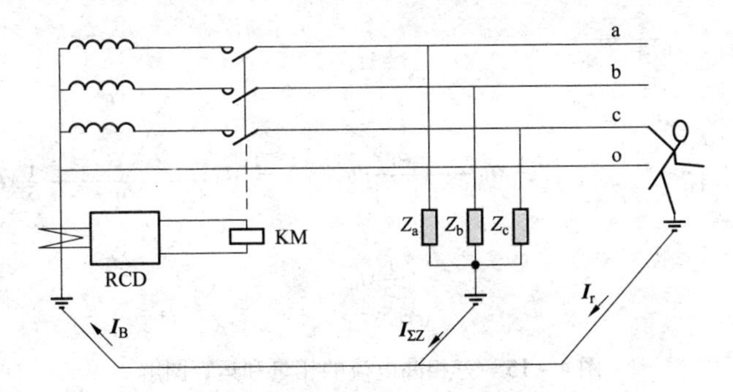

图4－13　漏电保护器安装在电源中性点接地线上的方式

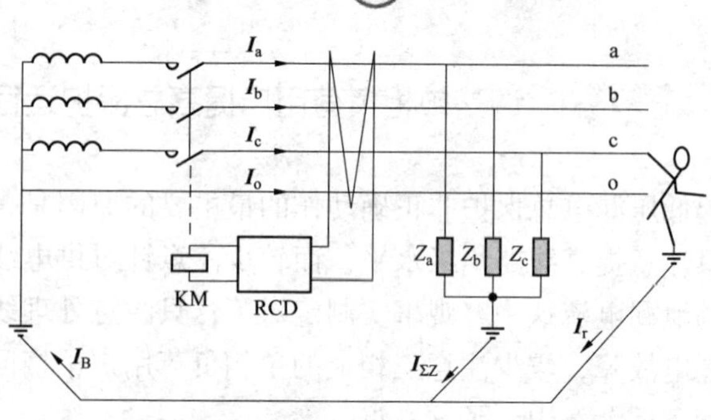

图 4－14　漏电保护器安装在总电源线上的方式

当三相不平衡漏电流 $\boldsymbol{I}_{\Sigma Z}$ 的量值大于或等于漏电保护器额定漏电动作电流 $\boldsymbol{I}_{\Delta n}$ 时，将引起保护器跳闸。显然，达到某一量值水平的 $\boldsymbol{I}_{\Sigma Z}$ 是引起漏电保护器频繁动作甚至根本送不上电的根本原因。那么，解决该问题的方法就是使 $\boldsymbol{I}_{\Sigma Z}=0$ 或降低其量值水平，这就要研究 $\boldsymbol{I}_{\Sigma Z}$ 的变化规律。

三相不平衡漏电流为三相漏电流的相量和，即

$$\boldsymbol{I}_{\Sigma Z}=\boldsymbol{I}_{az}+\boldsymbol{I}_{bz}+\boldsymbol{I}_{cz}$$

三相交流电任意两相电流相量间的夹角为 120°，如图 4－15（a）所示。

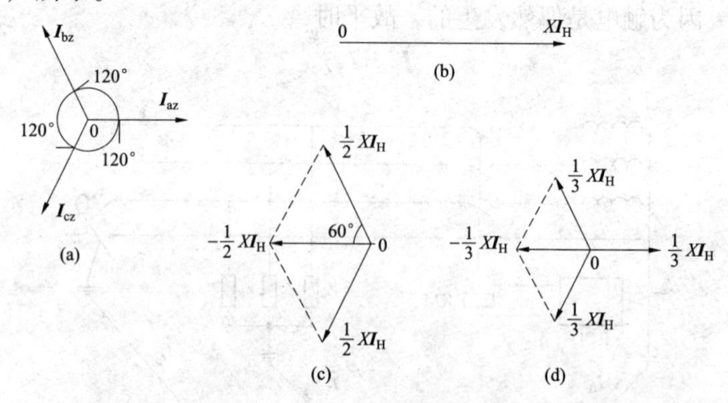

图 4－15　三相漏电流的相量和运算图解

（a）三相漏电流相量；（b）单相负荷用户专线供电情况；
（c）单相负荷用户由两相平衡供电情况；（d）单相负荷用户均衡分配到三相上情况

由于各相的电源电压幅值相同，故每一相漏电流的大小仅由该相的对地阻抗决定，即与其对地阻抗成反比。

每相的对地阻抗又由什么决定呢？动力线路一般质量较好，对地绝缘阻抗较高，而农村照明等单相负荷用户用电线路情况复杂、质量低劣、绝缘程度差，使该相的对地阻抗显著降低，且用电户数越多、线路越密，则绝缘程度越差，使该相的对地阻抗降低越显著。因此，在正常漏电（总漏电流由各处微小的漏电流汇集而成）情况下，每相对地阻抗的高低主要由接在该相上的单相负荷用电户的多少来决定。

根据上面分析，我们不难举例比较几种情况，设某村有 X 户，正常漏电情况下，每户平均漏电 $\boldsymbol{I}_{\mathrm{H}}$，三相动力线路漏电可忽略不计（因其绝缘较好且三相对地阻抗较平衡，因而不平衡漏电流很小）。

若该村照明等单相负荷用户专线供电，则 $\boldsymbol{I}_{\Sigma \mathrm{Z}} = X\boldsymbol{I}_{\mathrm{H}}$，如图4－15（b）所示。

若单相负荷用户由两相平衡供电，则 $|\boldsymbol{I}_{\Sigma \mathrm{Z}}| = 0.5X|\boldsymbol{I}_{\mathrm{H}}|$，如图4－15所示；

若这些单相负荷用户均衡分配到三相上，则 $\boldsymbol{I}_{\Sigma \mathrm{Z}} = 0$，如图4－15（d）所示。

显然，前两种情况下，不平衡漏电流 $\boldsymbol{I}_{\Sigma \mathrm{Z}}$ 的量值水平较高，容易引起漏电保护器频繁跳闸甚至根本送不上电，第一种情况危害尤为严重。

而后一种情况，揭示了使 $\boldsymbol{I}_{\Sigma \mathrm{Z}} = 0$ 的方法，在该情况下，从根本上改善了漏电保护器运行的条件，实现了保护器的理想运行，即发生触、漏电事故才动作，不发生就不会动作，解决了推广应用漏电保护器以来长期悬而未决的如下三大难题。

（1）解决了不灵敏相问题。三相漏电相同，则无不灵敏相。

（2）解决了许多农村非阴雨天漏电保护器运行正常，但在阴雨天频繁动作甚至根本送不上电的问题。阴雨天线路的对地绝缘阻抗下降，正常漏电情况下每相的漏电流要增加几倍，但由于

三相平衡仍可使 $\boldsymbol{I}_{\Sigma Z}=0$，保护器正常运行。

（3）解决了地埋线漏电较大使漏电保护器频繁动作甚至根本送不上电的问题。地埋线漏电虽然较大，但只要把地埋线路平衡地分配连接到三相上，仍可使 $\boldsymbol{I}_{\Sigma Z}=0$。

这就有效地解决了漏电保护和供电这一对矛盾，不仅在故障情况下漏电保护器动作灵敏可靠，而且在无故障时，供电连续可靠。

显然，分配用户是手段，使三相对地阻抗接近或相等才是目的。在实际工作中应注意：均衡分配用户不仅仅是形式上看来每相接单相负荷用户总数的1/3，而且要把其中漏电情况在同一等级的用户也均衡地分配到三相上。例如某村单相用户300户，其中240户用电水平一般，日用电时间较短，线路质量较差；30户用电水平较高，日用电时间较长，线路质量较好；30户地埋线，泄漏电流较大，则每相上应接这三类用户的各三分之一。只要这样做了，必能大幅度地减少漏电保护器的非正确动作次数，使其运行比较理想。

从必要性和可行性上分析：供电线路或多或少总要漏一些电，即在正常情况下线路总存在某一量值水平的漏电流。要降低这一水平是异常艰难的，且容易反复，往往事倍功半。而把单相负荷用户尽量均衡地分配到三相上，使三相对地阻抗接近，则简单易行，且便于管理、便于完善提高，收到事半功倍的效果。因此，后者不仅非常必要，而且切实可行。

调整单相负荷用户前要先行调查研究、制定方案。调整时要测出各户线路的对地绝缘阻抗，摸清各户的用电负荷情况，并记录在册，这样调整一遍即建立起用户档案。以后发展用户时要顾及三相上的单相负荷用户平衡，定期调整，不断完善提高。

二、实例

某县一些农村按上述原理，动手调整单相负荷用户，明显提高了总保护运行率。现举两例。

某村庄，1500 余口人，用电的 250 户（三相动力用户除外），已用电二十年，低压线路质量较好。以前全村用一台 DBL－2 型漏电继电器做总保护，其额定漏电动作电流为 30～120mA，因跳闸频繁。后又购置了 3 台该型漏电保护器，安装在四条引出干线上，形成四路分路保护，每路均为五线供电，其中一线专供照明等单相负荷用户。满以为这下保护器能够运行得理想了，但事实并非如此：四路中除一路因只接了 4 户运行较好外，其余三路即使保护器的额定漏电动作电流 $I_{\Delta n}$ 选择得最大（120mA），仍频繁跳闸，阴雨天则根本送不上电。县局去人会同该乡供电所、该村电工一起查找原因，制定整改规划，一起用了两天时间，将照明等单相负荷用户比较均衡地分配到每条引出干线的三相上，使各相的对地阻抗接近，原单相负荷用户专线闲置不用。整改后的各路，在阴雨天，$I_{\Delta n}$ 选择得最小（30mA），均能正常运行，效果令人满意，详见表 4－10。

表 4－10　某村庄调整照明等单相负荷用户前后情况

线路	调整前		调整后	
	用户数	该路保护工作情况	用户数	该路保护工作情况
北	34	$I_{\Delta n}$ 置于最大（120mA），频繁跳闸	34	$I_{\Delta n}$ 置于最小（30mA），在阴雨天，正常运行
南	69	$I_{\Delta n}$ 置于最大（120mA），频繁跳闸	69	$I_{\Delta n}$ 置于最小（30mA），在阴雨天，正常运行
东低	143	$I_{\Delta n}$ 置于最大（120mA），仍送不上电	123	$I_{\Delta n}$ 置于最小（30mA），在阴雨天，正常运行
东高	4	$I_{\Delta n}$ 置于 50mA，正常运行	24	$I_{\Delta n}$ 置于最小（30mA），在阴雨天，正常运行

某村，2600 余口人，该村用 3 台 DBL－2 型漏电继电器，安装在 3 条引出干线上，形成 3 路分路保护，均为即使保护器的额定漏电动作电流 $I_{\Delta n}$ 选择的最大（120mA），仍频繁跳闸，阴雨天

则根本送不上电。县局去人和该乡供电所、该村电工一起查找原因，嘱电工将照明等单相负荷用户均衡地分配到每条引出干线的三相上。电工用了4天时间，基本调平，调平后各路$I_{\Delta n}$选择的最小（30mA），均正常运行。

第十节 配电台区漏电故障浅析

低压配电台区线路设备包括五段：① 配电变压器低压侧绕组；② 低压计量箱；③ 配电屏（上部）进线；④ 配电屏；⑤ 配电屏（下部）出线（一般用地埋线连接到低压架空线路）。由于线路设备密集和低压漏电总保护夹杂其中，情况比较复杂，发生漏电故障时一些人不会分析处理，以致故障较长时间存在不能消除。而该范围又是电工和农电职工经常工作之地，其危害不可小觑，既可能造成电工等人身触电伤亡，又长期电能入地造成电能损耗使线损率升高。

一、低压漏电总保护安装形式与保护范围

农网改造后，农村低压漏电总保护通常有两种形式：少数采用一台总保护器，安装在电源中性点接地线上；多数采用数台总保护器，安装在各条引出干线上（分路全部保护起来构成总保护），注意其保护范围有差异：前者保护的是整个低压电网，包括配电变压器外壳漏电，低压计量箱至配电屏间的漏电，发生漏电时总保护动作，但只能切断交流接触器以下的线路的电源；后者则只保护总保护器的零序电流互感器出线端以下的低压线路。

对于前者而言，配电台区发生漏电故障时能报警（总保护一开即跳闸，送不上电）或保护（切断交流接触器以下的线路的电源）；而后者，发生漏电故障时，除配电屏（下部）出线，均无保护。因此，为了避免意外电击伤害，首先配电变压器外壳和配电屏金属框架要良好接地，其次要采取技术措施，及时发现和处理漏电故障。

二、故障部位判定

根据是否麻电大致定位，之后测对地电压验证，最终判定漏电部位的方法，因情况复杂，如接地使呈现的电压降低，要分清是强电还是静电等，很迷惑人，需要技术水平较高的电工才能处理。

建议借助漏电保护技术来处理，即对于采用一台总保护器，安装在电源中性点接地线上的方式，根据总保护动作情况，按图4－16步骤来判定。对于分路保护方式，可找来一台漏电继电器，接上工作电源（电源来至配电屏进线），但输出悬空（即不接执行元件交流接触器），探头（零序电流互感器）穿过电源中性点接地线，根据该总保护动作（跳闸指示灯亮否及继电器动作声音）情况，同样按图4－16步骤来判定。

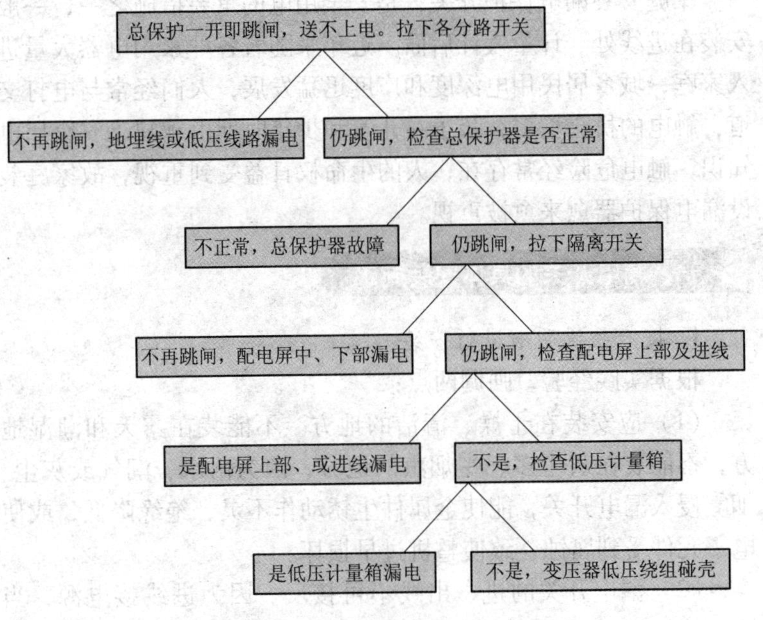

图4－16　配电台区漏电判定步骤

三、经常监视配电台区漏电情况

谁也不知漏电何时会发生，因此，经常监视配电台区漏电情况是必要的。其实，对于现在占大多数的分路保护方式，可专用一台漏电继电器，做配电台区漏电监视继电器，其输出可悬空，也可接声音报警装置，如小容量变压器和喇叭、蜂鸣器等。这样做有四项好处：① 及时发现配电台区的漏电故障，提醒电工及时排除，保证电工安全工作，② 避免漏电损失；③ 便于判断漏电故障范围，配电台区还是低压线路；④ 不影响低压电网供电。

第十一节　漏电保护开关安装、运行管理技术要点

家庭安装漏电保护开关，是安全用电的重要措施之一，一般安装在进线处、计量表计后面。近年来随着各种家用电器大量进入家庭，城乡居民用电深度和广度迅猛发展，人们经常与电打交道，触电的机会增多；孩子在儿童和少年时期由于缺乏安全用电知识，触电危险经常存在；人的生命权日益受到重视，故家庭装设漏电保护器愈来愈被重视。

一、漏电开关的具体安装施工

1. 按产品说明书进行安装

根据实践经验，强调两点：

（1）应安装在干燥、清洁的地方。不能装在露天和潮湿地方，不能装在灰尘多、受烟熏的地方，因为雨水、潮气或灰尘、烟雾侵入漏电开关，能使金属件生锈动作不灵、绝缘降低，或使电子元件受到腐蚀，致使整机过早损坏。

（2）漏电开关的进、出线不可接反。因为进线接电源，当漏电开关跳闸后，其辅助电源亦断开，其内晶闸管瞬间导通不会损坏；若出线接电源，跳闸后辅助电源不能断开，晶闸管有一特

性，就是导通后即使触发信号消失，仍旧保持导通状态，则晶闸管因较长时间导通而烧毁，整机因而损坏。

2. 应由电工动手安装

因电工有一定的电气知识和电力工作经验，能选择恰当位置、安装正确、走线美观、出现问题可当即处理。

3. 安装中可能出现的问题及处理方法

（1）按“试跳按钮”不会动作。检查电源和接线，若均无问题，则是漏电开关故障，换新。

（2）安上后合上开关即动作，送不上电。先检查电源电压，看是否过压引起漏电开关动作；若电压正常，退掉负载线，若一开仍跳，系漏电开关故障，换新，若不跳，系被保护的线路泄漏过大，超过漏电开关的额定漏电动作电流。

线路泄漏过大，先查有无明显接地故障点，如家中是否装有小水泵，有无电线敷设在潮湿的墙面上，有无一线一地照明，有无装置带电麻人等，一般能迅速确定。若无明显故障点，可用“中点断开法”查找隐蔽故障：把全部线路的中点断开，确定漏电在前段还是在后段，然后把故障段中点断开，看何处漏电，依此类推，一般能较快查出。

二、在农村（居民小区）普遍安装效果好

以前，有的地方在推广末端保护工作中，县电业局把家用单相漏电开关平均分到各乡，乡供电所再给各用电村都分一点，村电工指定部分照明户安装，此种方法不妥：一是容易被用电农户误解，因而推诿抗拒，勉强装上也不用心维护。二是因末端未全部保护，配电台区总保护仍着重于直接保护，不能将其动作电流放大和动作时间延迟，因而仍动作频繁，末端保护动作总保护也动作，使人们看不到安装末端保护的效果。

应结合新农村电气化改造，在农村（居民小区）一次性完成末端保护，所有照明户都安装家用单相漏电开关，动力户都安装三相三线或三相四线漏电开关。这样既减少了群众间、群众和

电工、村干部间的矛盾，减少了推广末端保护的阻力；又便于公开宣传、制定制度、加强管理；且可报县局将配电台区总保护的动作电流放大、动作时间延迟，总保护主要进行间接接触保护，一般很少动作，这样既提高了漏电保护的灵敏度，又提高了供电可靠性。必将受到干部群众的普遍欢迎。

三、数家共用一台单相漏电开关弊病较多

在供数家用电的末端分支上安装一台单相漏电开关，有减少群众开支的优点，但缺点较多。

（1）因不是自家的，故管理维护的热情不高，尤其是损坏后都不管。

（2）一家接地，漏电开关跳闸，影响别家供电。且由于家庭多漏电大，跳闸几率高。

（3）某家接地，查找故障点不易，几家互相抱怨，有的为供电甚至人为使开关跳不了闸，造成漏电开关损坏，或干脆将漏电开关退出。

（4）一般单相漏电开关的容量较小，而几家的负荷电流加起来就较大，容易烧坏开关触头。

因之，应提倡一家安装一台单相漏电开关。一台单相漏电开关仅售 20 余元，一般家庭都买得起。

四、过压型漏电开关的使用问题

照明电路的电压，按规定应保持在 198～235V（－10%～＋7%），但在某种情况下会异常升高，如把 220V 电压误接成 380V 电压，因中性线断开造成三相电压不对称致使照明电路的电压升至 300V 左右等。电压异常升高对用电器的危害非常严重，特别是随着家用电器日益普及，高档家用电器大量进入家庭，人们渴望在电压异常升高到足以危害家用电器的情况下受到保护，故附有过电压保护功能的漏电开关将日益受到欢迎。

当然家用漏电开关的过压动作值低些保护效果好，但由于一

般农村用电的峰谷差要比城市大得多，故也不能太低影响供电。综合考虑：在有较大的连续负荷、电压变化不大地方，推荐使用过压动作值260V的过压型漏电开关。电压变化大地方，则应选用过压动作值较高的产品，如280V。

五、漏电开关与熔丝的关系

1. 装上漏电开关后熔丝仍然必要

有的农村推广末端保护后，不再重视熔丝，电线直通或把熔丝摆得很粗，这是十分错误的。根据漏电保护原理，用电器中流过的电流是系统电流，它不能引起漏电保护器动作。一般家用单相漏电开关内部不设过流保护，即使家庭线路中的电流超过了漏电开关的额定电流，只会烧毁漏电开关（烧坏主开关触点、烧断电源线等），但只要漏电（即漏出系统的剩余电流）没有达到额定漏电动作电流值，漏电开关就不动作，不予保护。

因此，电线直通或把熔丝摆得很粗，就无过流保护或减弱保护能力，这样当线路中发生过载和短路故障时，电流过大，就有可能烧坏用电器、线路、漏电开关和电能表等，造成较严重的后果。以前某乡供电所曾对辖区村庄家用单相漏电开关损坏情况及其原因进行调查分析，发现二三年内烧坏的占安装总数的31.2%，不能正常运行而被退出的占27.6%，产品质量问题仅占1.3%；在烧坏的漏电开关中，因短路烧坏的较多，因长时间过载运行而烧坏的次之。这应引起各级电业部门和电工的注意。

漏电保护器和熔丝各有分工、各司其职、共保安全、缺一不可，所以，装上漏电开关的家庭，仍要重视熔丝的作用，按规定摆好熔丝。

2. 漏电开关应装在熔丝之前

漏电开关应装在熔丝之前还是熔丝之后？过去一般认为应装在熔丝之后，这样漏电开关本身的短路可以由前面的熔丝来保护。但对需要辅助电源的漏电开关来讲，由于目前绝大多数家庭中，相线和中性线都装有熔丝，这就会带来一种潜在的危险：若发生短路故障只烧断了中性线上的熔丝，而未烧断相线上的熔丝，这时家庭内的单相电气设备虽然都不能工作了，但电线对地仍有220V的高电位（不但相线上有，只要接有负载，中性线上也有），这时人触及任何一根线都会触电的，而这时单相漏电开关由于辅助电源供不上电而不能工作，起不了应有的保护作用。

若将漏电开关安装在熔丝之前，则可避免上述弊病。因此，权衡利弊，在家庭中安装需要辅助电源的漏电开关时，还是装在熔丝之前为好。若必须安装在熔丝之后，则应分清相线和中性线，把相线上的熔丝摆得小于中性线，或中性线直通不摆熔丝。

六、三相漏电开关

三相漏电开关就其构造原理而言，和家用单相漏电开关并无原则区别，只是主开关的极数比较多，且额定电流比较大，它也是由漏电检测元件、信号鉴别、放大、执行元件和主开关组合成一体的装置。型式有三相三线、三相四线等，额定电流有40、63、100、250A几个等级。目前三相漏电开关的主开关一般采用塑料外壳式空气开关，该开关本身具有过载、短路保护功能，将开关外壳加长，纳入漏电保护功能，所以三相漏电开关一般为多功能保护开关。空气开关是低压开关中性能较完善的开关，尤其是其主触头灭弧性能好，通断能力强，可靠耐用；漏电开关接线仍如空气开关，简洁明了，故三相漏电开关最适于做分路、分支保护和动力房保护。

近年来三相漏电开关经过改进提高，又出现了能自动合闸的新产品，如JD6－Ⅲ配电综合保护器等，能区分缓变漏电和突变漏电，跳闸后延时30～60s自动重合闸，除有过载、短路保护功能外，还有缺相、欠压等保护功能。

七、运行中可能出现的问题及处理方法

漏电开关运行中出现的故障主要是两类：不会动作和合上开关即动作送不上电。可参照本节前述安装中可能出现的问题及处

理方法步骤处理。

第十二节　漏电保护开关的维修

家用漏电保护开关使用量很大，因处在家庭线路首端受到的扰动较多，当发生过负荷烧坏、使用不当损坏、因内部元件质量问题过早损坏等时，就存在修理问题。

一、漏电开关的工作原理

常用的漏电开关按极数（即主开关触点组数）可分为单相漏电开关（二极）、三相漏电开关（三极）和三相四线漏电开关（四极），按用途又可分为家用漏电开关和动力房用、分路、分支用漏电开关。其结构原理基本相同，只是极数、容量上有差别。漏电开关一般用断路器 QF 做主开关，故漏电开关又叫漏电断路器。

（一）家用单相漏电开关

家用单相漏电开关是一种最简单的漏电保护器。它采用二极开关，且其容量适合于一个家庭的单相负荷，一般为 10A，也有 20、32、40A 的；它的额定漏电动作电流按直接接触保护的要求来确定，一般为 30mA，大容量有用 50mA 的。主要用于单相供电的各家庭用户。

家用单相漏电开关工作原理如图 4－17 所示，当有人触电时 I_1 与 I_2 的矢量和不为 0，零序电流互感器 TA 感生出信号，经电子电路检测放大，漏电脱扣器 TR 通电吸合，主开关 QF 机构脱扣触点释放，切断故障电流。试跳电阻 R 和试跳按钮 SE 组成试跳电路，当按下 SE 时亦因 TA 后两线合成电流矢量不为零，漏电开关动作。

目前电子式家用单相漏电开关产品，多数为零序电流互感器 TA 输出信号直接触发单向晶闸管形式，称为晶闸管式家用单相漏电开关，其典型电路图如图 4－18 所示，图中 RV 为压敏电阻，V 为晶闸管，系主要元件。

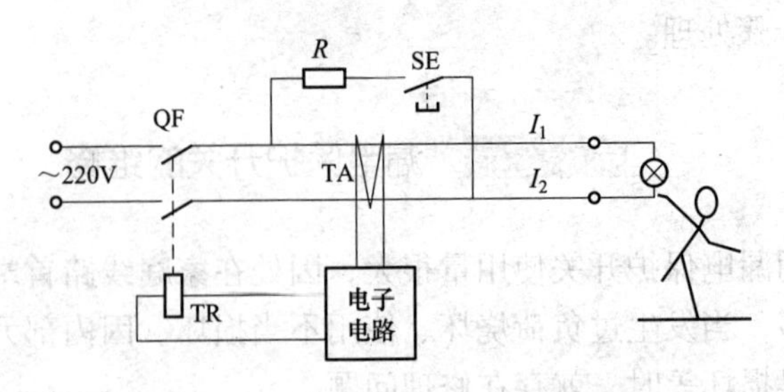

图 4－17　家用单相漏电开关工作原理

QF—断路器；TR—漏电脱扣器；

SE—试跳按钮；TA—零序电流互感器

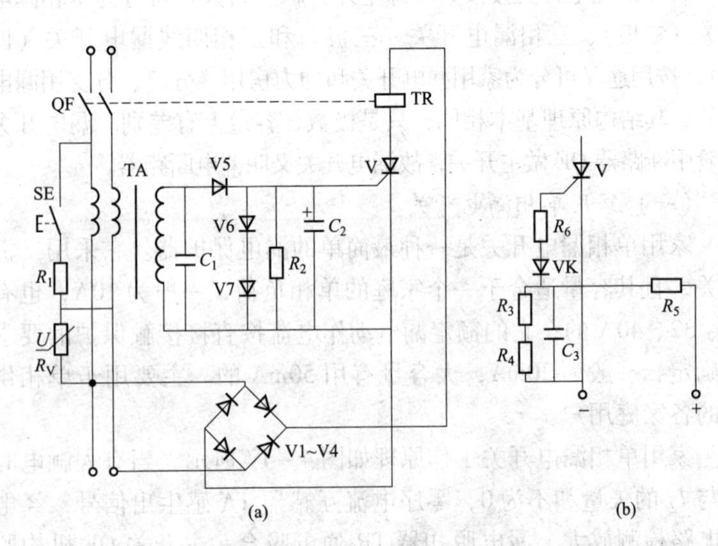

图 4－18　晶闸管式家用单相漏电开关典型电路图

（a）漏电信号回路；（b）过压信号回路

晶闸管式漏电开关的漏电信号回路如图 4－18（a）所示。辅助电源从主电源引入，经 V1 ~ V4 桥式整流，为行使信号检测、执行等功能的电子元器件提供能源。正常工作时，负载电流流进等于流出，零序电流互感器 TA 无信号输出，晶闸管 V 阳极—阴极呈阻断状态，脱扣线圈中无电流通过，主开关 QF 触点闭合正常送电。当发生触、漏电故障，TA 输出信号达到晶闸管触发值，晶闸管被触发，其阳极－阴极转为饱和导通，脱扣线圈通过电流，脱扣器 TR（由线圈和铁心组成）产生磁力拉动脱扣机构，主开关跳闸，断开电源。

TA 二次绕组两端晶闸管触发极－阴极间并联的电容的作用是：该电容和绕组一起组成感容并联谐振电路，若它们的参数选择适当，则对 50Hz 的交流信号谐振，使 50Hz 的触、漏电信号获得最大输出，而抑制其他频率的干扰信号，从而提高抗干扰性能。

晶闸管触发极－阴极间常并联有两个电容，一个（C_2）容量较大（μF 级），为低频抗干扰电容；另一个（C_1）容量较小（pF 级），为高频抗干扰电容。这是因为较大容量的电容一般具有一定的电感，抗高频干扰信号的作用较差。

晶体二极管 V5 对信号整流，还限制过小信号通过，减少误动作；V6 和 V7 串联，使过大的信号电压旁路，起到保护晶闸管的作用；电阻 R_2 用来调整动作灵敏度。

压敏电阻 R_V 的作用是当电源进线上出现操作过电压和大气脉冲过电压时，将过电压吸收掉，避免晶闸管因阳极－阴极间过电压而误导通，造成保护器误动作。因此，晶闸管耐压值应大于压敏电阻额定电压值。

目前家用漏电开关正向多功能方向发展，其中一个重要功能是过电压保护。低压线路的电压在某种情况下会异常升高，如把 220V 电压误接成 380V 电压、由于某种原因中性线断开造成三相电压不对称等。电压异常升高对用电器的危害非常严重，特别是随着家用电器日益普及，高档家用电器大量进入家庭，人们渴望在电压异常升高到足以危害家用电器的情况下受到保护，故附有过电压保护功能的漏电开关将日益受到欢迎。农网改造后农村低压电网的电压比以前稳定了，故一般选用过电压动作值在 260～280V 左右的产品。

漏电开关的过电压取样电路一般采用电阻分压，过压 T 信号回路如图 4－18（b）所示，图中过电压信号和漏电信号触发同一只晶闸管，这种方案在漏电开关中被广泛采用。R_5 和 R_3、R_4 对信号分压，R_3、R_4 串联作为取样电阻，C_3 为抗干扰电容，VK 为触发二极管，R_6 为限流电阻。当取样电压高于晶闸管触发电压时，晶闸管导通，脱扣线圈得电，主开关动作。

（二）三相漏电开关

三相漏电开关就其构造原理而言，和家用单相漏电开关并无原则区别（也多为晶闸管式），只是主开关的极数比较多，且额定电流比较大，它也是由漏电检测元件、信号鉴别、执行元件和主开关组合成一体的装置。型式有三相三线、三相四线等，额定电流有 40、63、100、250A 几个等级。目前三相漏电开关的主开关一般采用塑料外壳式空气开关，该开关本身具有过载、短路保护功能，将开关外壳加长，纳入漏电保护功能，所以三相漏电开关一般为多功能保护开关。空气开关是低压开关中性能较完善的开关，尤其是其主触头灭弧性能好，通断能力强，可靠耐用；漏电开关接线仍如空气开关，简洁明了，故三相漏电开关最适于做分路、分支保护和动力房保护。近年来研制成功的带电动合闸机构的漏电开关，保留了空气开关的特点，增加了自动合闸送电功能，将发展成为漏电保护器的重要品种。

二、漏电开关的检修

漏电开关相对漏电继电器来说电路很简单，检修比较容易。其故障主要有两大类：不会动作和一开机即动作，下面分别叙述。下面以图 4－19 所示 GLBK－10 过压漏电保护开关为例叙述，其他家用漏电开关的具体检修步骤读者可参考本例自行研究制定。三相漏电开关的检修与此大同小异。

（一）不会动作

首先进行直观检查，发现问题即时处理。若未发现问题或处理后仍不行，可再用万用表检测判断。

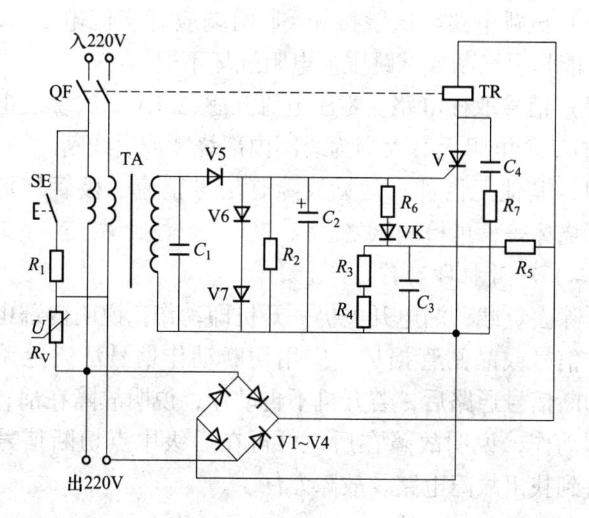

图 4－19　GLBK－10 过压漏电保护开关电路图

1. 直观检查

（1）电源进线是否接好。

（2）开关触头是否烧坏或接触不良。

（3）晶闸管是否烧坏。

（4）有无断线、断极、脱焊。

2. 用万用表检测

（1）电源电路。进电源交流 220V，经桥式整流后成为直流 210V，加于晶闸管阳、阴极间，可用万用表检测证实之。

1）若桥式整流电路前无 220V 交流电，可再测开关触点下面看有无，无，说明触点接触不良或电源没引入机内；有，说明引线断。

2）若前面交流电压正常，桥式整流电路后面无直流电压，说明有整流二极管损坏。

3）若前面交、直流电压均正常，晶闸管阳、阴极间无直流电压，说明开关脱扣线圈内部断线（线圈电阻为 150Ω，可用万用表检测证实之）。

（2）试跳电路。试跳按钮 SE 两端应有交流电压 220V，若无，可能是引线断或试跳限流电阻烧坏不通。

（3）信号取样电路。零序电流互感器 TA 二次绕组电阻应为 8Ω 左右，若电阻无穷大则为线圈内部烧断或引线断。

（4）其他元器件。常见故障有信号整流二极管烧坏、晶闸管内部烧坏等，可检测试之。

（二）一开机即动作

若除去负载，漏电开关仍一开机即动作，说明内部电路中存在动作信号或晶闸管损坏，应用切断动作信号法逐电路排除查找。切断信号通路后，若开机不再动作，说明故障在前；若仍一开机即动作，说明故障在后，可再在后级中点切断信号通路观之，直到找出故障电路及故障元件。

第十三节 农村配电台区及低压用户接地问题探讨

目前农村配电台区及低压用户的接地五花八门，存在许多问题。如工作接地和保护接地分别接地，接地电阻不合格，不能正确处理接地与漏电保护的关系等；一些农电职工和农村电工思想认识上有许多似是而非的东西，或概念不清，无所适从。因而存在诸多安全隐患，亟待解决。

一、基本知识和规定

农村配电台区及低压电网的接地分两大方面：一是工作接地，如配电变压器低压侧中性点直接接地，以构成 TT 系统。二是保护接地，又分为两类：一类如配电变压器外壳的接地，配电屏金属框架的接地，用电设备外壳的接地等，目的主要是防止发生人身触电伤亡事故。另一类是雷电保护接地，如避雷器下端接地，以保证落雷时雷电流顺畅入地，保护供用电设备线路。

规程规定各种接地装置的接地电阻如下。

（1）配电变压器低压侧中性点的工作接地电阻，100kVA 以上应小于 4Ω，100kVA 以下应小于 10Ω。

（2）保护配电变压器的 10kV 避雷器的接地电阻应小于 4Ω，保护低压线路设备的低压避雷器的接地电阻，不宜大于 10Ω。

（3）配电变压器外壳、配电屏金属框架的接地电阻应小于 10Ω。

（4）低压线路末端的用电设备外壳的接地电阻应小于 10Ω；在有末端漏电保护的情况下，接地电阻可小于 50V/0.2A = 250Ω。

二、配电台区三位一体接地问题

10kV 避雷器接地应与配电变压器外壳接地共用接地装置。

当接地装置的接地电阻不超过 4Ω 时，配电变压器低压侧中性点接地、10kV 避雷器接地和配电变压器外壳接地可共用接地装置，即三位一体接地。

有不少人对三位一体接地有错误认识，认为接在一起在受到雷击避雷器放电时，对变压器有害，其实恰恰相反。因接地装置总有一定的接地电阻，雷电流通过接地电阻时要产生电压降，采用三位一体接地，如图 4－20 所示，当避雷器放电时，高压端对变压器外壳、高压线圈对低压线圈之间的过电压（即避雷器放电时，两端的残压），等于避雷器上端的对地电压，减去接地装置的对地电压，即只有雷电压的一部分，这样过电压的数值比较小，且与接地电阻的大小无多大关系，比较安全。若是将 10kV 避雷器接在一个接地极上，而把配电变压器低压侧中性点与配电变压器外壳连在一起接在另一个接地极上，如图 4－21 所示，当避雷器放电时，变压器的绝缘介质所受到的过电压，除避雷器两端的残压外，还要加上避雷器接地装置的对地电压，即等于雷电的全部电压，增加了线圈绝缘击穿的可能性。因此三位一体接地既经济简便，又安全可靠。

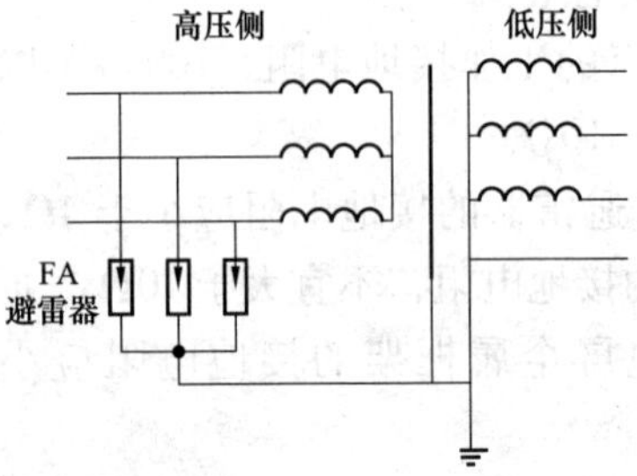

高压侧 低压侧

FA
避雷器

图4－20　三位一体接地

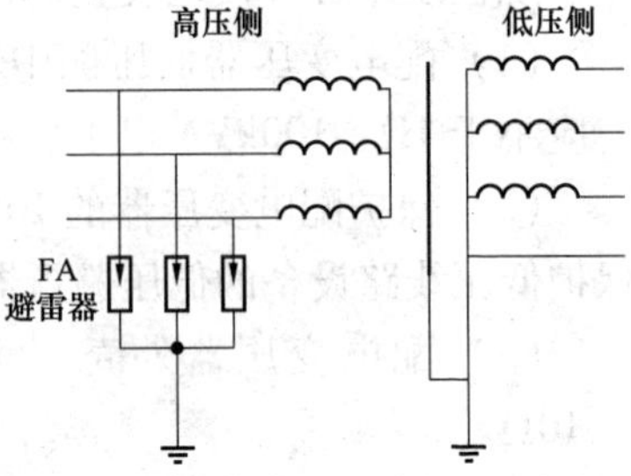

高压侧 低压侧

FA
避雷器

图4－21　分别接地

三、配电台区接地电阻问题

一些人在电线杆旁把一根角钢打入地下作接地极，这种情况下实测接地电阻都在10～30Ω，判定不合格，必须进行改造。从实践看，至少需三根角钢，间隔2m，打入地下2m深，然后采用扁钢以电焊方式把三根角钢连接起来，接地电阻才可能达到4Ω以下。

四、配电室内中性线接地问题

从低压计量箱出来的中性线要引入配电室，一些电工为了避免中性点在室外良好接地，灵敏度高造成的低压漏电总保护频繁动作问题，趁机在配电屏后面把一根角钢打入地下作接地极，把中性线压接在其上，完成中性点直接接地。这种情况由于接地极不合格，接地电阻超标，相当于中性点电阻性接地。其后果，一是中性线上有较高的电压；二是低压漏电总保护灵敏度低，三是整个低压电网的保护接地（雷电保护接地除外）效能降低。应予纠正，该中性线应接在室外合格的接地极上。

五、配电屏接地问题

配电屏接地又分两类：室内配电屏，由于电工经常在此工作，即使雷雨天气，有时也要操作开关等设备，为了避免意外电击伤害，配电屏金属框架最好单独接地，可在室外埋设接地极，连接到室内。室外配电柜，其外壳可接到三位一体共用接地极上，但雷雨天气不得操作、靠近。

配电屏金属框架应单独接地，而不应该再与中性线相接。若与中性线相接，则留下安全隐患：一是平时若中性线带有较高的电压，则配电屏金属框架上也带有；二是落雷时，接地装置的对地电压（即电压降）要反映到配电屏金属框架上；三是配电屏上遍布相线，有时裸相线与金属框架碰触，则发生短路，发出弧光和巨大声响，惊心动魄。而配电屏金属框架单独接地，就无上述弊病，更加安全。

六、漏电保护与保护接地的关系

保护接地是防止触电的传统技术措施。城乡低压电网的供用电设备的金属外壳直接接地，这时如果发生设备外壳带电故障，漏电流便可通过接地装置导入大地，从而把对地电压限制在较低水平（不超过50V），人触之麻电，但不至于伤亡。

漏电保护是传统保护的后备保护，漏电保护和保护接地相辅相成：发生漏电后，保护接地把对地电压限制在较低水平，漏电保护断电报警（如总保护器一开即跳闸，送不上电），提醒电工及时发现问题、处理问题。如果仅有接地保护，人们不能及时发现故障，触及漏电设备轻则麻电，重则（接地不良时）触电造成伤亡；如果仅有漏电保护，人在220V电压下触电，随之遇救，虽有惊无险，总不如无惊无险，何况有时漏电保护器也会出故障。因之，两者不能相互替代，装设漏电保护器后仍然要搞保护接地。

七、低压用户用电设备接地问题

当前线路末端低压用户的用电设备，如动力房的电动机、小企业的电热器具、家庭的洗衣机、电冰箱、电饭锅等家用电器，多数外壳没有接地。考虑到农民制作、埋设接地极不易，接地装置维护难以到位，如果各级按规定搞了漏电保护，如配电台区安装有总保护，家庭安装有漏电开关，则用电设备漏电后有两级保护，当无多大问题。

如果装设漏电保护器后仍进行保护接地，则多了一层安全屏障，可把人身触电伤亡事故降低到最低限度；且在有末端漏电保护的情况下，接地电阻小于 250Ω 即可，制作、埋设接地极比较容易做到。

第十四节 触电急救

触电急救的要诀是迅速、就地、准确、坚持。

所谓迅速，就是要争分夺秒，在保证抢救者安全的前提下，千方百计使触电者迅速脱离电源。这是抢救的关键步骤。

所谓就地，就是抢救人员必须在现场或附近就地抢救触电者，千万不能停止抢救而长途运送去医院。

（1）过去农村发生触电事故时，习惯于把触电者往乡镇卫生院、县医院送，结果无一救活。对病例进行比较分析发现：从触电时算起，如果在 5min 以内能赶到现场抢救，救生率可达 90% 左右；如果在 10min 以内赶到现场抢救，救生率只有 60% 左右；超过 15min 才抢救，则希望甚微。因此，救生的关键是就地抢救。

（2）可以及早与医疗急救中心（医疗部门）联系，争取医务人员接替救治。但在医务人员未接替救治前，不应放弃现场抢救；与医务人员接替时，应提醒医务人员在触电者转移到医院的过程中不得间断抢救。

所谓准确，就是施行心肺复苏法时动作要准确，否则就不能达到抢救的目的。

所谓坚持，就是抢救要坚持到底。只要有百分之一的希望，就要用万分努力，全力以赴。以前曾有抢救病例是用了 6h 才抢救成功的。不能只根据没有呼吸或脉搏的表现，擅自判定伤员死亡，放弃抢救。只有医生有权作出伤员死亡的诊断。

一、迅速脱离电源

（1）触电急救，首先要使触电者迅速脱离电源，越快越好。因为电流作用的时间越长，伤害越重。

（2）脱离电源，就是要把触电者接触的那一部分带电设备的所有断路器（开关）、隔离开关（刀闸）或其他断路设备断开；或设法将触电者与带电设备脱离开。在脱离电源过程中，救护人员也要注意保护自身的安全。如触电者处于高处，应采取相应措施，防止该伤员脱离电源后自高处坠落形成复合伤。

（3）低压触电可采用下列方法使触电者脱离电源。

1）如果触电地点附近有电源开关或电源插座，可立即拉开开关或拔出插头，断开电源。但应注意到拉线开关或墙壁开关等只控制一根线的开关，有可能因安装问题只能切断零线而没有断开电源的相线。

2）如果触电地点附近没有电源开关或电源插座（头），可用有绝缘柄的电工钳或有干燥木柄的斧头切断电线，断开电源。

3）当电线搭落在触电者身上或压在身下时，可用干燥的衣服、手套、绳索、皮带、木板、木棒等绝缘物作为工具，拉开触电者或挑开电线，使触电者脱离电源。

4）如果触电者的衣服是干燥的，又没有紧缠在身上，可以用一只手抓住他的衣服，拉离电源。但因触电者的身体是带电的，其鞋的绝缘也可能遭到破坏，救护人不得接触触电者的皮肤，也不能抓他的鞋。

5）若触电发生在低压带电的架空线路上或配电台架、进户线上，对可立即切断电源的，则应迅速断开电源，救护者迅速登杆或登至可靠地方，并做好自身防触电、防坠落安全措施，用带有绝缘胶柄的钢丝钳、绝缘物体或干燥不导电物体等工具将触电者脱离电源。

（4）高压触电可采用下列方法之一使触电者脱离电源。

1）立即通知有关供电单位或用户停电。

2）戴上绝缘手套，穿上绝缘靴，用相应电压等级的绝缘工具按顺序拉开电源开关或熔断器。

3）抛掷裸金属线使线路短路接地，迫使保护装置动作，断开电源。注意抛掷金属线之前，应先将金属线的一端固定可靠接地，然后另一端系上重物抛掷，注意抛掷的一端不可触及触电者和其他人。另外，抛掷者抛出线后，要迅速离开接地的金属线8m以外或双腿并拢站立，防止跨步电压伤人。在抛掷短路线时，应注意防止电弧伤人或断线危及人员安全。

（5）脱离电源后救护者应注意的事项。

1）救护人不可直接用手、其他金属及潮湿的物体作为救护工具，而应使用适当的绝缘工具。救护人最好用一只手操作，以防自己触电。

2）防止触电者脱离电源后可能的摔伤，特别是当触电者在高处的情况下，应考虑防止坠落的措施。即使触电者在平地，也要注意触电者倒下的方向，注意防摔。救护者也应注意救护中自身的防坠落、摔伤措施。

3）救护者在救护过程中特别是在杆上或高处抢救伤者时，要注意自身和被救者与附近带电体之间的安全距离，防止再次触及带电设备。电气设备、线路即使电源已断开，对未做安全措施挂上接地线的设备也应视作有电设备。救护人员登高时应随身携带必要的绝缘工具和牢固的绳索等。

4）如事故发生在夜间，应设置临时照明灯，以便于抢救，避免意外事故，但不能因此延误切除电源和进行急救的时间。

二、现场就地急救

触电者脱离电源以后，现场救护人员应迅速对触电者的伤情进行判断，对症抢救。同时设法联系医疗急救中心（医疗部门）的医生到现场接替救治。要根据触电伤员的不同情况，采用不同的急救方法。

（1）触电者神志清醒、有意识，心脏跳动，但呼吸急促、面色苍白，或曾一度电休克、但未失去知觉。此时不能用心肺复苏法抢救，应将触电者抬到空气新鲜、通风良好的地方躺下，安静休息1~2h，让他慢慢恢复正常。天凉时要注意保温，并随时观察呼吸、脉搏变化。条件允许，送医院进一步检查。

（2）触电者神志不清，判断意识无，有心跳，但呼吸停止或极微弱时，应立即用仰头抬颏法，使气道开放，并进行口对口人工呼吸。此时切记不能对触电者施行心脏按压。如此时不及时用人工呼吸法抢救，触电者将会因缺氧过久而引起心跳停止。

（3）触电者神志丧失，判定意识无，心跳停止，但有极微弱的呼吸时，应立即施行心肺复苏法抢救。不能认为尚有微弱呼吸，只需做胸外按压，因为这种微弱呼吸已起不到人体需要的氧交换作用，如不及时人工呼吸即会发生死亡，若能立即施行口对口人工呼吸法和胸外按压，就能抢救成功。

（4）触电者心跳、呼吸停止时，应立即进行心肺复苏法抢救，不得延误或中断。

（5）触电者和雷击伤者心跳、呼吸停止，并伴有其他外伤时，应先迅速进行心肺复苏急救，然后再处理外伤。

（6）发现杆塔上或高处有人触电，要争取时间及早在杆塔上或高处开始抢救。触电者脱离电源后，应迅速将伤员扶卧在救护人的安全带上（或在适当地方躺平），然后根据伤者的意识、呼吸及颈动脉搏动情况来进行前（1）~（5）项不同方式的急救。应提醒的是高处抢救触电者，迅速判断其意识和呼吸是否存在是十分重要的。若呼吸已停止，开放气道后立即口对口（鼻）吹气2次，再测试颈动脉，如有搏动，则每5s继续吹气1次；若颈动脉无搏动，可用空心拳头叩击心前区2次，促使心脏复跳。为使抢救更为有效，应立即设法将伤员营救至地面，并继续按心肺复苏法坚持抢救。

（7）触电者衣服被电弧光引燃时，应迅速扑灭其身上的火源，着火者切忌跑动，方法可利用衣服、被子、湿毛巾等扑火，必要时可就地躺下翻滚，使火扑灭。

三、心肺复苏法详述

1. 判断意识、呼救和体位放置

（1）判断伤员有无意识的方法。

1）轻轻拍打伤员肩部，高声喊叫，“喂！你怎么啦?”。

2）如认识，可直呼喊其姓名。有意识，立即送医院。

3）眼球固定、瞳孔散大，无反应时，立即用手指甲掐压人中穴、合谷穴约5s。

注意：以上3步动作应在10s以内完成，不可太长，伤员如出现眼球活动、四肢活动及疼痛感后，应即停止掐压穴位，拍打肩部不可用力太重，以防加重可能存在的骨折等损伤。

（2）呼救。一旦初步确定伤员意识丧失，应立即招呼周围的人前来协助抢救，哪怕周围无人，也应该大叫“来人啊！救命啊!”。

注意：一定要呼叫其他人来帮忙，因为一个人作心肺复苏术不可能坚持较长时间，而且劳累后动作易走样。叫来的人除协助作心肺复苏外，还应立即打电话给救护站或呼叫受过救护训练的人前来帮忙。

（3）放置体位。正确的抢救体位是仰卧位。患者头、颈、躯干平卧无扭曲，双手放于两侧躯干旁。

2. 通畅气道、判断呼吸与人工呼吸

（1）当发现触电者呼吸微弱或停止时，应立即通畅触电者的气道以促进触电者呼吸或便于抢救。通畅气道主要采用仰头举颏法。即一手置于前额使头部后仰，另一手的食指与中指置于下颌骨近下颏角处，抬起下颏。

注意：严禁用枕头等物垫在伤员头下；手指不要压迫伤员颈前部、颏下软组织，以防压迫气道，颈部上抬时不要过度伸展，有假牙托者应取出。儿童颈部易弯曲，过度抬颈反而使气道闭塞，因此不要抬颈牵拉过甚。成人头部后仰程度应为90°，儿童

头部后仰程度应为60°，婴儿头部后仰程度应为30°，颈椎有损伤的伤员应采用双下颌上提法。

检查伤员口、鼻腔，如有异物立即用手指清除。

（2）判断呼吸。触电伤员如意识丧失，应在开放气道后10s内用看、听、试的方法判定伤员有无呼吸。

1）看：看伤员的胸、腹壁有无呼吸起伏动作。

2）听：用耳贴近伤员的口鼻处，听有无呼气声音。

3）试：用颜面部的感觉测试口鼻部有无呼气气流。

若无上述体征可确定无呼吸。一旦确定无呼吸后，立即进行两次人工呼吸。

（3）口对口（鼻）呼吸。当判断伤员确实不存在呼吸时，应即进行口对口（鼻）的人工呼吸，其具体方法如下。

1）在保持呼吸通畅的位置下进行。用按于前额一手的拇指与食指，捏住伤员鼻孔（或鼻翼）下端，以防气体从口腔内经鼻孔逸出，施救者深吸一口气屏住并用自己的嘴唇包住（套住）伤员微张的嘴。

2）每次向伤员口中吹（呵）气持续1~1.5s，同时仔细地观察伤员胸部有无起伏，如无起伏，说明气未吹进。

3）一次吹气完毕后，应即与伤员口部脱离，轻轻抬起头部，面向伤员胸部，吸入新鲜空气，以便做下一次人工呼吸。同时使伤员的口张开，捏鼻的手也可放松，以便伤员从鼻孔通气，观察伤员胸部向下恢复时，则有气流从伤员口腔排出。

抢救一开始，应即向伤员先吹气两口，吹气时胸廓隆起者，人工呼吸有效；吹气无起伏者，则气道通畅不够，或鼻孔处漏气、或吹气不足、或气道有梗阻，应及时纠正。

注意：① 每次吹气量不要过大，约600mL（6~7mL/kg），大于1200mL会造成胃扩张；② 吹气时不要按压胸部；③ 儿童伤员需视年龄不同而异，其吹气量约为500mL，以胸廓能上抬时为宜；④ 抢救一开始的首次吹气两次，每次时间1~1.5s；⑤ 有脉搏无呼吸的伤员，则每5s吹一口气，每分钟吹气12次；⑥ 口对鼻的人工呼吸，适用于有严重的下颌及嘴唇外伤，牙关紧闭，下颌骨骨折等情况的伤员，难以采用口对口吹气法；⑦ 婴、幼儿急救操作时要注意，因婴、幼儿韧带、肌肉松弛，故头不可过度后仰，以免气管受压，影响气道通畅，可用一手托颈，以保持气道平直；另一方面婴、幼儿口鼻开口均较小，位置又很靠近，抢救者可用口贴住婴、幼儿口与鼻的开口处，施行口对口鼻呼吸。

3. 判断伤员有无脉搏与胸外心脏按压

（1）脉搏判断。在检查伤员的意识、呼吸、气道之后，应对伤员的脉搏进行检查，以判断伤员的心脏跳动情况（非专业救护人员可不进行脉搏检查，对无呼吸、无反应、无意识的伤员立即实施心肺复苏），具体方法如下。

1）在开放气道的位置下进行（首次人工呼吸后）。

2）一手置于伤员前额，使头部保持后仰，另一手在靠近抢救者一侧触摸颈动脉。

3）可用食指及中指指尖先触及气管正中部位，男性可先触及喉结，然后向两侧滑移 2～3cm，在气管旁软组织处轻轻触摸颈动脉搏动。

注意：① 触摸颈动脉不能用力过大，以免推移颈动脉，妨碍触及；② 不要同时触摸两侧颈动脉，造成头部供血中断；③ 不要压迫气管，造成呼吸道阻塞；④ 检查时间不要超过 10s；⑤ 未触及搏动：心跳已停止，或触摸位置有错误；触及搏动：有脉搏、心跳，或触摸感觉错误（可能将自己手指的搏动感觉为伤员脉搏）；⑥ 判断应综合审定：如无意识，无呼吸，瞳孔散大，面色紫绀或苍白，再加上触不到脉搏，可以判定心跳已经停止；⑦ 婴幼儿因颈部肥胖，颈动脉不易触及，可检查肱动脉。肱动脉位于上臂内侧腋窝和肘关节之间的中点，用食指和中指轻压在内侧，即可感觉到脉搏。

（2）胸外心脏按压。在对心脏停止者未进行按压前，先手握空心拳，快速垂直击打伤员胸前区胸骨中下段 1～2 次，每次 1～

2s，力量中等，若无效，则立即胸外心脏按压，不能耽误时间。

1）按压部位。胸骨中1/3与下1/3交界处。

2）伤员体位。伤员应仰卧于硬板床或地上。

3）按压姿势。抢救者双臂绷直，双肩在伤员胸骨上方正中，靠自身重量垂直向下按压。

4）按压用力方式：① 按压应平稳，有节律地进行，不能间断；② 不能冲击式的猛压；③ 下压及向上放松的时间应相等，压按至最低点处，应有一明显的停顿；④ 垂直用力向下，不要左右摆动；⑤ 放松时定位的手掌根部不要离开胸骨定位点，但应尽量放松，务使胸骨不受任何压力。

5）按压频率。按压频率应保持在100次/min。

6）按压与人工呼吸比例。按压与人工呼吸的比例关系通常是，成人为30∶2，婴儿、儿童为15∶2。

7）按压深度。通常，成人伤员为4～5cm，5～13岁伤员为3cm，婴幼儿伤员为2cm。

4. 心肺复苏法注意事项

(1) 吹气不能在向下按压心脏的同时进行。数口诀的速度应均衡，避免快慢不一。

(2) 操作者应站在触电者侧面便于操作的位置，单人急救时应站立在触电者的肩部位置；双人急救时，吹气人应站在触电者的头部，按压心脏者应站在触电者胸部、与吹气者相对的一侧。

(3) 人工呼吸者与心脏按压者可以互换位置，互换操作，但中断时间不超过5s。

(4) 第二抢救者到现场后，应首先检查颈动脉搏动，然后再开始做人工呼吸。如心脏按压有效，则应触及到搏动，如不能触及，应观察心脏按压者的技术操作是否正确，必要时应增加按压深度及重新定位。

(5) 可以由第三抢救者及更多的抢救人员轮换操作，以保持精力充沛、姿势正确。

四、心肺复苏的有效指标、转移和终止

1. 心肺复苏的有效指标

心肺复苏术操作是否正确，主要靠平时严格训练，掌握正确的方法。而在急救中判断复苏是否有效，可以根据以下五方面综合考虑。

（1）瞳孔。复苏有效时，可见伤员瞳孔由大变小。如瞳孔由小变大、固定、角膜混浊，则说明复苏无效。

（2）面色（口唇）。复苏有效，可见伤员面色由紫绀转为红润，如若变为灰白，则说明复苏无效。

（3）颈动脉搏动。按压有效时，每一次按压可以摸到一次搏动，如若停止按压，搏动亦消失，应继续进行心脏按压；如若停止按压后，脉搏仍然跳动，则说明伤员心跳已恢复。

（4）神志。复苏有效，可见伤员有眼球活动，睫毛反射与对光反射出现，甚至手脚开始抽动，肌张力增加。

（5）出现自主呼吸。伤员自主呼吸出现，并不意味可以停止人工呼吸。如果自主呼吸微弱，仍应坚持口对口呼吸。

2. 转移和终止

（1）转移。在现场抢救时，应力争抢救时间，切勿为了方便或让伤员舒服去移动伤员，从而延误现场抢救的时间。

现场心肺复苏应坚持不断地进行，抢救者不应频繁更换，即使送往医院途中也应继续进行。鼻导管给氧绝不能代替心肺复苏术。如需将伤员由现场移往室内，中断操作时间不得超过7s；通道狭窄、上下楼层、送上救护车等的操作中断不得超过30s。

将心跳、呼吸恢复的伤员用救护车送医院时，应在伤员背部放一块长、宽适当的硬板，以备随时进行心肺复苏。将伤员送到医院而专业人员尚未接手前，仍应继续进行心肺复苏。

（2）终止。何时终止心肺复苏是一个涉及医疗、社会、道德等方面的问题。不论在什么情况下，终止心肺复苏，决定于医生，或医生组成的抢救组的首席医生。否则不得放弃抢救。高压

或超高压电击的伤员心跳、呼吸停止，更不应随意放弃抢救。

3. 电击伤伤员的心脏监护

被电击伤并经过心肺复苏抢救成功的伤员，应让其充分休息，并在医务人员指导下进行不少于48h的心脏监护。因为伤员在被电击过程中，由于电压、电流、频率的直接影响和组织损伤而产生的高钾血症，以及由于缺氧等因素，引起的心肌损害和心律失常，经过心肺复苏抢救，在心跳恢复后，有的伤员还可能会出现“继发性心脏跳停止”，故应进行心脏监护，以对心律失常和高钾血症的伤员及时予以治疗。

五、抢救过程注意事项

（1）抢救过程中的再判定。

1）按压吹气2min后（相当于单人抢救时做了5个30∶2压吹循环），应用看、听、试方法在5～10s时间内完成对伤员呼吸和心跳是否恢复的再判定。

2）若判定颈动脉已有搏动但无呼吸，则暂停胸外按压，而再进行2次口对口人工呼吸，接着每5s吹气一次（即每分钟12次）。如脉搏和呼吸均未恢复，则继续坚持心肺复苏法抢救。

3）抢救过程中，要每隔数分钟再判定一次，每次判定时间均不得超过5～10s。在医务人员未接替抢救前，现场抢救人员不得放弃现场抢救。

（2）现场触电抢救，对采用肾上腺素等药物应持慎重态度。如没有必要的诊断设备条件和足够的把握，不得乱用。在医院内抢救触电者时，由医务人员经医疗仪器设备诊断，根据诊断结果决定是否采用。

第五章

降损节电技术实践

第一节 线损基础知识

安全供电、降低线损是供电部门永恒的主题，多供少损是供电企业的努力方向，市县供电企业的一切工作都是围绕“多供少损”来开展的。

一、线损

从发电厂发出来的电能，在通过电网输送、变压、配电的过程中所造成的损耗，就叫做线损。即，电网的线损 = 发电厂（站）发出来的输入电网的电能量 - 电力用户消耗的电能量。表面上看把电网的电能损耗叫“网损”、把线路上的电能损耗叫“线损”更确切些，但考虑到感性元件的线圈也是导线，开关的刀片也是导体，“线损”更有深意。

线损在理论上的特点，是电能以热能和电晕的形式散失于电网元件的周围空间。这就是说，电力网的线损是一种客观存在的物理现象，这是线损电量中不可避免的部分。但是，线损电量中还有可以避免和不合理的部分，因此，各级电网、同级各个电网的线损，大小是有区别的，管理部门可以采取措施使它降低到合理值之内。

二、线损率

电网中的线损电量对电网购电量（或供电量）之百分比，

称为线路损失率，简称线损率。即

$$线损率\% = (电网线损电量/电网购电量) \times 100\%$$

式中，电量的单位为千瓦时或万千瓦时。

其中线损电量不能直接计量，它是用购电量与售电量相减计算出的，统计学上称为余量法。故在实际工作中，线损率依下式算出

$$\begin{aligned}线损率\% &= [(购电量 - 售电量)/购电量] \times 100\% \\ &= [1 - (售电量/购电量)] \times 100\%\end{aligned}$$

对于低压电网，购电量为低压计量箱中表计抄见电量，售电量为低压电力用户电能表抄见电量之和；对于中压电网，购电量为变电站线路首端表计抄见电量，售电量为低压计量箱中表计抄见电量之和。市县供电企业一般管理模式为每月月初同步抄一次各关口电能表，算出当月的各级线损率。把数个月（如一季度3个月、半年6个月、一年12个月）的购、售电量加起来，可算出该时期（季度、半年、年度）的平均线损率；乡镇供电所和农电工为加强管理有时几天抄一次表，算出该时段的线损率。

由于线损率不同于线损电量，它是一个用百分比表示的相对值，因此线损率是衡量电网结构与布局是否合理、运行是否经济的一个重要参数，是考核供电企业经营管理和技术管理水平是否先进及工作成效大小的一项重要技术经济指标。

三、电网线损产生的原因

电网中电能损耗产生的原因，归纳起来，主要有三个方面的因素：电阻作用、磁场作用和管理方面的因素等。

1. 电阻作用

由于电路中存在电阻，所以电能在传输中，电流必须克服电阻的阻碍作用而流动，也就是说，必须产生电能损耗。随之引起导体温度升高和发热，即电能转换为热能，并以热能的形式散发于周围的介质中。因这种损耗是由导体电阻对电流的阻碍作用而引起的，故称为电阻损耗；又因这种损耗是随着导体中通过的电流的大小而变化的，故又称为可变损耗。

2. 磁场作用

在交流电路中，电流通过电气设备，使之建立并维持磁场，电气设备才能正常运转，带上负载而做功。如电动机需要建立并维持旋转磁场，才能正常运转，带动机械负载做功。又如变压器需要建立并维持交变磁场，才能起到升压或降压的作用，把电能输送到远方，而后又把电能变压为便于用户使用的电能。众所周知，在交流电路系统中，电流通过电气设备，电气设备吸取并消耗系统的无功功率，建立并维持磁场的过程，即是电磁转换过程。在这一过程中，由于磁场的作用，在电气设备的铁心中产生磁滞和涡流现象，使电气设备的铁心温度升高和发热，从而产生了电能损耗。因这种损耗是交流电在电气设备铁心中为建立和维持磁场而产生的，故称为励磁损耗（涡流损耗相比之下很小）；又因这种损耗与电气设备通过的电流大小无关，而与设备接入的电网电压等级有关，即电网电压等级固定，这种损耗亦固定，故又称之为固定损耗。

3. 管理方面的因素

电业管理部门线损管理制度不健全，管理水平落后，致使工作中出现一些漏洞。就低压线损管理领域来说，例如：疏于管理，用户有违章用电和窃电；社会风气差，有权利电、关系电、恶霸电；电工舞弊，临时用电不上报；电网绝缘水平差，有漏电；计量表计有误差，抄表及核算有差错等，结果导致线损电量中的不合理成分增大，给电业部门造成了损失。由于这种电能损失没有一定的规律，只能由最后的统计数据确定，而不能运用表计和计算方法测算确定，并且各电网之间差异较大，管理部门掌握的不是那么确切和具体，故称之为不明损失；又因这种损失是由电业部门管理方面的因素（或在营业过程中）造成的，故又称之为管理损失（或营业损失）。

4. 其他因素

比如高压和超高压输电线路导线上产生电晕损耗等。

四、线损的分类

1. 按各级电网分类

一般市县供电企业分为 5 个关口、6 级线损：低压线损、6～10kV 线损、网损、高压综合线损和综合线损，如图 5－1 所示，图中各关口方框内“Wh”为有功电能表，方框内“varh”为无功电能表。

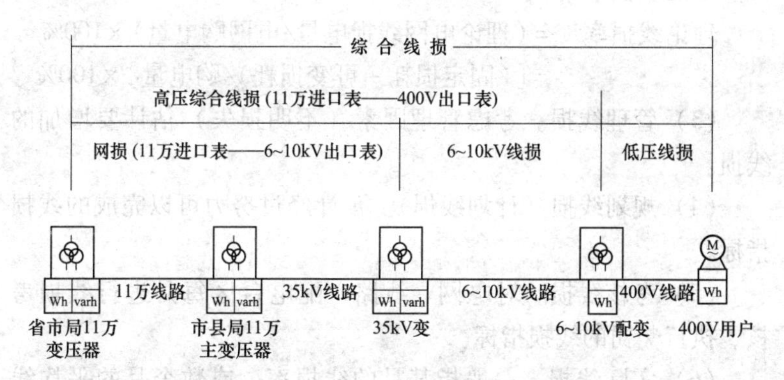

图 5－1　市县供电企业各级线损示意图

低压线损比较特殊：

（1）农网改造后，从产权的意义上来说，低压配电网指配电变压器→低压计量箱→低压配电屏→低压线路，均属市县供电企业的资产。以下是用户资产。

（2）农网改造后从线损的意义上来说，低压配电网的范围包括：低压计量箱出线→低压配电屏→低压线路→下户线→低压电力用户电能表，都与低压线损相关。

2. 按产生的原因分类

电网线损，按产生的原因可分为电阻损耗、励磁损耗和不明损失；按与电网中负荷电流的关系，又分为可变损耗和固定损耗；按产生在电网的元件部位，可分为线路导线线损、变压器铜损、变压器铁损、电容器介质损和计量表计中的损失等。

3. 按实际工作需要分类

市县供电企业根据线损管理工作需要，还分有：

（1）上级规定的线损指标。如农网改造后要求低压电网线损率达到12%及以下，“建设国电公司一流县级供电企业”要求达到11%及以下。

（2）理论线损。即只考虑电网技术因素（不考虑管理因素）推算出的线损水平。

理论线损率% =（理论电网线损电量/电网购电量）×100%

=[（固定损耗+可变损耗）/购电量]×100%

（3）管理线损。考虑管理因素（不明损失）估计要增加的线损。

（4）规划线损（计划线损）。预计经过努力可以完成的线损指标。

（5）考核线损。对电网、线路、配电台区每月进行线损考核、执行奖罚的线损指标。

（6）实际线损。一般指某月的线损率，或数个月的平均线损率。在正常情况下，电力网的实际线损率略高于理论线损率。

五、技术线损、管理线损与实际线损间的关系

一个电网硬件（包括供电、用电线路设备）确定之后，其技术线损（与正确计算得出的理论线损等同）就稳定在某一数值附近，并保持较长一段时间。

管理线损则是由人的因素引起的，人是活的，世间一切事物中，人是最活跃、最有能力的因素，可以创造出任何令人叹为观止的奇迹。

实际线损，就是以技术线损为基础，管理线损围绕着这一基础上下波动，形成实际线损，三种线损间关系如图5-2所示。明了这一点，对线损分析很有作用。

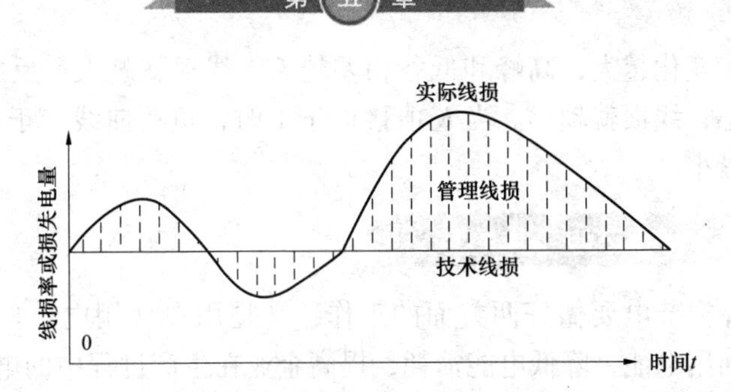

图5-2 三种线损间关系

六、影响线损的四大要素

影响电网线损的因素可概括为电流、电压、功率因数和负荷曲线形状系数等四大要素。

（1）电流。负荷电流增大则线损增加，负荷电流减小则线损降低。但是任何一条运行中的配电线路，都有一个经济负荷电流范围，当实际负荷电流保持在这一范围运行时，就可以使线损率接近或达到极小值。

（2）电压。供电电压提高，线损中的可变损失减少，但固定损失却随着电压升高而增加。总的线损随着电压的升高是降低还是增加，视线损中的固定损失（铁损）在总线损中所占的比重而定。当固定损失在总线损中所占比重小于50%时，供电电压提高，线损中可变损耗减少较多，总线损将下降。这时提高电压运行对降低线损有利。当固定损失在总线损中所占比重大于50%时，供电电压提高，固定损失的增大超过了可变损失的减少，从而使总线损增加。这时提高供电电压则线损增加。在这种情况下，当运行电压超过额定电压的5%时，线损率上升幅度可达30%左右。

（3）功率因数。功率因数提高，线损中的可变损耗将减少，功率因数降低，则线损中的可变损耗将大幅度增加。

（4）负荷曲线形状系数。负荷曲线形状系数K值越大，曲线起伏变化越大，高峰和低谷相差越大，线损就越大；反之，K值越小，线损就越小。当K值接近于1时，负荷曲线趋于平坦，线损最小。

七、降损节电工作的意义

降损节电要做好两方面的工作：一是用户（用电单位）要合理利用电能，降低电能消耗，提高企业在生产过程中的电能利用效率；二是供电单位要经济高效地传输电能，降低传输和分配过程中的损耗，在满足社会和人民需要而尽可能多供的基础上，实现少损。

降损节电工作的意义，主要体现在以下几个方面。

（1）节约发电所需用的煤炭和燃油等燃料（如每节约1kWh的电能，相当于节约了0.4kg的标准煤），为国家节约主要能源，减少矿山事故，减轻运输负担，尽可能保护生态环境，既利于当前，又为子孙千秋万代谋福祉。

（2）减少电网和用户损耗电量，就可减少国家、发电企业和电网企业的发供电设备（发电机、供电线路、变压器等）投资。

（3）供电企业降低线损，不仅可以减少供电成本，增加企业收入，提高企业信誉，而且可以减少设备事故，减少维修开支，多供电量，更好地服务社会，还可以提高员工技术素质和管理技能，全面发展，争创一流企业。

（4）工矿企业、生产单位节电降耗，可减少电费开支，减少设备事故，降低生产成本，提高产品竞争力，促进良性循环，同时可改善工人生产条件，净化周围环境，提高空气质量，有百利而无一害，是持续长久发展、做大做强的基础。可提高电能的利用效率和社会效益。

（5）一般用电单位和家庭节电降耗，既可减少电费开支，又能减少内部线路设备事故，更好地用电，还提高人的节俭意识，提高技能，有利于身体健康（如室温适当）。

(6) 降损节电可促进社会生产发展，每节约1kWh的电能，可多冶炼优质钢2kg，可多采煤30kg，可多产原油0.03kg，可多生产复合肥56kg，可多生产水泥14kg，可多织布7m，可多灌溉农田0.15亩……

(7) 促进节能高效新技术、新设备（产品）、新工艺的推广应用，促进现有高能耗老设备的更新改造，促进科技创新、科学发展。

(8) 对于某些电能短缺、短时间内不可能明显改善的地区，降损节电，在一定程度上可起到缓解电力供应紧张的作用。

第二节 无功基础知识

无功的概念比较抽象，而无功补偿是供电网络降低线损和用户节电降耗的重要技术措施，故这里专门详细阐述。

一、什么是无功功率

连接在城乡电力网上的一切用电设备所消耗的功率称为电力负荷，其中又分为有功负荷和无功负荷两种。

有功功率比较容易理解，它是电力在电气设备中转换为其他形式能量的电功率。比如50kW的电动机就是把50kW的电能转换为机械能，去开动车床或推动水泵抽水。有功功率的符号用P表示，单位为瓦（W）或千瓦（kW）。

无功功率就比较抽象，它不像有功功率那样看得见、摸得着。它是在电路和用电设备中用来建立交变电磁场的电功率，它不对外作功，而是转变为其他形式的能量。说得简单一点，就是凡有电磁线圈的地方，要建立电磁场，就要消耗无功功率。比如照明用的40W日光灯，除需要40W的有功功率来发光外，还需要80var左右的无功功率供镇流器的线圈建立交变磁场用。无功功率和有功功率同样重要，只是由于无功功率不作功，它仅完成电磁能量的相互转换、反映出交流电路中电感和电容与电源间进行能量交换的规模，并不需要消耗燃料和水能。从这个意义出发，才称之为“无功”。无功功率的符号用 Q 表示，单位为乏（var）或千乏（kvar）。

有人把无功功率误认为是“无用的功率”，这是不对的，无功功率不是没有用的功率。电动机为了带动机械，需要在它的定子上产生旋转磁场，通过电磁感应，在电动机转子中感应出电流，使转子转动，从而带动机械运转。电动机的旋转磁场就是靠从电源取得无功功率建立的。变压器也同样需要消耗无功功率，才能使变压器的一次绕组产生磁场，在二次绕组中感应出电压。因此，没有无功功率，电动机就不能转动，变压器也不能变压。

为了避免名词上的误解，有人把无功功率称为交换性功率，这是很确切的。因为无功功率在一段时间内是从电源取得能量，而另一段时间又把用电设备中磁场或电场的能量，以感应电流的形式还给电源。如果忽略电路中的损耗，无功功率并没有消耗掉，而是在电源和用电设备之间以电—磁—电的方式互相交换。

为了形象地介绍这种能量的交换情况，可用图 5－3 来说明。

图 5－3（a）说明，电源发出的有功功率全部转换为电灯的光能和热能。这种转换是单方向的，是不可逆的。

图 5－3（b）、（c）分别表示电源接出后是纯电感性负荷和纯电容性负荷。在一段时间内，电感线圈或电容从电源取得能量，建立磁场或电场；而在下一短时间内，又把磁场或电场的能量还给电源。这就是说，无功功率在电源与用电设备间来回交换。这种能量转换是可逆的。

接在实际电网中的许多用电设备是根据电磁感应原理工作的。例如，通过磁场，变压器才能改变电压并且将能量送出去，电动机才能转动并带动机械负荷。磁场所具有的磁场能是由电源供给的，电动机和变压器在能量转换过程中建立交变磁场，在一个周期内吸收的功率和释放的功率相等，这种功率叫做感性无功功率。电容器在交流电网中接通时，在一个周期内，上半周期的充电功率和下半周期的放电功率相等，不消耗能量，这种充放电

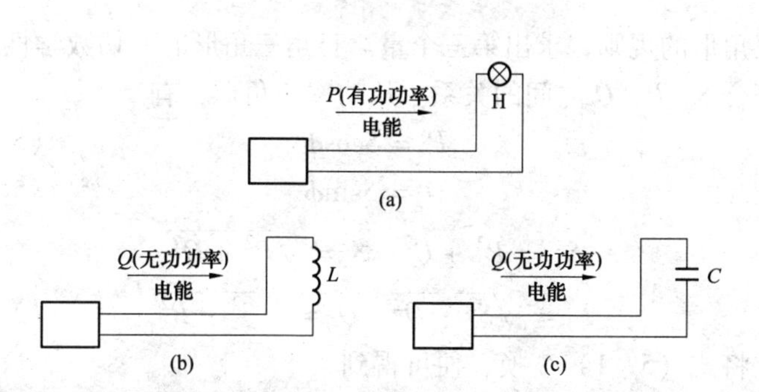

图5-3 电源与有、无功功率的关系
(a) 有功功率接电阻性负荷；(b) 无功功率接电感性负荷；
(c) 无功功率接电容性负荷

功率叫做容性无功功率。感性无功功率和容性无功功率统称无功功率。

有些人对“无功电流”有误解，认为“无功电流”是发电机专门发出的一种电流，这是错误的。实际上，“有功电流”和“无功电流”是同样的电流，只不过用途不同而已。发电机发出一定的电流，但并不知道这些电流是做什么用的，做有功还是做无功，是由供电设备（如变压器、线路）和用电设备（如电动机、日光灯）来决定的，如果有一部分电流用做无功，有功电流就要减少。

二、功率因数 $\cos\phi$

大多数电气设备输入电压与电流的乘积并不等于有功功率，这是因为电气设备不但要从电源取得有功功率，还需要从电源取得无功功率。因而，把电气设备输入电压与电流的乘积称为“视在功率”，以 S 表示。即 $S=UI$，视在功率的单位是伏安（VA）或千伏安（kVA）。

视在功率 S 和有功功率 P 及无功功率 Q 之间的关系，和直角三角形中斜边及两直角边的关系相同（见图1-10）。

如果在 S、P、Q 三个量之中，已知其中两个量，便可按直

角三角形的规则，求出第三个量。直角三角形的一切数学性质完全符合 S、P、Q 之间的关系。从功率三角形，有

$$P = S\cos\phi \tag{5-1}$$

$$Q = S\sin\phi \tag{5-2}$$

$$S^2 = P^2 + Q^2 \quad S = \sqrt{P^2 + Q^2}$$

$$P = \sqrt{S^2 - Q^2} \quad Q = \sqrt{S^2 - P^2} \tag{5-3}$$

将式（5－1）变换，便可得到

$$\cos\phi = P/S \tag{5-4}$$

有功功率与视在功率的比值，称为“功率因数”，也叫做“力率”。

实际供电线路的功率和功率因数有瞬时值、平均值之分，实际线损分析中更重视一定时段（月、季、年）的平均值，因其比较稳定，更能说明问题。平均功率因数是如何得到的呢？功率是瞬时的，但有功电量、无功电量可从关口有功电能表、无功电能表上抄得，因功率乘时间等于电量，设时间为 t，则有功电量 $E_P = Pt$，无功电量 $E_Q = Qt$，从

$$\cos^2\phi = P^2/(S^2) = P^2t^2/(S^2t^2) = P^2t^2/[(P^2 + Q^2)t^2)]$$

$$= P^2t^2/(P^2t^2 + Q^2t^2) = E_{\mathrm{P}}^2/(E_{\mathrm{P}}^2 + E_{\mathrm{Q}}^2)$$

得

$$\cos\phi = E_{\mathrm{P}}/\sqrt{E_{\mathrm{P}}^2 + E_{\mathrm{Q}}^2} \tag{5-5}$$

即从一定时段（月、季、年）的有、无功电量，就可算出该时段的平均功率因数。

由功率三角形可以看出，在一定的有功功率下，电网 $\cos\phi$ 越小，则所需要的无功功率越大，其视在功率也越大。为满足用电的需要，供电线路和变压器的容量也越大。这样，不仅增加供电投资，降低设备利用率，也将增加线路损耗。为此，全国供用电规则规定：无功电力应就地平衡，用户应在提高用电自然功率因数的基础上，设计和装置无功补偿设备，并做到随其负荷和电压变动及时投入或切除，防止无功电力倒送。全国供用电规则还规定了在电网高峰负荷时，用户的功率因数应达到的标准：高压

供电的工业用户和高压供电装有带负荷调整电压装置的电力用户，功率因数为0.90以上；其他100kVA（kW）及以上电力用户和大、中型电力排灌站，功率因数为0.85以上；农业用电，功率因数为0.80以上。凡功率因数不能达到上述规定的新用户，供电部门可拒绝供电。

三、无功功率的作用

视在功率S只表示发电机可能发出的最大的有功功率，实际应用时发出的有功功率还得看电路的参数如何而定。例如，容量为2.8kVA的发电机，只有在$\cos\phi=1$的电路中，才能发出2.8kW的功率；若电路的$\cos\phi=0.5$，则只能发出1.4kW。后者说明发电机未能充分发挥作用。从这个简单的例子可以看出，功率因数$\cos\phi$的大小，反映了电源发出的电能被利用的程度。功率因数$\cos\phi$越接近于1，表明用电设备需要的无功功率越少，有功功率越接近于视在功率，电源功率被利用得越充分。

视在功率S、有功功率P和无功功率Q是三个很重要的基本概念，一定要彻底弄清楚。为了说明这三者之间的关系，不妨举一个日常生活中的例子来类比。农村中经常修建水利工程，修水利离不开挖方挑土。挑土时，把装满土的竹筐挑到堤坝上以后，还得把空竹筐挑回来。挑走的土就好比是有功功率P，挑空竹筐好比是无功功率Q，泥土和竹筐加在一起好比是视在功率S。可见，挑竹筐来回往返，并不是没有用，没有竹筐，泥土怎么能运到堤坝上去呢?

它们三者之间的关系是互相依存的，缺一不可。从上例中，可以看到竹筐的无功功率Q决不是“没有用的功率”，它“载”着有功功率走。可见无功是基础，没有无功，有功也就不复存在了。要充分利用电能，就必须提高功率因数。提高功率因素$\cos\phi$的实质，就是减少对无功功率的需求。

为了进一步看清有、无功比例与功率因数的关系，可参见表

5-1。表5-1设有功（功率、电量）为一定值100，随着无功（功率、电量）变化，两者比例变化，cosϕ跟着变化。可看到无功量值超过有功量值时，cosϕ为0.55~0.70，非常低；相等时为0.71；随着无功比例逐渐减小，cosϕ逐渐增大；当无功量值占有功量值的10%及以下时，cosϕ=1，达到最大值。

表5-1　有、无功电量比例与cosϕ

有功电量 kWh	无功电量 kWh	cosϕ	有功电量 kWh	无功电量 kWh	cosϕ	有功电量 kWh	无功电量 kWh	cosϕ
100	150	0.55	100	99	0.71	100	49	0.90
100	149	0.56	100	98	0.71	100	48	0.90
100	148	0.56	100	97	0.72	100	47	0.91
100	147	0.56	100	96	0.72	100	46	0.91
100	146	0.57	100	95	0.72	100	45	0.91
100	145	0.57	100	94	0.73	100	44	0.92
100	144	0.57	100	93	0.73	100	43	0.92
100	143	0.57	100	92	0.74	100	42	0.92
100	142	0.58	100	91	0.74	100	41	0.93
100	141	0.58	100	90	0.74	100	40	0.93
100	140	0.58	100	89	0.75	100	39	0.93
100	139	0.58	100	88	0.75	100	38	0.93
100	138	0.59	100	87	0.75	100	37	0.94
100	137	0.59	100	86	0.76	100	36	0.94
100	136	0.59	100	85	0.76	100	35	0.94
100	135	0.60	100	84	0.77	100	34	0.95
100	134	0.60	100	83	0.77	100	33	0.95
100	133	0.60	100	82	0.77	100	32	0.95
100	132	0.60	100	81	0.78	100	31	0.96
100	131	0.61	100	80	0.78	100	30	0.96
100	130	0.61	100	79	0.78	100	29	0.96
100	129	0.61	100	78	0.79	100	28	0.96

续表

有功电量 kWh	无功电量 kWh	cosϕ	有功电量 kWh	无功电量 kWh	cosϕ	有功电量 kWh	无功电量 kWh	cosϕ
100	128	0.62	100	77	0.79	100	27	0.97
100	127	0.62	100	76	0.80	100	26	0.97
100	126	0.62	100	75	0.80	100	25	0.97
100	125	0.62	100	74	0.80	100	24	0.97
100	124	0.63	100	73	0.81	100	23	0.97
100	123	0.63	100	72	0.81	100	22	0.98
100	122	0.63	100	71	0.82	100	21	0.98
100	121	0.64	100	70	0.82	100	20	0.98
100	120	0.64	100	69	0.82	100	19	0.98
100	119	0.64	100	68	0.83	100	18	0.98
100	118	0.65	100	67	0.83	100	17	0.99
100	117	0.65	100	66	0.83	100	16	0.99
100	116	0.65	100	65	0.84	100	15	0.99
100	115	0.66	100	64	0.84	100	14	0.99
100	114	0.66	100	63	0.85	100	13	0.99
100	113	0.66	100	62	0.85	100	12	0.99
100	112	0.67	100	61	0.85	100	11	0.99
100	111	0.67	100	60	0.86	100	10	1.00
100	110	0.67	100	59	0.86	100	9	1.00
100	109	0.68	100	58	0.87	100	8	1.00
100	108	0.68	100	57	0.87	100	7	1.00
100	107	0.68	100	56	0.87	100	6	1.00
100	106	0.69	100	55	0.88	100	5	1.00
100	105	0.69	100	54	0.88	100	4	1.00
100	104	0.69	100	53	0.88	100	3	1.00
100	103	0.70	100	52	0.89	100	2	1.00

续表

有功电量 kWh	无功电量 kWh	cosϕ	有功电量 kWh	无功电量 kWh	cosϕ	有功电量 kWh	无功电量 kWh	cosϕ
100	102	0.70	100	51	0.89	100	1	1.00
100	101	0.70	100	50	0.89	100	0	1.00
100	100	0.71						

在正常情况下，用电设备不但要从电源取得有功功率，同时还需要从电源取得无功功率。如果电网中的无功功率供不应求，用电设备就没有足够的无功功率来建立正常的电磁场，那么，这些用电设备就不能维持在额定情况下工作，用电设备的端电压就要下降。

电压下降对用电设备有很大影响。对异步电动机来说，随着端电压降低，电动机吸收的无功功率增加。当端电压太低时，电功机往往由于转矩太小而停止工作，或者带重负荷的电动机起动不了。在一定的机械荷载下，电动机的出力基本上不变，输入功率 $P=UI$ 也基本不变，所以电压越低，电流就越大，使电动机线圈的温度升高，加速绝缘老化，缩短电动机的使用寿命。对电灯来说，当端电压变化时，光通量、发光效率和寿命都会相应起变化。一般地说，当电压较额定值降低 5% 时，电灯的光通量要减少 18%，这就是电压降低时照明用灯泡总感觉不亮的原因。

系统电压下降严重时将造成电压崩溃，使电网瓦解系统解列而引起大面积停电，给工农业生产和人民群众生活带来巨大损失。所以，无功功率与电压紧密相关，电网中有足够的无功功率，才能保持电压稳定。

无功功率虽然不直接消耗，但当它与电源交换能量时，要在联接导线上引起功率损耗。如果负载的感抗成分大，无功功率需求大，功率因数 cosϕ 就低，对于远距离的输电系统，这部分在线路上的损耗是相当可观的。所以，电网中有足够的无功功率，能有效地减少线路上功率的损耗。

四、无功功率补偿

城乡电网的主要用电设备是异步电动机，这些电动机的负载率一般都很低，大部分在 50% 左右。异步电动机为了在定子上建立旋转磁场，需要消耗大量的无功功率。

同时，电网中的供电线路和变压器也要消耗无功功率，前者是在电力输送过程中消耗无功功率，后者则是为了在变压器建立电磁场消耗无功功率。

因此，电网是电感性的。大量城乡电网运行统计数字表明，电网中 60% 的无功功率是异步电动机消耗掉的，30% 是配电变压器消耗的，其余 10% 则消耗在供电线路上。所以，应该着重研究如何补偿异步电动机和配电变压器消耗的无功功率。

在电网中，仅仅依靠发电厂所发出的无功功率，远远满足不了负荷的需要。所以在电网中总要设置一些无功补偿装置来补充无功功率，这就是电网需要装设无功补偿装置的道理。

无功功率补偿的基本原理是：把具有容性功率负荷的装置与感性功率负荷并联接在同一电路，当容性负荷释放能量时，感性负荷吸收能量；而感性负荷释放能量时，容性负荷却在吸收能量，能量在两种负荷之间互相交换。这样，感性负荷所吸收的无功功率可由容性负荷输出的无功功率中得到补偿，这就是无功功率补偿的基本原理。

无功功率补偿简称无功补偿，其减少了对电源的无功功率需求，就提高了电路的功率因数，为了说清楚其作用，可参看下面的例题。

【例 5 -1】 在 50 周、380V 的电路中，接有电感性负荷，负荷的功率 $P=20\text{kW}$，功率因数 0.6，试求电路中的电流。如果负荷两端并联电容器 $C=374\mu\text{F}$，求电路的电流及功率因数。具体接线如图 5 -4 所示。

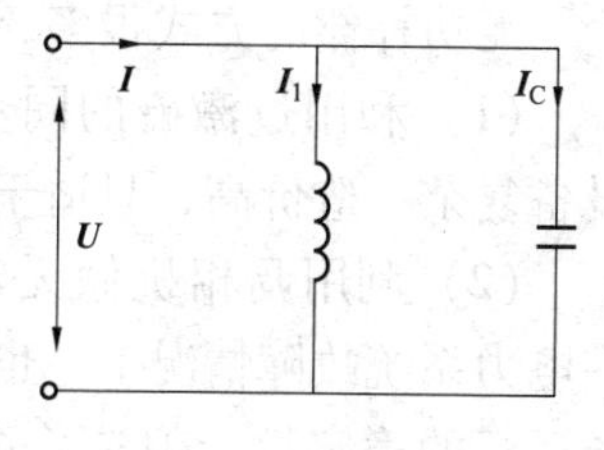

图 5 -4　具有电感和电容的电路

解：设未并联电容器时电流为 I_1，已知功率因数 $\cos\phi_1=0.6$，则根据式（5－1）

$$I_1=P/(U\cos\phi_1)=20\times10^3/(380\times0.6)=87.7\ (\text{A})$$

因为 $\phi=\arccos0.6=53.1°$

所以 $I_1=87.7\angle-53.1°\ (\text{A})$

接入电容后，设电容支路上的电流为 I_C 则

$$I_C=2\pi fCU=2\pi\times50\times374\times10^{-6}\times380\angle90°$$
$$=44.6\angle90°$$

因为负荷支路的电流不变，故电路总电流 I 为

$$I=I_1+I_C=6.62-\text{j}70.16+\text{j}44.6=58.5\angle-26°\ (\text{A})$$

此时电流滞后于电压的相位为 $\phi_2=26°$

所以 $\cos\phi_2=\cos26°=0.9$

即并联电容后，整个电路的功率因数从0.6提高到0.9，电路的电流则从87.7A降为58.5A，降低了33.3%，即1/3。

这个例题形象地说明了当电路的负荷端并联电容器后，功率因数提高，电路的电流减少。总电流变小既减少了对电源电流的需求，又必然相应地减小线路上的功率损耗。这就是提高功率因数对电路的意义及实质。

功率因数对于无功补偿工作来说，是一个相当重要的基本概念。无功补偿的目的，就在于提高功率因数。

五、无功补偿的方式

无功补偿的方式很多，介绍如下。

（1）利用过激磁的同步电动机，改善用电的功率因数，但设备复杂，造价高，只适于在具有大功率拖动装置时采用。

（2）利用调相机做无功功率电源，这种装置调整性能好，在电力系统故障情况下，也能维持系统电压水平，可提高电力系统运行的稳定性，但造价高，投资大，损耗也较高。每kvar无功功率的损耗约为1.8%～5.5%，运行维护技术较复杂，宜装设在电力系统的中枢变电所，一般用户很少应用。

（3）异步电动机同步化。这种方式有一定的效果，但自身损耗大，每 kvar 无功功率的损耗约为 4% ~19%，一般都不采用。

（4）电力电容器作为补偿装置，具有安装方便、建设周期短、造价低、运行维护简便、自身损耗小（每 kvar 无功功率损耗约为0.3% ~0.4% 以下）等优点，是当前国内外广泛采用的补偿方式。这种方式的缺点是电力电容器使用寿命较短；无功出力与运行电压平方成正比，当电力系统运行电压降低，补偿效果降低，而运行电压升高时，对用电设备过补偿，使其端电压过分提高，甚至超出标准规定，容易损坏设备绝缘，造成设备事故，弥补这一缺点应采取相应措施以防止向电力系统倒送无功功率。

电力电容器作为补偿装置有两种接入方法：串联补偿和并联补偿。

1）串联补偿是把电容器直接串联到高压输电线路上，以改善输电线路参数，降低电压损失，提高其输送能力，降低线路损耗。这种补偿方法的电容器称作串联电容器，应用于高压远距离输电线路上，市县及以下电网很少采用。

2）并联补偿是把电容器直接与被补偿设备并接到同一电路上，以提高功率因数。这种补偿方法所用的电容器称作并联电容器，市县供电企业和用户都是采用这种补偿方法，是最重要和最常用的方法。

并联电容器提高功率因数的原理：在交流电路中，纯电阻电路，负载中的电流 $\boldsymbol{I}_{\mathrm{R}}$ 与电压 U 同相位，纯电感负载中的电流 $\boldsymbol{I}_{\mathrm{L}}$ 滞后电压90°。而纯电容的电流 $\boldsymbol{I}_{\mathrm{C}}$ 则超前于电压90°，电容补偿电压电流相位关系如图 5 -5 所示。可见，电容中的电流与电感中的电流相差180°，它们能够互相抵消。

电力系统中的负载，大部分是感性的。因此总电流 $\boldsymbol{I}_1$ 将滞后于电压一个角度 ϕ。如果将并联电容器与负载并联（补偿原理如图5 -6 所示），则电容器的电流 $\boldsymbol{I}_{\mathrm{C}}$ 将抵消一部分电感电流，

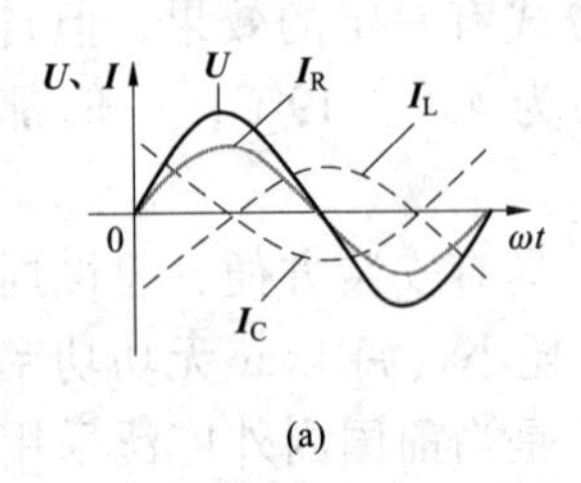

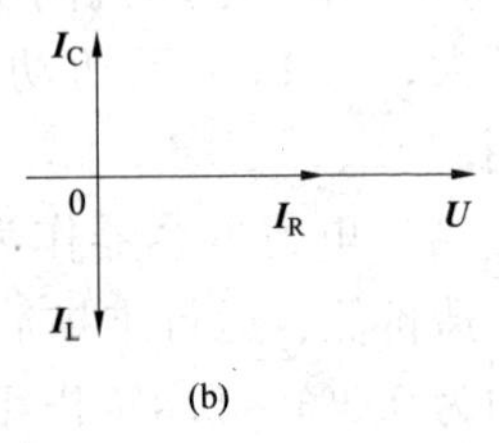

图 5－5　电容补偿电压电流相位关系

（a）曲线图；（b）相量图

从而使电感电流 I_L 减小到 I_L''，总电流从 I_1 减小到 I，功率因数将由 $\cos\phi_1$ 提高到 $\cos\phi_2$，这就是并联补偿的原理。

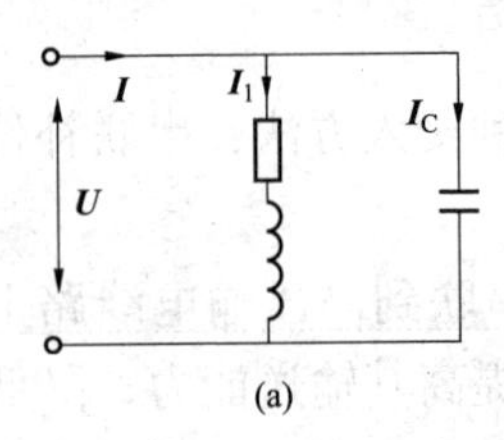

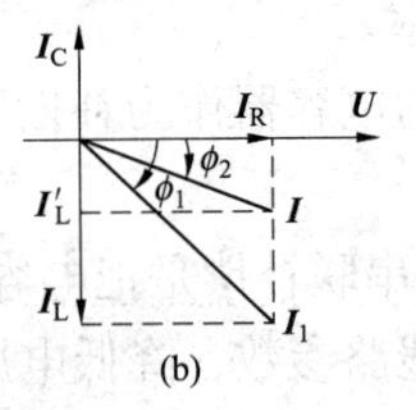

图 5－6　实际电路电容补偿原理图

（a）电路图；（b）相量图

六、提高功率因数的意义的定性分析

（1）改善设备的利用率。对于三相交流电，功率因数还可以表示成下述形式

$$\cos\phi = P/S = P/(\sqrt{3}UI)$$

式中　U——线电压，kV；

I——线电流，A。

可见，在一定的电压和电流下，提高 $\cos\phi$，其输出的有功功率越大。因此，改善功率因数是充分发挥设备潜力，提高设备利用率的有效方法。

（2）提高功率因数可减少电压损失。因为电力网的电压损

失可借下式求出

$$\Delta U = (PR + QX)/U$$

可以看出，影响 ΔU 的因素有四个：线路的有功功率 P、无功功率 Q、电阻 R 和电抗 X。如果采用容抗为 X_C 的电容来补偿，则电压损失为

$$\Delta U = [PR + Q(X - X_C)]/U$$

故采用补偿电容提高功率因数后，电压损失 ΔU 减小，改善了电压质量。

（3）减少线路损失。当线路通过电流 I 时，其有功损耗

$$\Delta P = 3I^2R \times 10^{-3} \text{ (kW)}$$

或

$$\begin{aligned}\Delta P &= 3[P/(U\cos\phi)]^2R \times 10^{-3} \\ &= 3P^2R/(U^2\cos^2\phi) \times 10^{-3} \text{ (kW)}\end{aligned}$$

可见，线路有功损失 ΔP 与 $\cos^2\phi$ 成反比，$\cos\phi$ 越高，ΔP 越小。

（4）提高电力网的传输能力。视在功率与有功功率成下述关系

$$P = S\cos\phi$$

可见，在传送一定有功功率 P 的条件下，$\cos\phi$ 越高，所需视在功率越小。

第三节 降低中低压配电网线损的措施

一、中压配电网降损措施

在各级电网中，中压配电网情况最复杂：① 出线多、线路质量差、线路长，线路环境差；② 功能元件多，线路、变压器、电气开关设备（油断路器、真空断路器、熔断器等）、电能计量装置、功率补偿设备（如并联电容器等）等一应俱全；③ 既担任配电（给大、中用户）任务，又担任供电（给公用变压器）任务，用户多、情况复杂。市县供电企业都把中压配电网降损工

作作为重中之重。

中压配电网线损的分类见表 5－2。

表 5－2　　　　　　　　中压配电网线损的分类

<table>
<tr><td rowspan="10">中压配电网的总损耗</td><td rowspan="3">可变损耗</td><td>1. 线路导线中的线损</td><td rowspan="6">理论线损（技术损失）</td><td rowspan="10">实际线损（统计线损）</td></tr>
<tr><td>2. 变压器绕组中的损耗（铜损）</td></tr>
<tr><td>3. 电能表电流线圈中的损耗</td></tr>
<tr><td rowspan="3">固定损耗</td><td>1. 变压器的铁损（空载损耗）</td></tr>
<tr><td>2. 电容器的介质损耗</td></tr>
<tr><td>3. 电能表电压线圈和铁心中的损耗</td></tr>
<tr><td rowspan="4">不明损耗</td><td>1. 用户违章用电和窃电损失</td><td rowspan="4">管理线损（营业损失）</td></tr>
<tr><td>2. 电网元件漏电损失</td></tr>
<tr><td>3. 营业中抄核收之差错损失</td></tr>
<tr><td>4. 计量表计误差损失</td></tr>
</table>

表 5－2 是定性分析，中压配电网线损构成比例见表 5－3。

表 5－3　　　　　　　　中压配电网线损构成比例

线损类别	构成比例
总电能损耗	100%
线路导线中的电能损耗	一般为 10% ~20%（20% ~30%）
变压器的铜损（负载损耗）	一般为 7% ~13%（15% ~20%）
变压器的铁损（空载损耗）	55% ~85%（50% ~70%），多数为 70% 左右
其他元件（如电容器、电能表、互感器、自动控制装置等）的损耗	一般为 100% ~150%（0.5% ~100%）

表 5－2、表 5－3 是线损理论的精华，是多年来各地降损实践经验的总结。熟悉后才能在降损工作中做到心中有数，工作起来有的放矢，以简驭繁，不为表面现象、虚假信息所迷惑。在此基础上，结合本地当前实际，选择最有效的降损措施。

降损措施一般可分为技术措施和管理措施两部分，其要点大致如下。

（一）降低线损的技术措施

降低线损的技术措施一般可分为建设措施和运行措施两部分。建设措施是指要投资来改进系统结构的措施，而运行措施一般是指在日常运行中不投资或少投资来改进系统以降低线损的措施。

1. 建设措施（多数在农网改造中已实施）

（1）新增35kV变电所，深入至乡镇或工业负荷中心，缩小6～10kV线路供电半径。

（2）新增6～10kV配电线路，给较大负荷用户（如配电变压器在3150kVA及以上的用户）架设专用线路。

（3）改造旧的6～10kV配电线路，采用较大线径的导线，消除迂回、卡脖现象。

（4）采用低损耗配电变压器，新建、改造配电台区，选用S11系列或非晶合金变压器，逐步淘汰高损耗变压器。

2. 运行措施

（1）配电变压器的经济运行。及时根据负荷的变化情况，对长期轻载、超载运行的配电变压器进行调整、更换，及时停用排灌和停产工矿企业的空载变压器。

（2）配电线路经济运行。根据季节、负荷情况，调整电力网的电压，使之保持在合理水平。调整负荷，使实际用电电流接近或达到经济负荷电流。

（3）发展用户，合理调整负荷，实行高峰让电、限电，有计划地利用峰谷电价或组织一些用电大户在中午、后夜用电，削峰填谷，缩小负荷峰谷差，提高负荷率。

（4）根据负荷发展情况，增加无功补偿装置，进行无功功率优化，优先采用降损效果好的新技术、新产品、新装置。

（5）三相负荷均衡供电。

（6）巡视线路，砍伐或修剪线路下树木，发现问题及时处理。

（二）降低线损的管理措施

（1）建立健全线损管理组织和规章制度，各级领导重视。

（2）开展线损理论计算，制定科学合理的考核线损、激励线损指标。

（3）落实各级线损承包责任制，坚持重奖重罚原则，每月考核，每季奖罚兑现。

（4）每月开展线损分析，对线损居高不下的线路，查清原因，制定措施，及时处理；让线损搞得好的单位介绍经验，进行推广。

（5）年终评比以累计线损率作为基层单位政绩依据，奖优罚劣。

（6）加强计量管理，严格执行装表、抄表、核算规章制度，引进先进、实用的新计量手段（如远抄技术、GSM 在线防窃电技术等），严厉打击窃电行为，减少不明损失。

（7）进行线损专职人员培训，提高技术水平和管理水平。

（8）开展降损科研和难题攻关。电业职工或电工发明创造或技术革新，推广应用后对降低线损作出一定贡献者，给予一定奖励；对降低线损作出重大贡献者，给予重点奖励。

（9）采用科学的管理手段，加快控制自动化，远动化和管理计算机化的步伐，以适应电网管理现代化的要求。

二、低压配电网降损措施

低压配电网与中压配电网的最大区别，在于没有变压器，因而没有变压器空载损耗。虽然电动机也有空载现象，但为时很短，不做功就要停下。因而低压配电网的线损主要是负载损耗（可变损耗），空载损耗可忽略不计。则低压线损的特点：一方面因不考虑空载损耗而较简单，另一方面又因与众多用户、特别是与千家万户打交道而繁杂。

（一）降低低压线损的技术措施

1. 建设措施（多数在农网改造中已实施）

（1）配电台区放置在负荷中心，缩小供电半径，一般不超过 500~600m。为了达到这一目标，配电变压器数量不足的要增加，一般中等村庄由过去的只有 1 台变压器，增加为 2~3 台，即拥有 2~3 个各自独立的低压电网。

（2）新建或改造配电房。新增配电台区多配备小容量配电变压器（10~50kVA），为节省建设费用多采用台架式，即配电变压器放在台架上，低压控制箱放在近旁的支架上。

要求配电房（控制箱）距配电变压器的距离一般不超过 10m，进出引线可暗敷或架空明敷，暗敷应采用农用直埋铝芯塑料绝缘塑料护套电线或电缆，明敷应采用耐气候型聚氯乙烯绝缘电线。

（3）新增或改造配电屏。具体内容：残次开关电器不得入网；进线的控制电器，按配电变压器额定电流的 1.3 倍选择，出线的控制电器按正常最大负荷电流选择；必须装设漏电保护装置等。

（4）改造或新建低压线路。线路负荷依据电力负荷发展规划确定，一般按 5 年考虑。导线的选择应符合下列要求：① 线路末端电压偏差（电压降），三相不得大于 ±7%，单相不得大于 +7%、-10%；② 满足热稳定的要求；③ 满足机械强度的要求；④ 导线的最大工作电流，不应大于导线的允许载流量。

具体内容包括：改进迂回、卡脖线路；一些街区没有低压线路的要增加；更换老化破损、质量低劣和线径过小的导线，所用导线一律采用钢芯铝绞线，最小截面不得小于 16mm^2；架空线路中尽量避免接头，无法避免时同一档内每根导线只允许有一个接头；地埋线路更应避免接头，万一无法避免，必须加强绝缘处理，严防漏电造成电能损耗；架空线路的绝缘子应选用泄漏电流小的合格产品等。

（5）下户线的长度不得大于 25m，截面一般为 10mm^2（不得小于 6mm^2）。

（6）低压电力用户电能表集中安装；集表箱一律装设在用户门外墙上，不得入户安装；淘汰 DD28 以下老式电能表，推广灵敏度较高、比较可靠耐用的新型 DD862 电能表，农网改造后期又推广自身损耗较小的电子式电能表。

（7）每户装设家用漏电保护器（一般为 10 ~ 20A 的漏电保护开关）。

2. 运行措施

（1）调平三相负荷。

（2）增设无功补偿装置，推广新技术新产品，尽可能地减少无功输送。

（3）合理调整负荷，提高负荷率。

（4）发展动力负荷。

（5）用好各级漏电保护器，防止金属性漏电损失。

（6）电能表节能等。

（二）降低低压线损的管理措施

管理线损的特点是：抓得紧就小，一放松就大。主要受人的因素影响。

（1）建立健全低压线损管理组织和规章制度，各级领导重视。

（2）开展低压线损理论计算，结合典型配电台区数据，制定科学合理的配电台区考核线损、激励线损指标。

（3）坚持重奖重罚原则，每月考核，每季奖罚兑现。

（4）每月开展线损分析，对线损居高不下的配电台区，查清原因，制定措施，堵塞漏洞，不断改进；让线损搞得好的电工介绍经验，进行推广。

（5）加强用电管理，以法治电，严厉打击窃电行为，杜绝违章用电，减少不明损失。

（6）加强计量管理，按周期校验电能表，对有问题的表计及时处理。

（7）净化社会风气，实行异地抄表，杜绝权利电、关系电、恶霸电等。

（8）严格执行《劳动法》和上级政策，改善电工待遇，提高电工素质。

（9）搞好基层线损管理人员培训，提高管理水平。

（10）开展降损科研和难题攻关。对降低线损作出贡献者，给予奖励。

（11）采用科学的管理手段，如自动抄表系统等，加快控制自动化、远动化和管理计算机化的步伐，以适应城乡电气化、电网管理现代化的要求。

第四节 就地平衡降损法

就地平衡降损法，是作者在农网改造后的降损实践中研发出的中低压配电网降损新方法，其中数项方法、观点系国内首创，是降损节电技术与时俱进的产物。它包含两个方面内容：三相负荷就地平衡和无功就地平衡。市县供电企业领会此法精髓全面应用，作用如下。

（1）显著降低中低压线损，可降低低压线损率30%～60%，降低中压线损率20%～30%。

（2）全面提升电网技术性能；可使供电设备损坏数量大为减少，降低维修费用；可显著提高供电可靠性，多供电量；可显著提高漏电保护器的运行率，减少人身触电伤亡事故；可明显提高电网的供电能力，有利于解决增容难题；能提高电压合格率，有效避免电压异常升高烧毁家用电器事故。

厂矿企业、行政事业单位、商场饭店、家庭使用此法，可明显节约电能减少电费开支。

一、三相负荷就地平衡降损法

（一）基本思路

（1）用户是最基本的用电单位，平衡的基点只有放在最底层的用电户上，才能取得最精确的平衡。

（2）农网改造后，低压线路遍布农村大街小巷，若干路下户线从某杆基上引下，此处即接火点，简称接点。接点平衡，即该接点处的单相负荷均衡地分配到三相上，则负荷就地平衡。所有接点平衡→所有区段平衡→线路出口平衡；所有线路出口平衡→变压器出口平衡。可见，接点平衡，即用电户就地平衡，夯实基础，自下而上，才能达到低压电网处处平衡。

（3）具体实施中，需要对低压线路各相上用户分配现状进行调查；之后根据三相负荷就地平衡的原则，进行规划，使三相上单相负荷尽量平衡；然后组织人员上杆调整接线落实规划。

（二）精细调整的步骤和要点

（1）人员需3人及以上，一人上杆调整，另两人在下面：一人填表记录、累积计算，另一人看抄表卡片、查对表计。

（2）线路停电，开始调整。

（3）从末端开始调整。把低压线路分为三级：主线路、支线路、末段线路。从线路末端开始调整，具体过程是：参调人员从线路首端出发，沿着主线路→分支线路→末段线路，观察相序变化规律，认准中性线，边走边画线路图，并标出相序，走到末端（见图5－7）。然后转过头来，从线路末端开始调整，开始上杆，查用户接在那一相上，应该接在那相上，执行，并在线路单相负荷分配情况表（见表5－4）上记录。然后开始下一杆基……从下而上夯实基础。

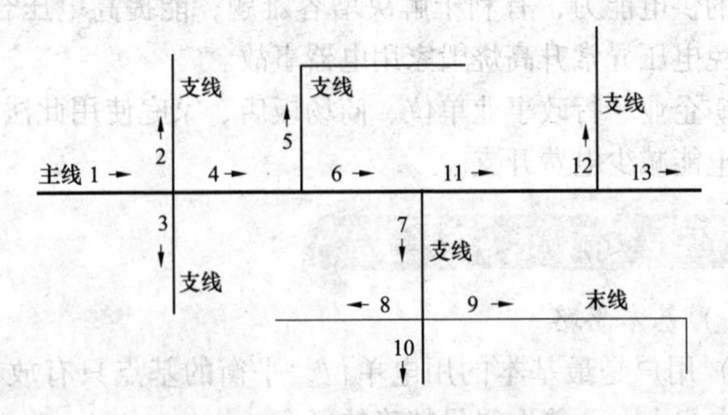

图5－7　线路分级及勘查顺序

表 5－4　村　台区　线路单相负荷分配情况表

主支名称	杆基编号	相			中相			相		
		下线名称	户数	月均电量	下线名称	户数	月均电量	下线名称	户数	月均电量

调查人　　　　　　　　　　　　　　　　　　　　　　　年　　月　　日

表 5－4 中以方位区别 3 根相线，如“南相、中相、北相”，或“东相、中相、西相”，而不用“A 相、B 相、C 相”，这是因为虽然配电盘上一般都标识出了 A、B、C 相线，但经地埋线上杆，已难分辨，故调整时只要按方位区别开 3 根相线就行了。每条线路分别平衡，配电盘上三相母线自然平衡。

（4）对特别大户（如学校、村委办公处等），有较大的照明等负荷，还要单独把其内三相调平。① 原来单相供电的，因其负荷较大，要改为三相供电；② 原来就是三相供电，但三相不平衡的，要调整平衡。大户内部三相平衡如图 5－8 所示，设每个房间单相负荷电流为 I，在房间 C，中性线电流为 I；在房间 B，中性线电流仍为 I；在房间 A，实现了中性线电流为 0。这样，该大户三相平衡，中性线电流为 0，线路上就无需别的用户与其就近平衡了。否则，若该大户单相供电，其电流很大，则线路上需要很多家庭用户与其就近平衡，要流经很长线路，才能达到平衡，则电能损失较大。

（5）以接点平衡，即就地平衡为主，就近平衡为辅。农网改造中多从某杆基上引下多路下户线，则杆基上端导线上的接火点称为接点，接点平衡，则中性电流仅在下户线中流动，不流入低压线路，节能效果最好。但实际上由于种种原因（如仅下一路或两路下户线，或虽下三路但电量差距太大），不能就地平衡，则考虑就近平衡。

对线路单相负荷分配情况表上记录善加利用，“户数”、“月用电量”要增加 1 户累计一次，在就近平衡时填谷降峰，是搞好

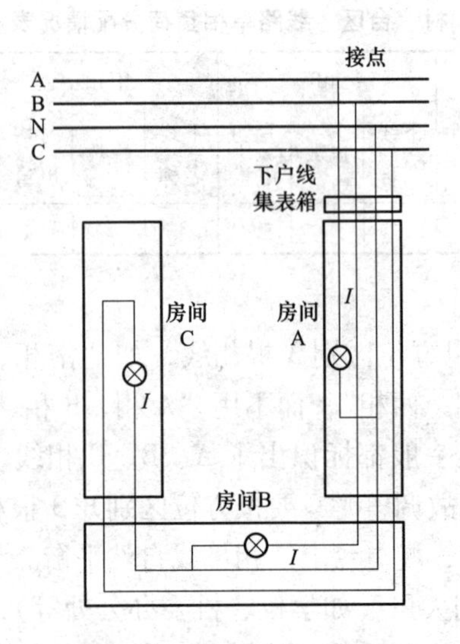

图5－8　大户内部三相平衡

就近平衡的基础。累计的方法，可在“月均电量”栏右侧增加累计列填写累计数字（或增加小计列，填写末段线路、分支线路小计数字）。若有小型笔记本电脑，利用EXCEL自动表记录及自动求和，则能既快又准，使分配得非常精确，是最理想了。

例如某线路，累计A相上接负荷较大，C相较小，现在到了5号杆，应作如下调整（见表5－5）。

表5－5　　利用累计结果降峰填谷，搞好就近平衡

说明	杆基编号	A相			B相			C相		
		下线名称	户数	月均电量	下线名称	户数	月均电量	下线名称	户数	月均电量
原来	5	张某	3	100	金某	3	30			
					王某	1	50			
调整为	5	金某	3	30	王某	1	50	张某	3	100

实际调整中不能怕费事，不能为了少上杆少接线而马虎应

付。降损效益是心血与汗水的结晶，付出与收获成正比。

(6) 以用电户为单位，以平均月用电量为调整依据。一般用电户，按户数平均分配到三相上就行了。高水平用电户不仅用电时间长，即使在灯峰期间，其一家用电也能抵住低水平户数家，要正视这个现实，即户数与电量冲突时，应以电量为依据(见表5-6)。

表5-6　户数与电量冲突时，以电量为调整依据

说明	杆基编号	A相			B相			C相		
		下线名称	户数	月均电量	下线名称	户数	月均电量	下线名称	户数	月均电量
原来	3	金某	4	40	李某	4	180	张某	3	60
					王某	4	90			
调整为	3	王某	4	90	李某	4	180	张某	3	60
								金某	4	40

(7) 搞清动力户的单相负荷接在哪一相，参与调整。农村电网改造后接三相动力的户（4线）较多，但由于农村农副业加工量基本不变，故三相动力利用率低，这些户平时还是只有照明等单相负荷。由于动力户多，其单相负荷不可忽视，否则三相还是不平。

在调整中查明某动力户的单相负荷接在哪一相，并不容易。因下户线到瓷头后，穿管进入集表箱，再穿管入户，无法清晰辨识。可采用下面的测量电阻法查之。

在线路停电情况下，用导线（两头两个电夹子）将该户的照明等单相负荷相线、中性线短接：最好是打开集表箱，把相应电能表（动力用户3块表中电量最多的一块）进L、N线短接(新装电表接线柱光洁，接触电阻小，测量效果好)；也可在用电户内短接，但要注意碰到旧电器接线柱表面氧化或脏污时需刮擦。杆上电工用万用表小电阻挡（如数字钳形表200Ω挡），测量3根相线对中性线电阻，实践证明阻值为0.5Ω左右，所搭相线为该户单相负荷所接相线，其他相线为 3 ~6Ω。此法随调整进程施行。

动力户的单相负荷电量，为相应电能表（动力用户 3 块表中电量最多的一块）总电量减去动力电量，动力电量的数值在另外两块表上都呈现。

知道该动力户单相负荷接在哪一相，和单相负荷电量后，即视其为单相用户，平衡分配。至于其动力电量，由于三相平衡，在调整中不必考虑。

（8）在接点就地平衡（使中性线电流仅在下户线中流动）和相邻就近平衡（使中性线电流走得尽量短）的基础上，先实现末段线路单独平衡，使中性线电流不出境；再实现支线路单独平衡，使中性线电流不流入主线路；再实现主线路平衡，最终达到线路出口平衡，使中性线电流不上溯。

这样上（杆上人员）下（地面人员）结合，卡（抄表卡）表结合，图表结合，务求查得准、决策正确、执行到位，最终达到三相平衡的目的。

（9）调整时切记只动下户线中的相线，不动中性线，以免 220V 接成 380V。若中性线连接不牢固，须重新连接，应放在相线调整之后。相线换接有些需加长，应准备一些与原下户线同规格的导线（一般为 10^2 多股橡胶绝缘电线），并细心按正规接法连接好，完后要核对一遍保证无误再下杆。

（10）调整结束，线路送电。

大量试点证明精细调整可降低低压线损 20% ~50% ，可降低中压线损 5% 以上。

（三）最新进展

2010 年以来，为了解决人工绘图制表录入数据、计算、规划过程繁琐、工作量大、计算容易出现差错，资料难以保存和利用等难题，又研发软件，与便携式电脑结合，研制成功“低压电网三相负荷精确平衡系统”，在低压线路现场进行三相负荷的调查数据录入、快速精确地进行调整规划计算、生成规划表供调整使用，大大降低三相负荷调整的劳动强度，提高效率和降损效果。且实现调整资料方便地保存和以后利用，持续完善提高平衡度。试点证明可降低低压线损 40% ~ 62%，可降低中压线损 10% 左右。

二、无功就地平衡降损法

（一）基本思路

市县供电企业只要采取如下方法则中低压配电网可基本上实现无功就地平衡。

（1）由过去对无功负荷的围追堵截，转变为对电感性元件的随元件补偿。具体来说，专门对异步电动机需求的无功进行补偿，即随机补偿，则配电网无功功率减少 60%；专门对配电变压器需求的无功进行补偿，即随器补偿。则配电网无功功率减少 30%；两者都做了，则配电网无功功率减少 90%。

（2）由过去的重视中压线路补偿，转变为重视低压电网补偿和用户补偿。

无功就地平衡即五级平衡：电感性元件无功就地平衡→因条件限制，不能就地补偿的，就近无功平衡→用电基本单位（家庭、车间）单独无功平衡→工矿企业用户单独无功平衡，低压电网单独无功平衡→中压电网无功平衡。

无功就地平衡，无功功率不再穿越变压器长距离大功率输送，则：

（1）中低压线损大幅度降低。

（2）电压波动明显减小，电压质量明显提高。

（3）极大地减轻了变电站集中补偿投切，和变压器分接头调压、有载调压的工作压力。

所以，无功就地平衡是无功优化的核心内容。

（二）基本做法

（1）对低压电网中的电动机进行随机补偿。重点解决如何正确看待农村低压电网的功率因数、中小电机用不用补偿、补偿容量如何确定、小电容产品哪里生产、电容器的额定电压多高适宜、具体安装位置如何确定等具体问题。对电动机较多的公用配电台区进行随机补偿试点，表明可降低低压线损率 30% 左右，线路末端电压提升 30V 左右，电动机启动快了，工作效率高了，也不烧毁了。

（2）对配电变压器进行随器补偿。重点解决随器补偿与中压线路分散补偿关系、安装位置、补偿容量、保护形式等具体问题。对 6 ~ 10kV 公用配电线路进行随器补偿试点，表明可降低中压线损率 20% 左右，还有提高线路功率因数、减小供电电流、升高线路末端电压 10V 左右等效益。

（三）最新进展

2010 年以来，运用无功就地平衡理念，对 6 ~ 10kV 单元线路进行总体的无功优化设计，并以降低线损及改善电压质量为目标设计控制算法，避免配变无功在线路上流动，研制成功全无功随器自动补偿装置，比现有的控制技术多节电 20%；随器补偿与用户补偿结合，中压线路的补偿可以不再投入，与常规补偿形式相比，本装置结构简单，成本降低 1/3 以上，一般一年半即可回收投资；还有功能强大、超强的安全性等明显优点。

第五节 电能表节电降损

围绕电能表进行节电降损，一是要减少自身损耗，二是要正确安装防止窃电。

一、减少表损节电

农网改造中，各地对低压电力用户的电能表选用，一般采取了如下政策：淘汰 DD28 以下老式电能表；在用 DD28 表经校验合格者，可以入网使用；推广灵敏度较高、比较可靠耐用的新型 DD862 电能表。

但农网改造完成后，在管理中却发现了一个新问题：DD862

电能表自身损耗（即功耗，俗称表损）较高，每月达 1.2 kWh，使低压线损率升高。

原来单相 DD28 表月损 0.7 kWh，单相 DD862 表月损 1.2kWh，三相表月损 = 单相表月损 ×2，三相四线表月损 = 单相表月损 ×3。由于没有使用经验，各地只知道 DD862 电能表的优点，不知其缺点，就大规模推广应用；下户线和电能表虽然产权属用户，但电能损耗在低压电力网线损范围，故表损高使低压线损水平抬高，造成了遗憾。

表损在经济较发达地区，不算什么，因用户每月用几十 kWh 甚至更多的电量，表损只占几十分之一，对线损影响很小。

但在经济不发达地区，因一些用户每月只用几 kWh 甚至 1 ~ 2 kWh 电量，1.2kWh 的表损就显得非同小可。以户均每月 7kWh 计，则仅表损就造成 12.5% 的线损率（1/8 = 0.125）。

农村还有少数家庭，因家中暂时无人居住（举家外出打工、老人进城闲住等），电能表空耗，白白浪费电能，还使线损增高。

解决表损问题的办法如下。

（1）推广自身损耗较小的电子式电能表。农网改造后期又推出了电子式电能表产品，其有低功耗（一般月损 0.4kWh，不超过 0.5kWh）、可防止一些形式的动表窃电、无机械磨损、质量小、精度高、有脉冲输出、能满足通过电力线路联网自动抄表的要求、过负荷能力强、不受安装倾斜度限制、防湿、防氧化、防霉变、抗雷击、工作稳定、使用寿命长（10 年以上）等众多优于传统感应式机械表的特点，而价格与传统感应式机械表接近，因而越来越受到农电部门的青睐，被推广使用，代替 DD862 表。目前农网改造完成早的地方，多规定在用的非电子式电能表损坏或校验不合格后，必须购买电子式电能表，以逐步降低表损。

（2）推广使用电能表节电器。该节电器体积小巧，利用电能表接线柱安装。使用该节电器，在没有用电负载时，自动切断电源，避免空耗；负载一开，自动恢复送电。由于一般用户一天只用数个小时的电，多数时间不用电，故采取该措施，可避免大部分的表损。

（3）线路无功补偿降低电能表轻、空载无功。针对农村公用配电台区低压三相四线用户电能表在用电低谷时处于轻、空载的状况（每只电能表空载电流约为 0.03A），某地供电所于 2006 年 8 月，对所辖 4 个公用配电台区进行无功补偿。在低压线路的 1/2 处和 2/3 处，测得最小电流，按 1～2A 补 4F，2～4A 补 6F，进行线路分散补偿；实施电能表箱补偿，补偿电容必须按电能表数补，按 1 只表补 0.3F 计算。

效益分析：这 4 个台区月供电量为 3 万 kWh 左右，平均每户月用电量 22 kWh，1～7 月的平均线损率为 9%，补偿后线损率降为 6%，低谷时段功率因数从 0.73 提高到 0.93，每月可节约线损电能量 900kWh。

主要成效：降低了轻、空载时电能表的电流，提高了线路电压，降低了低压线路的无功电流，达到了降低线损的目的。

（4）对家中无人长期不用电的空户，应切断电源，避免电能表空耗。如为了带电防止电能表被窃，和以后恢复用电方便，可只取下中性线。

二、纠正电能表接线防窃电

电能表是收费依据，管好它用好它是电工最基本的职责。农网改造中照明户都安装了新型号的 DD862 型或电子式单相电能表，多数地区还规定动力户安装 3 块单相电能表（以避免单只三相动力表内部个别元件烧毁，计量失准但在外面看不出来的情况），故现在电工主要与单相电能表打交道。因此这里只叙述单相电能表的管理方法。

单相电能表接线，由于农网改造集表阶段匆匆而过，赶进度，赶工期，无暇精工细琢；下户线相、中性线没有颜色标记；下户线穿管进入集表箱，使人难以分辨；许多电工、许多地方接表时不注意相序，认为交流无正负，随便怎么接表都会走。电能表本应相线进1出2，中性线进3出4，有的却接反（中性线进1出2，相线进3出4），不知不觉中给用户窃电造成方便：从邻居家拉来一根中性线窃电，或埋设地线一线一地窃电。这些窃电形式很隐秘，没有电力工作经验、不仔细勘查则难以发现；智力高的还用开关（门上开关或拉线开关）控制窃与不窃，难以查处。

应复查一遍电能表接线，不对的纠正过来（翻一下相、中性线），则就从根本上杜绝了这类形式的窃电。应在电量减小的月翻线，以减少群众误会。

第六节　安装漏电保护器防漏电、防窃电

安装漏电保护器可一举多得，既可起到安全（漏电保护）作用，防止人身触电伤亡事故发生；在降损方面，安装漏电保护器也有重要意义，可以防止因漏电引起的电能损失，还可对一些形式的窃电起到防护作用。

一、装设漏电总保护器防止低压线路金属性接地漏电

线路接地分两种情况：一种接触不好，如导线绝缘下降漏电、照明相线触及下雨后淋湿的墙壁漏电、架空裸导线掉到干燥的地面上等情况，漏电在mA数量级，称为电阻性接地。第二种导体与大地良好接触，如导线头扎入潮湿的地中、潜水泵漏电、电动机外壳漏电（外壳接地）等，漏电流较大，在安培数量级，称为金属性接地。

线路发生金属性接地时，大量电能通过大地流回配电变压器中性点，没有做功，白白损耗掉了，这势必增大低压线损率，造成收不够应交电费。若装设有漏电总保护器，线路发生金属性接地时漏电总保护器动作跳闸，就能避免这种损失。因此，装设漏电保护器不仅与安全用电有关，而且与经济效益有关。

导线金属性接地不仅可能造成人身触电伤亡和设备损坏事故，而且造成漏电损失增大低压线损。线路发生金属性接地时，多为某一相先发生，三相同时发生的几率是很小的，若漏电总保护器在灵敏运行，这较大的漏电流必引起保护器动作，切断电源，引导人们排除故障，避免造成无谓的损失。

漏电总保护器可防止多大范围的漏电呢？这个范围是很大的，下至选择的漏电总保护器的额定漏电动作电流 $I_{\Delta n}$，上至配电变压器低压侧熔丝的熔断容量。以中小农村常用的50kVA 配电变压器为例，若用1 台鉴相鉴幅型漏电继电器做总保护，其额定漏电突变动作电流多为50（75）mA，额定漏电缓变动作电流多为300（500）mA，配变低压侧额定电流

$$I_{e2} = S_e/(\sqrt{3}U_{e2}) = 50/(\sqrt{3} \times 0.4) \approx 72\ (\mathrm{A})$$

配电变压器低压侧熔丝的熔断容量一般选取比低压侧额定电流稍大一些即可，但最大不超过额定电流的20%～30%，因此，一般50kVA 配电变压器低压侧选用熔断容量为75A 的熔丝，则该漏电保护器可防止50mA～75A 范围内的漏电。虽然从理论上说超过75A 的漏电可由熔丝熔断来防止，但由于配变低压侧中性点接地电阻一般规定4～10Ω，即使不考虑导线电阻等，导线金属性接地而致的最大漏电流为

$$I = U/R = 220/(4 \sim 10) = 22 \sim 55\ (\mathrm{A})$$

实际上配电变压器安装后日久接地极锈蚀、接地线接头生锈、氧化而致接地电阻常大于4～10Ω，再考虑到导线电阻等，导线金属性接地的漏电流会更小。因此漏电都要靠漏电保护器来防止，即熔丝不可能熔断而由漏电保护器动作跳闸停电。

家庭安装单相（或三相）漏电开关，同理也可防止家庭内发生金属性接地所致的漏电损失。

二、安装漏电开关防窃电

安装单相漏电开关（又叫家用漏电保护器，简称家保）防窃电，适用于所有低压单相用户。其原理：正常供电时，相、中

性线电流之相量和为零，漏电开关不动作；当用户漏电或有下述欠压法、欠流法窃电，导致相、中性线电流之相量和不为零时，漏电开关将动作跳闸。

（1）从电能表前接一根相线（或中性线）进户。

（2）相、中性线对调，同时中性线接地或接邻户。

（3）进表中性线开路，出表中性线经电阻接地或接邻户。

（4）进表出表中性线均开路，表内中性线接地或接邻户。

（5）相、中性线对调，与邻户联手窃电。

同理安装三相三线漏电开关也可防窃电，适用于三相负荷用户；安装三相四线漏电开关可防三相负荷和单相负荷都有的用户窃电。

但上述漏电开关要防窃电，须安装在集表箱内才有效，这与农网改造中一般的安装方法（漏电开关安装在电能表后用户家中）不同。漏电开关究竟安装在集表箱内好，还是安装在集表箱后用户家中好呢？

从农网改造后运行情况看，安装在集表箱后用户家中的，虽说维护修理方便直观，但人为的损坏率较高。如某些用户的水泵漏电，自家的漏电开关频繁跳闸，自己盲目用绳子绑住漏电开关的塑料手柄，继续用电；个别用户室内线路年久老化失修，造成漏电开关跳闸，自己私自跨越漏电开关继续用电。这表面上看起来是安装了漏电保护器，实际上却不能起到保护作用。

若安装在集表箱内，即可避免以上现象发生。如某户电器漏电，或其他原因造成漏电开关跳闸，用户即可通知电工进行维修，在排除漏电等故障后送电。这样可有效地防止用户情急之下胡乱处置，使家用漏电保护器成为名符其实的“家保”。缺点是有时（如夜间、用餐时段）会影响用户用电，和加大了电工的工作量。

考虑到历史原因和现实情况，可仅把怀疑窃电的用户的漏电开关安装在集表箱内。

第七节 减小接触电阻降损

正常导线的电阻很小，尤其是电网改造后的农村，都换上了线径较大的新导线，电阻大的问题多出现在两导体的连接处，一是两段导线未经处理即缠接，由于接触不良和接触面小，产生相当数值的接触电阻。二是导线与开关电器等的连接，因基底未做处理、不同金属（如铜－铝）直接连接、压接不紧等原因，在连接处产生一定的接触电阻。接触电阻之所以危害严重，在于其不能保持在最初的较小数值长久不变，而是不断地、迅速的膨胀增大。其原因较复杂，下面深入进行探讨。

一、接触电阻不断增大的原因

（1）铝导线表面在空气中极易氧化而形成氧化铝，尽管氧化铝层很薄，只有3～6μm，但是它的电阻值很高，使连接处的接触电阻大大增加。

（2）铜与铝的热膨胀系数相差很大，铝的热膨胀系数比铜大36%左右，连接处发热使铜导线受到挤压，冷却后不能完全复原。这样，经过几次热冷变化之后连接处松动，造成接触不良使接触电阻增加。同时，由于连接处松动出现缝隙而进入空气，亦导致铝导线氧化，使接触电阻急剧增加。

钢制螺栓的热膨胀系数要比铜质、铝质导线小得多，尤其是螺栓型电气设备接头，在运行中随着负荷电流及温度的变化，铝、铜与铁的膨胀和收缩程度将有差异而产生蠕变。所谓蠕变就是金属在应力的作用下缓慢的塑性变形，蠕变的过程还与接头处的温度有很大的关系。实践证明，当接头处的工作温度超过80℃时，接头金属材料将因过热而膨胀，使接触表面位置错开，形成微小空隙而氧化。当负荷电流减小温度降低金属材料回缩时，由于接触面变形和接触面上氧化膜的覆盖，不可能回复到原来安装时的状态。每次温度变化循环所增加的接触电阻，将会使下一次循环的热量增加，所增加的温度又使接头的工作状况进一步变坏，因而形成恶性循环。

（3）不同材质接触表面会产生微电池腐蚀效应。铝为3价元素，铜为2价元素；铝的标准电势为－1.28V，铜的标准电势为＋0.34V，铜铝之间的电势差为＋1.62V。当两者接触处浸入雨水或受潮湿润时，铝、铜发生电解反应，在接触表面形成电解液，其间会有微弱的电流流动，铝导体受到腐蚀，使接触性能迅速恶化。

（4）绝缘导线的连接处因接触电阻较大而发热，温度超过75℃且持续时间较长时，聚氯乙烯将会分解出氯化氢气体，这种气体对导体有腐蚀作用，导致接触电阻增大。

由于以上原因，使连接处温度升高→接触电阻增大→发热更严重→接触电阻更大→恶性循环直至烧断导线或烧坏开关电器造成事故。且由于长期发热，造成大量电能变成热能消耗掉了，因此对接触电阻造成的安全缺陷和电能损耗不可忽视。

二、配电台区接触电阻检测步骤

配电变压器低压侧电流较大，是高压侧的25倍（10/0.4＝25），接触电阻危害范围主要在配电屏、主干线路上，分支、末段线路虽然也有接头，但电流较小，危害较小。接触电阻一般检测步骤如下。

1. 检测配电屏上存在的接触电阻

一般从配电变压器的低压套管到低压配电屏出口，存在13层73处连接（见表5－7），是接触电阻频发地段，实践证明问题大的增损3%～5%。

表5－7　配电屏上存在的13层73处连接

序号	部位名称	连接数量（处）	备注
1	变压器低压套管→低压进线（铜铝）	4	
2	低压进线→上铝排（铝铝）	3	

续表

序号	部位名称	连接数量（处）	备注
3	上铝排→隔离开关上静桩头（铝铜）	3	
4	隔离开关动触点（铜铜）	3	
5	隔离开关下静桩头→铝板（铜铝）	3	
6	铝板→交流接触器上静触头（铝铜）	3	
7	交流接触器动触点（铜铜）	3	
8	交流接触器下静桩头→中铝排（铜铝）	3	
9	中铝排→与低压开关上桩头（按3路）（铝铜）	9	3×3
10	低压开关动触点（按3路）（铜铜）	9	3×3
11	低压开关熔断器上桩头（按3路）（铜铜）	9	3×3
12	低压开关熔断器下桩头（按3路）（铜铜）	9	3×3
13	低压开关下桩头→低压出线（按3路）（铜铝）	12	3×4（含中性线）
合计		73	

检测配电屏上接触电阻的方法步骤如下。

（1）测配电屏出口三相电压，看有无差异，即横向比较（同层次比较），某相低得多，可能该相存在较大的接触电阻。若三相平衡，即无特异相。

（2）再测配变低压套管三相电压，与上述电压比较，即纵向比较（前后比较），降压较大的，说明可能存在较大的接触电阻。

如测配电盘出口发现A相电压低得多，说明A相可能存在问题；前后比较A相降压10V，用钳形表测得A相电流10A，则判定A相存在1Ω的接触电阻。

（3）判定存在较大接触电阻的部位。这些部位或高温、或发出焦焓味、或烧坏，容易查出、确定。

注意应在负荷大时测量，容易发现问题。

2. 检测低压配电主干线路存在的接触电阻

方法步骤同检测配电屏上存在的接触电阻类似，即测某段线路末端电压，找出可能存在问题的相；前后比较判定接触电阻的量值；目测判定存在较大接触电阻的部位。

三、减小电气连接处接触电阻的方法

电气连接若达不到技术要求，将会产生过大的接触电阻，导致电气设备不能正常运行，甚至造成重大的安全事故和经济损失。在实际工作中，通常采用如下几种方法来降低接触电阻。

1. 增大接触面积

（1）多股铝导线的连接要正规叉码接，并且整个过程一丝不苟：连接长度一般为导线直径的25倍，将连接段线芯一根一根松散开呈喇叭口状，用砂布把线芯逐根打磨光洁，一根压一根交叉，之后把连接段用手压平、压紧，用铝线密缠扎紧，最后用压接钳压出2～3个点。要纠正图省事将两段圆柱形线芯相对叠压、用铝线扎紧的做法。绝缘导线连接好后还要恢复绝缘，目前已有厂家生产出各种规格低压热收缩管，密封绝缘效果很好。

（2）开关主触头表面有硬物可用钳子拔掉，有污物可用柔软材料擦去，不要修锉掉导电性能好的银合金层。一般来说正规开关产品的主触头基材为铜、表面为银合金，由于银不易氧化，即使有一层氧化膜仍能保持很好的导电性，从而避免触头发热过甚烧坏，延长触头寿命。若锉掉银合金层，其他金属在电弧高温下容易氧化，则增大接触电阻，流过电流使触头温度升高，温度高又促使触头进一步氧化，恶性循环最终导致触头烧坏。且修锉后接触压力减小，使接触变得更差。

（3）在开关触头表面涂抹导电膏。导电膏又叫电力复合脂，在开关触头表面涂敷，降阻防腐，能降低接触电阻（可降25%～95%），降低温升（可降25%～70%），可抗各种腐蚀，耐高温、高寒、抗潮湿，代替并优于接触面搪锡、镀银。用之节电效果显著，也提高电气设备运行的安全性。

需要指出的是，导电膏并非良导体，它在接触面上的导电性能是借“隧道效应”来实现的。所谓“隧道效应”就是指粒子通过一个势能大于总能量的有限区域。这是一种量子力学现象，按照经典力学是不可能出现的。因此，导电膏在接触面上不可涂得太厚，否则会影响其使用效果。

具体涂抹导电膏的工艺为：在接触面平整光洁的前提下，用除油剂除去接触面的油污，再用钢丝刷除去表面的氧化膜，最后再用干净的棉纱蘸酒精或丙酮把接触面擦拭干净，立即在接触面涂 0.05 ~ 0.1mm 厚的 DC 型导电膏，并轻轻抹平，以刚能覆盖接触面为宜，然后用铜丝刷轻轻擦拭，使接触面氧化膜破碎酥松脱落，再薄涂一层导电膏。

近年来社会上又推出了可以用来替代导电膏的纳米导电涂膜剂，纳米导电涂膜剂是以润滑剂与金属缓蚀剂相结合的一种人工合成有机材料，它的分子结构可以比喻成一个带有长尾巴的铆钉，铆钉的头部是具有一个含有密集电子云的缓蚀基团，铆钉尾部为含共价键的润滑基团，将其涂敷在金属表面，缓蚀基团的电子云便能与金属表面原子形成化学键结合，因而能牢固地附着于金属表面，隔绝了腐蚀介质与金属表面的接触，从而显示出良好的防腐蚀性能。纳米导电涂膜剂分子的另一端为含有共价键长链结构的尾巴，起着优良的润滑作用。当膜层厚度被挤压成 30nm 以下的厚度时，分子头部的密集电子云在外电场力的作用下产生离域现象，出现分子隧道型导电，其导电率与银相当。因此，纳米导电涂膜剂同时具有润滑、防腐蚀、导电性能强等优良性能，能极好的解决接头发热问题；其涂敷工艺简单，喷涂而不用手涂抹，操作简单方便，用量省；其工作温度：-55 ~ +155℃，本身无毒、不潮解、厌水、可长期避光保存不变质，使用寿命长，喷涂一次保护膜不受损坏，可保持 8 ~ 10 年；再加上它不仅适用于固定连接点而且更适用于滑动连接（如插头、插件）和可动连接（如 GW -5 隔离开关的动触头），因此与传统的接头保护剂导电膏相比，性能更优异。

（4）保持接触压力。电气设备在运行中，其连接部分受电动力作用或其他机械振动，会使连接螺栓松动，连接处接触表面的压力随之减小，致使接触面积减小，接触电阻增大。为防止此种情况发生，可在螺帽下加平垫圈及弹簧垫圈。

要注意紧固螺栓压力应适当。有些检修人员认为连接螺栓拧的越紧越好，其实不然。因铝质线材弹性系数小，当螺母的压力达到某个临界压力值时，若材料的强度差，再继续增加不当的压力，将会造成接触面部分变形隆起，反而使接触面积减少，接触电阻增大。

选择合适的紧固压力，第一要合理选择连接用的螺栓、平垫圈及弹簧垫圈。第二在进行螺栓紧固时，螺栓不能拧得过紧，以弹簧垫圈压平即可。

2. 增强导电性能

（1）清洁处理。即清除接触面上的氧化物和污物，并打磨光洁。注意用砂纸来清洁铝排接触面时，由于砂纸上的颗粒比铝材硬度大，擦拭时将会有一定数量的砂粒嵌入铝质金属接触表面内，导致有效接触面积减少，且由于砂粒不导电，会使其接触电阻增大 10 ~ 20 倍。注意用抹布或纸来清洁接触面，可能会在接触表面留有细毛，导致接触不良。最好的方法是用毛皮或金属薄片来擦，或粗擦后用其细擦，再用酒精清洗。但是，不能用酸碱液来清洗。

（2）防止氧化。为防止铜与铜的接触面氧化，可在其表面涂锡或镀银。涂锡后虽然接触电阻有所增加，但可使接触电阻保持在相当稳定的数值内。在铜表面镀银是避免氧化的最可靠保证，银的氧化物导电率与银接近，但镀银的造价太高。

铝的氧化物电阻率很高，铝在空气中的氧化作用比铜更为严重。为防止铝氧化，过去一般在接触表面镀锌或涂一层凡士林油。当两接触面压紧后，凡士林油被挤出，滞留在接触处周围，隔绝了空气的侵入。

如有条件，电气连接的接触表面防氧化处理，可采用电力复合脂（即导电膏）以代替传统的凡士林。实践表明，中性的凡士林无任何导电作用，只能起到防止水分渗入和隔离空气的作用，并且凡士林的滴点仅为54℃。所谓滴点就是在标准条件下，油脂物质从半固体变成液体状态的温度。当运行温度高于54℃时，凡士林就会慢慢渗化流失而干涸，空气的有害介质沿接触表面空隙侵入，使接头表面氧化腐蚀。而新型的电力复合脂，滴点达180～220℃，凝固点低（－20～－30℃），其中所含的锌、镍、铬等金属细粒填充在接触表面的缝隙中，金属细粒在螺栓紧固力的作用下，能破碎接触面的氧化膜层，降低接触电阻。同时电力复合脂还可以在接头整个表面形成一个保护层，隔绝空气和水分的渗入，起到防止氧化的作用。纳米导电涂膜剂防接触表面氧化性能（比电力复合脂）更优异，如能购得应优先采用。

（3）铜铝连接，尤其在大电流情况下，线径较大的一定要用铜铝过渡线夹，线径小的可铜件搪锡后再与铝件连接，后者简便易行，铜件稍加处理用电铬铁即可搪锡。金属元素的化学活动顺序表明，锡的化学活动性介于铜铝之间，其介入使铜铝之间的电位差减小，电化氧化减轻，通过大电流不发热，并长期保持稳定，效果令人满意。

防止电气连接处的发热，除按照上述方法操作外，在加强现场巡视检查的基础上，还应采用必要的技术手段（如用示温蜡片、红外线测温仪、红外线热成像仪等）进行温度监测。以便发现问题及时处理。

第八节 交流接触器节电降损

农村低压漏电总保护，多配备容量在100A及以上的大中型交流接触器，做一次重合闸型漏电继电器的执行元件，以实现自动合、跳闸，这样做提高了漏电保护的可靠性，又缩短了停电时间，减轻了农村电工来回跑腿送电的负担，有利于解决漏电保护与供电这一对矛盾，电工乐意采用，群众也很欢迎。

农网改造中一般农村都由过去的一台漏电继电器作总保护，改为在数条（因配电屏上位置所限，一般为3条）分路上，装设数台漏电继电器，各条线路都保护起来形成总保护。接触器多采用新型CJ20系列非节能型，也有少数采用老式CJ12型；漏电继电器多采用鉴相鉴幅节能型，也有少数采用一般电流型（非节能型）。

若接触器和漏电继电器都采用非节能型，则接触器吸引线圈长期通电（380V或220V）运行，不仅耗费电能，产生噪声，噪声大的传出几十米、几百米，影响周围群众的生活，线圈还由于种种原因容易过热烧毁。

工矿企业中也使用大量大中型交流接触器，许多接触器吸引线圈都是通电运行，同样产生上述问题。

为了既发挥大中型交流接触器容量大、自动化程度高的优点，又避免或减少其耗电、有噪声、线圈易烧毁的弊病，除要购买符合国家标准的正规接触器、正规线圈外，还要注重安装质量，采用节能型漏电继电器或配以辅属装置使其节能运行。

一、安装正直牢固

CJ12系列交流接触器在农村使用较多，由于自身特点安装中发生问题较多，给运行带来隐患，故须加以注意。

1. 安装正直

按规定交流接触器必须垂直安装，与垂直面的倾斜度不得超过5°，实际上由于CJ12系列接触器质量较大，重心靠前，固定位置靠后、靠下，若与框架角钢固定不紧，容易向前向下扭转，造成倾斜，使用一段时间后，由于振动的影响，使倾斜程度更甚。容量越大的接触器，如400、600A，问题越严重。接触器向前下方倾斜则增大电磁系统的吸合负担，轻则电磁系统发热严重、噪声大，严重的线圈因长时间过载而烧毁。

因此，必须把接触器安装得正直或稍微向后倾（不超过5°）。方法是：对于容量较大的接触器，除按常规安装外，在框架上增加一根角钢，把限制动铁心的边框的两个固定螺丝换长，把接触器右上部也固定在框架角钢上。这样就容易安装正直，并且运行很久仍保持正直。

2. 单独安装、固定牢固

CJ12 系列交流接触器合、跳闸时冲击力较大，引起较大振动，容量越大的接触器，振动得越厉害。若安装在配电屏上（配电屏一般直立，仅固定下部），合、跳闸时屏面摇晃，反复振动天长日久容易振松各压接螺丝，振坏屏面上安装的表计、指示灯和其他低压电器（包括漏电继电器）。鉴于此，有些电工把较大容量的接触器，不安装在配电屏上，而单独通过钢铁构架固定在配电室的墙面上，作为进线总负荷开关，由总保护控制其动作，是一种可行的方式。

二、节能运行

合格产品、正确安装的交流接触器，其吸引线圈消耗电能见表5－8。

表5－8　　交流接触器吸引线圈消耗电能

型　号	极数	线圈电压（V）	起动功率（W）	吸持功率（W）	每只每年耗电（kWh）	每年电费（0.62元/kWh）（元）
CJ12（B）－100	3	380	920	22	190	117.80
CJ12（B）－150	3	380	1450	30	259	160.58
CJ12（B）－250	3	380	2100	45	389	241.18
CJ12（B）－400	3	380	4180	85	734	455.08
CJ12（B）－600	3	380	5600	70	605	375.10
CJ20－100	3	380	228	23	199	123.38
CJ20－160	3	380	325	34	294	182.28
CJ20－250	3	380	565	65	561	347.82
CJ20－400	3	380	565	65	561	347.82
CJ20－630	3	380	790	118	1019	631.78

节能运行即交流接触器吸合后，吸引线圈仅耗费少量电能或不耗电，保持运行状态，以节约电能、消除噪声、避免或减少线圈烧毁。常见形式有：

1. 无声节电运行

以电容器（或变压器）、整流二极管、电阻等电子元件做成无声节电器，与交流接触器吸引线圈连接，使接触器交流380V或220V起动，或交流整流后直流起动，经电容器降压（或变压器降压）、二极管整流后得到较低电压的脉动直流电，供给线圈保持吸合，切断电源后线圈失电接触器跳闸。节电率达85%以上。

无声节电器的特点是价格较低，安装接线简便，早期产品有的存在闭合失败率，有的需利用和调整接触器辅助动断触点，因直流吸合的剩磁效应而致分断稍迟，因电子元件质量问题及电路设计缺陷造成损坏率较高。近年来经过改进和完善，产品性能有了很大提高。如“JXY－4型节电消声器”，内部设有起动电路，不需用接触器辅助触点而使闭合可靠；内设加速释放电路，使漏电保护系统总分断时间小于0.1s，满足漏电保护快速断电的要求；内设欠压保护电路，当高压配电线路缺相，低压降到280V以下时能自动使接触器跳闸，保护用电设备；可与容量为60～600A的接触器配用；节电率95%。

农网改造中多采用鉴相鉴幅节能型漏电继电器，其用无声节电电路作为输出电路，控制大中型交流接触器，不需用接触器辅助触点，闭合可靠，节电率85%左右。

工厂、农村农副业加工房广泛使用小型交流接触器，其同样存在运行时耗电、噪声大、线圈易烧毁问题。为此，作者等研制出“消声节电控制按钮”，其是无声节电电路与常规起动/停止按钮的结合，外观仍是一常规按钮，不另占位，接线简便（两进两出，不分极性，不用接触器辅助触点），成本低（30～40元），闭合成功率100%，可靠耐用，试用效果良好。尤其在工厂使用，可有效地消除噪声，净化环境，提高工作效率。

2. 机械锁扣无压运行

用金属材料和牵引电磁铁等做成装置，附加在大中型交流接触器上，交流或直流起动，吸合后机械锁扣保持吸合状态不变，电网系统停送电时吸合状态不变，励磁脱扣接触器跳闸。

这种形式的特点是，改造费用低，需有经验的电工安装调试，吸合可靠，附加装置经久耐用，跳闸利索，满足漏电保护快速断电的要求，电工容易掌握其工作原理，能自行维修，便于广泛推广应用，适用于总保护和分路保护，能减少无效动作，延长接触器使用寿命，不适用于单台电动机保护。

图5－9为一种机械锁扣无压运行线路图。其工作原理如下。

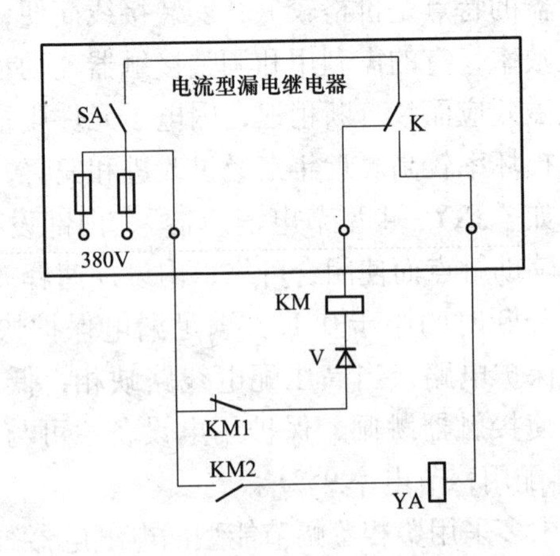

图5－9　机械锁扣无压运行线路图

SA—电源开关；K—出口继电器；KM—交流接触器；
V—二极管；YA—牵引电磁铁

(1) 合上漏电继电器的电源开关SA，则交流接触器KM吸引线圈通电，接触器吸合，随之接触器辅助动断触点KM1断开，机械锁扣，吸引线圈无压运行。接触器辅助动合触点KM2闭合，为跳闸作准备。

(2) 电网系统停送电，保持吸合状态不变。接触器作为低压电网总开关，电网系统停电时跳闸，送电时合闸，属无效（无

意义）动作，且降低接触器使用寿命。显然改造为机械锁扣无压运行方式，可避免无效动作，延长接触器使用寿命。

（3）发生触、漏电事故时，漏电继电器的出口继电器 K 动作，其动断触点打开，动合触点闭合，牵引电磁铁 YA 通电，拉动机械锁扣机构脱扣，接触器跳闸，随之 KM2 断开，YA 断电，KM1 闭合，为接触器合闸做准备。

（4）若复位不成功（触、漏电事故信号未消失），漏电继电器二次动作（永久跳闸），则 YA 断电，不会因长期通电烧毁 YA 线圈。

触、漏电事故信号消失后，扳下 SA 再合上，则恢复送电。

（5）若复位成功，则 K 动断触点闭合，恢复送电。

把图 5－9 中交流接触器的辅助动断触点 KM1 换为起动按钮，则成为按钮起动机械锁扣无压运行。这种方式适宜三相动力负荷多的低压电网，接触器跳闸后不宜在几秒内自动重合，因跳闸后多数控制电动机电源的闸刀尚未来得及拉下，在几秒钟内重合送电，造成多台电动机同时起动，容易烧坏电动机、闸刀、线路和接触器主触头。宜稍候由电工到配电室按下起动按钮送电。

第九节　厂矿企业节电降耗

厂矿企业（第二产业）的电能消费占社会电能消费总量的 3/4，节电降耗潜力巨大。如何看待厂矿企业节电降耗，如何做好这件大事，是个很大的题目，篇幅所限，这里只做简要探讨。

一、厂矿企业为什么需要节电

（1）能效经济时代到来，节电势在必行。工业革命以来至 20 世纪，人类经济的突出特点是以劳动生产率的提升为中心和重点的。在劳效经济主导的时代，谁的物料成本低，谁的劳工工资低廉，谁能够获得便宜的土地，谁就能够赢取足够的利润空间。然而近年来，依靠劳效的企业已经越来越难以成功了。一些企业像候鸟一样，早先在沿海，后来搬内地；由大城市搬到小城市，由平原搬到山区。没有技术的提升，只能靠低廉的劳工和便宜的土地赚取利润，何处是企业的归宿？什么才是企业真正的安身立命之本？逐步地，人们发现，企业的成功，除与劳动生产率有关外，更取决于企业的资源生产率，更具体地说，就是能效。在能效经济主导的时代，谁的能效高，谁就能够成为赢家。

（2）节电，国情所迫，政府倡导，电网安全经济运行的重要举措。

（3）省电＝赚钱，电费：未被企业控制的最后一项成本。

除物料成本和人工成本外，电费开支通常为企业的第三大项成本。在许多企业、尤其是乡村个体企业负责人的传统观念中，电费成本是生产成本的一部分，因此直接控制的压力不大，无须单独加以考量，这是一个错误的概念。

企业往往花费大量的投资用于对物料和人工成本的控制，但普遍认为电费开支是难以控制的，交电费天经地义，因为用电设备消耗多少电，是由其机电特性所决定的，主观的控制无能为力。其实依靠技术进步，通过一系列的技术和管理措施，企业可以节电10%～30%，技术和管理水平低下的乡村个体企业可以节电更多。

二、厂矿企业节电降损的技术措施

（1）加大无功补偿力度，实现企业无功就地平衡。厂矿企业有较大容量的配电变压器，有大量的三相电动机负载，设备集中，用电有固定规律，用电量大，故应首先采用无功就地平衡节电降损，可收到极好的经济效益。产生谐波危害的要结合无功补偿进行谐波治理。

（2）企业内部线路技术改造。把配电变压器放置到负荷中心，缩短供电半径，加大导线直径。

注意三相负荷就地平衡。主要有三个方面：① 某些企业的中压电气设备（如电炉变压器等）有接两相的，应配接均衡，使中压线路三相负荷平衡；② 低压电热设备容量较大的，要三相均衡配接；③ 办公、管理、后勤、服务、家属区单相负荷容量较大，要实现三相负荷就地平衡。

企业线路复杂、设备众多，有大量的电气连接，存在许多隐患，要按技术要求搞好电气连接。

以电弧炉为主要生产设备的高能耗企业，降低变压器至电极间的短网的电能损耗，可节电 5% ~10%。

（3）节热。以炉窑为主要生产设备的高能耗企业，生产过程中热量大量散失，又由电能转化为热能来补充。采用节热新设备新技术防止热量流失，利用余热，有很大的节热潜力。节热就是节电，并改善工人的劳动条件，保护生态环境。

（4）生产过程自动控制。一些厂矿企业，尤其是众多乡村个体企业，生产方式原始落后，生产过程主要靠人工操作控制，凭眼看电流表（及其他表现）之后按控制按钮操作，不能精确控制：一是电流表指针来回摆，难以看清，可能出现失误；二是人反应需要时间，需看到→思考→决断→动手操作，需要几十秒到一两分钟的时间，这一耽误，电流可能就超过了，于是跳闸，再送电、逐渐加电流。有时操作人员可能精力不集中，没看到；但精力太集中，高度紧张，也不行，又可能看错操作错，造成失误，该升了弄成降，悔之不及。

解决这个问题，需精确测量、自动控制。则生产稳定进行，最高效率地加热，通电时间缩短，炉窑散热最少，既最大限度地节能，又提高了产量。

（5）选用专业节电器具。近年来随着资源短缺、节能力度加大，各地生产出多种类别的专业节电器具（见表 5 -9），厂矿企业可根据自己的实际情况选用。

表 5-9　　　　专业节电器具简介

名　称	简要工作原理
通用系统保护节电器	抑制瞬变、谐波，改善功率因数
超高速净化节电保护器	对电弧炉电压、电流冲击和浪涌的滤除和抑制效果可达到最佳，对畸变的交流电压波形进行校正，从而优化电源质量
电弧炉电效控制专家系统	实现对三相工频电弧炉的测量、控制、管理于一体
电弧炉能效控制系统	滤除瞬变、浪涌及高次谐波，利用先进成熟的工业控制技术和专用模块，实现了电弧炉参数测量、智能分析、动态控制、快速响应、设备保护、信息反馈、数据存储等多个方面的全方位数字化，整个系统集当代电弧炉能效控制技术之大成
系统降损节电器	无功补偿、抑制谐波
单晶炉高效节电器	抑制低次谐波、浪涌、瞬变及高次谐波，实现了全频域覆盖
智能广谱节电器	采用智能数字调控电磁叠加耦合技术，全智能跟踪电网参数变化，实现无谐波、无污染、绿色环保式自适应参数控制匹配
抽油机专用节电器	可预置负载种类最佳运行匹配；独有的油田磕头机；节能运行模式；自动电压调整（AVR）功能
电石炉节电器 黄磷炉节电器	清除电压、电流冲激、高次谐波和供电环境的污染
单相电机节电器	调整触发角而对相位角进行实时和动态的优化，从而提高电动机在低负荷或轻负荷状态下的功率因数和运行效率
三相电机节电器	用微处理器控制，在轻负载情况下电动机电压自动降至最低需求而转速保持恒定；如果负荷增加，电压将自动上升以防止电动机失速，实现电动机的负载和供电之间“所供即所需”

续表

名　　称	简要工作原理
电动机变频调速器	使电动机工作在50~70Hz之间，实现电动机按工艺要求进行自动化转速调节，不需改装电动机和设备即可实现无级变速和控制正反方向运行。它具有软启动和软停车功能，使开、停机冲击电流大为降低，避免了恒定转速状态下的电能浪费现象
高压设备节电器	清除高压供电线路普遍存在的浪涌、瞬变、高次谐波
商业节电器	采用特制的节能电抗式器件，输出完整的正弦波，提高功率因数
三相灯光节电器	自动净化电网波动、闪变、谐波，动态校正电压偏移，完美的正弦波交流电输出
E-SAVER省电器	让用户能够自主地去选择调节适当的工作电压，以节电，并延长用电器具的使用寿命
泵浦专用节电器	水泵电机软起动，运行自动控制，取代传统阀门调节

（6）选用专业节电方案（方法）。近年来各地研究、总结出一些专业节电方案（方法），见表5-10，厂矿企业可根据自己的实际情况选用。

表5-10　　　　专业节电方案（方法）简介

名　　称	采取的主要接电措施
矿山节能降耗改造	使用变频调速器；工艺、设备的优化；新工艺、设备的应用；合理组织生产，提高设备利用率，减少设备低效运转；提高线路功率因数，减少无功电流
水泥厂整体节电改造	变压器节能、无功补偿节能、变频调速节能、线路降损节能、自控节能、滤波节能、生产工艺、设备技术改造
纸厂节电改造	建立健全节能奖惩管理制度；采用变频调速新技术；调整峰谷负荷，降低购电费用；推广节能照明灯具

续表

名　　称	采取的主要接电措施
三相异步电动机的节电技术改造	通过晶闸管电压斩波来调整输出电压的大小，通过调压的方法来节电
锅炉鼓风、引风及水泵变频改造	用变频器进行流量（风量）控制
空压机节电改造	采用变频控制恒压供气智能控制系统
电梯节电改造	利用势能、动能的电梯变频调速系统
中央空调系统节电改造工程方案	运用变频技术、模糊自适应控制等最新的技术
建筑节能	运用太阳能热水系统、节能型空调系统、节能照明系统、外墙隔热技术等
商场照明节能设计	采用新颖高效节能新灯具、无功就地平衡、三相负荷就地平衡
超市节电改造	采用高效自耦变压器，调节电压，达到最安全、合理的节电方式

第十节　家 庭 节 电

随着家用电器大量进入城乡家庭，公用低压电网中单相负荷突飞猛增，家庭用电量成为公用配电台区电量的主要部分，家庭节电的潜力也越来越大。家庭节电，能节省家庭电费开支，提高电能质量。

一、常用家用电器的功率及用电量

一些人对家用电器功率多大、耗用电量多少，了解甚少。应对家中的电器有一个全面了解（见表 5－11），才能心中有数，正确应对，也为节电降耗打下基础。

表 5-11 常用家用电器的功率及用电量

用途分类	电器名称	一般电功率（W）	估计用电量（kWh）
视听电器	彩色电视机	52~200	每小时0.07~0.2
	VCD	25~50	每小时0.025~0.05
	DVD	20~35	每小时0.02~0.035
	录像机	80	每小时0.08
	音响器材	100	每小时0.1
	电脑	350	每小时0.35
温调电器	窗式空调机	800~1300	每小时0.8~1.3
	挂式空调机	800~2000	每小时0.8~2
	立式空调机	1860~3000	每小时1.8~3.0
	立式电风扇	70	每小时0.07
	吊扇	75~150	每小时0.08~0.15
	台扇	45~66	每小时0.05~0.07
	加湿器	35~50	每小时0.035~0.05
	电暖气	1000~2000	每小时1.0~2.0
	石英电暖气	500~1500	每小时0.5~1.5
	电热褥	50~100	每小时0.05~0.1
厨房电器	家用电冰箱	65~130	大约每日0.85~1.7
	电磁炉	400~2000	30min 1.0
	电饭锅	500	20min 0.16
	微波炉	800~1500	每10min 0.16~0.25
	电炒锅	1500	20min 0.5
	电水壶	1200~1500	每10min 0.2
	速热电水壶	1350	5min 0.11
	豆浆机	200~800	每次0.16~0.2
	榨汁机	280	每10min 0.05
	消毒柜	600~1000	每小时0.6~1.0
	吸油烟机	180~220	30min 0.1

续表

用途分类	电器名称	一般电功率（W）	估计用电量（kWh）
洗洁电器	家用洗衣机单缸	230	每小时 0.23
	家用洗衣机双缸	380	每小时 0.38
	滚筒洗衣机	220 ~ 330 ~ 1800	每次约 0.4（不加热）
	双动力洗衣机	400 ~ 260	每次约 0.1
	电吹风	300 ~ 600	每 5min 0.03 ~ 0.05
	电熨斗	750	每 20min 0.25
	吸尘器	350 ~ 850	15min 0.1 ~ 0.21
卫浴电器	即热式电热水器	3000 ~ 7000	30min 1.5 ~ 3.5
	预热式电热水器	800 ~ 2000	每小时 0.8 ~ 2
	浴霸	500 ~ 2000	30min 0.25 ~ 1.0
	排气扇	40 ~ 42	30min 0.02
其他电器	饮水机	600 ~ 1860	每天 1.5 ~ 3.8
	充电器	33	8h 0.2
	灭蚊灯	2	每月 1.5
	按摩器	200 ~ 800	每 10min 0.03 ~ 0.12
	台灯	11 ~ 60	每小时 0.01 ~ 0.06

二、家庭节电要点

（1）创造小环境冬季保暖、夏季降温。冬季 12 月到次年 2 月用电热电器取暖，电热电器功率大，且由于冬夜时间长，要耗用大量电能，加上用电热水器洗澡，一般家庭每月用电可达 200 ~ 1000kWh；夏季 6 ~ 8 月用空调降温，同样由于空调功率大，且夏日白昼时间长，加上冰箱 24h 开着，要耗用大量电能，不亚于冬季。冬、夏是用电最多的时段，也是节电潜力最大的时段。还有一个因素是随着城乡经济发展和生活水平提高，步入小康社会，住房面积越来越大，住房和客厅越来越宽大，年轻人结婚就要二室一厅、三室一厅，面积大了，冬季保暖、夏季降温就需要耗费加倍的电能，代价巨大。

那么节电的突破口在哪里呢？夏热冬寒的原因是太阳光照的多寡造成的，室内温度的升降受大气温度的影响，我们无法改变大气环境，要节能，就只有创造一个小环境，在这个小环境里，使温度变化较缓和，升降幅度较小。① 冬、夏人们休闲、睡眠应转移到一个面积较小的房间，或隔开一个较小的空间，则无论升温还是降温，需要的能量就小多了；② 门窗是房屋通风、透光的主要渠道，同时也是室内能量流失或进入的主要渠道，是建筑物主要的能耗部分，据统计，门窗能耗占建筑物能耗的40%～50%。故这个小房间的门窗要加强，如做成双层门窗。双层门窗冬季御寒能力强，可使冷空气侵入减少25%，屋内热损失率减少50%，使室温提高3～5℃；如遇天气晴朗，有阳光，最好打开阳光能直射进来的窗户，这样，即可更换室内空气，又能升高室内的温度。夏季双层门窗同样可以减少热空气侵入，降低室温。

有了这个冬暖夏凉的小环境，既舒适，又可节省很多电能。

（2）不使用白炽灯，换用节能灯。传统白炽灯的发光原理是，将其消耗的一部分电能转化为光能，另一部分转化为无用的热能。其能源有效率仅为5%；而节能灯只需白炽灯耗电量的20%，就能达到同等的照明效果。目前世界上一些发达国家已颁布法令禁止使用白炽灯，以减少能源消耗，提高能源使用效率，达到减少温室气体排放的目的。一个家庭若原来使用白炽灯，现在全部换成节能灯，则照明电量减少80%。

（3）上水自动控制。农村、郊区的很多家庭有自备井，用潜水泵把水抽到高处水箱中，供应全家日常用水。抽水往往掌握不好时间，或做别的事忘了停水，造成水箱溢水，不仅浪费电能，也浪费了宝贵的水资源。上水应使用定时器或液位控制器等，实现自动控制，使水箱中水位达到预定位置即自动停水。

（4）路灯采用声光控灯头。其功能特点：① 内装有光控电路：白天不工作，晚上或光线暗时工作（可调）；② 闻声灯自亮，并延时一定时间自动关闭；③ 延时功能：15～100s 可调；④ 开关电路采用过零技术，常通断，对负载影响不大。适用范围：走廊、车库、仓库、地下室等场所。自控照明，尤其适合常忘记关灯、关排气扇场所，避免长明灯浪费现象，节约用电。该开关为无触点电子开关，不产生火花，在有可燃气体的场所使用很安全。其技术指标：负载功率：15～300W（参照产品后座及合格证）；静态功耗：<0.2W。

（5）电饭锅节电。① 煮米饭时，当煮开一段时间后，用手轻轻抬按键，使其跳开，利用余热让米将水吸干，再按下按键，饭熟后就会自动跳开；② 煮饭做汤时，只要熟的程度合适即可断开电源，电热盘中的余热还能加热一段时间，要充分利用余热；③ 饭熟后要及时拔下插头，不然锅内温度下降到 70℃ 以下时会连续自动通电；④ 锅盖上盖一条毛巾，可减少热量散失；⑤ 尽可能使用热水、温水做饭，用热水煮饭可节电 30%；⑥ 电热盘是电饭锅的主要发热部件，通电后把热量传给内锅，表面清洁，热传导性好，提高功效，即可节电。若电热盘被油渍污物附着后出现了焦色炭膜，必将影响导热性能，耗电增多。因此，一定要保持电热盘的表面清洁，每次洗锅时应用干净的软布将锅底表面擦净，如电热盘上出现焦膜后，可用零号细砂纸轻轻擦掉，或用木片或塑料片刮除。

（6）电磁灶节电。电磁灶又称电磁炉，是近年来发展起来的新型家电，其特点一是热效率高，较一般电炉子节电 60%，加热速度不亚于液化气。二是安全性好，电磁炉不发热，无明火，不存在发生火灾的危险。由于其只对铁质金属材料有明显的加热，所以对人体无烧伤、灼伤的可能。三是清洁卫生，无烟熏，饭汤溢出至台面不会焦糊。四是体积小巧，不占多大空间。五是价格低廉，寿命长。由于以上优点，电磁灶非常适合城乡家庭做饭炒菜，大有取代传统炉灶之势。其节电技巧为：① 不锈钢锅要放在电磁灶微晶玻璃台面中部，效率最高；② 锅底与台面间若有水，应用柔软布巾擦干，否则加热时这些水变成水蒸气散发掉，要带走许多热量；③ 煮饭熬汤待锅沸腾后，盖住锅盖，只需开 1 挡（保温挡），即能小火持续熬汤，又不会溢出。

（7）电冰箱节电。有些人认为冰箱里放东西多少耗电量是一样的，也有些人觉得我放的东西越少就越省电，其实不然。放东西不能过少，否则因冷容量太小，压缩机停开时间也随着缩短，累计耗电量就会增加。当然，放的东西也不能过多，不要超过冰箱容积的 80%，否则也会费电。存放温热食品，要待食品放凉后再放入冰箱，从而减少用电量。冷藏温度不要调得太低，营养专家建议一般食物保鲜效果在 8～10℃最佳。食品之间应该留有 10mm 以上的空隙，这样利于冰箱内冷空气对流，使箱内温度均匀稳定，减少耗电。开门次数尽量少而短，每开门 1min，箱内温度恢复原状压缩机就得工作 5min，耗电 0.008kWh。另外，一般冰箱内蒸发器表面霜层达 5mm 以上时就应除霜，如挂霜太厚会产生很大的热阻，耗电量会增多。

（8）洗衣机节电。用洗衣机时，使用适量优质低泡洗衣粉，可减少漂洗次数；洗涤前将脏衣物浸泡 20min；按衣物的种类、质地和重量设定水位，按脏污程度设定洗涤时间和漂洗次数，既省电又节水；甩干衣物时，一般勿超过 3min，尼龙制品仅 1min 足够；洗衣机有强洗和弱洗的功能，实际上强洗比弱洗要省电，还可延长洗衣机寿命。

（9）电视机节电。电视机开得越亮、音量越大，耗电量也越大。

首先控制亮度。一般彩色电视机最亮与最暗时的功耗能相差 30～50W，室内开一盏 5W 的节能灯，把电视亮度调小一点儿，收看效果好且不易使眼疲劳。白天看电视拉上窗帘，环境幽暗些，可相应降低电视亮度。

其次控制音量。音量大，功耗高。每增加 1W 的音频功率要增加 3～4W 的功耗。从对人生理健康的角度讲，大音量对人有害，经常听大音量能降低人耳的听力，听轻柔的音量对人有益。

第三是加防尘罩。加防尘罩可防止电视机吸进灰尘，灰尘多了就可能漏电，增加电耗，还会影响图像和伴音质量。

最后看完电视后应及时关机（弹开电源按钮）或拔下电源插头。因为有些电视机在关闭后，显像管仍有灯丝预热，遥控电视机关机后整机仍处在待用状态，内部还有部分线路在工作，还在少量用电。待机虽然用电少但时间长，日积月累故耗电约占10%，是相当惊人的，还有在雷雨天可能引来雷击的危险。

电脑、VCD、DVD节电与电视机类似。

（10）空调节电。室内温度调节要既舒适又节电，室温不宜过低过高。人的皮肤的临界点温度是33℃，高于33℃就感到热，低于就感到凉。当温度在25℃，相对湿度50%，人体处于最正常的热平衡状态，感觉很舒适。

装有空调器的房间应密封较好，不应频繁开关门窗，窗帘布宜厚些，防止冷气外流。同时，保持过滤网清洁，使分体式空调器的室外机组与室内机组之间的连接管路尽量短，以及给室外机加盖遮阳罩。空调器不能频繁启动压缩机，停机后必须隔2～3min以后才能开机，否则易引起压缩机因超载而烧毁，且电耗增多。

有的家庭把空调安在窗台上（或安装位置较低），由于“冷气往下，热气往上”的原理，空调抽出的空气温度低，等于在做无用损耗当然就费电。夏天，壁挂式空调应该放高点，这样才利于空气对流，让室内的气温尽快降下来。天冷时用取暖器，最好放低点儿，这样才便于空气对流，让室内温度尽快升起来。

（11）电热水器节电。① 使用电热水器应尽量避开用电高峰时间，如使用其预约加热功能，夏天可将水温调低，改用淋浴代替盆浴可降低费用2/3；② 如果每天都经常需要使用电热水器里边的热水、并且其保温效果比较好，应该让热水器始终通电，并设置在保温状态，因为保温一天所用的电，比把一箱凉水加热到相同温度所用的电要少。这样不仅用起热水来很方便，而且还能达到省电的目的。

（12）充电节电。现在需要充电的小电器很多，如手机、电动剃须刀、MP3、MP4、学习机、充电照明灯等，充到说明书规定的时间就要拔下插头，否则还要耗用些电能（摸摸充电器发热就知道）。这样做不仅节电，而且对被充设备有利，可延长其电池寿命。

三、家庭降低线路电能损耗要点

（1）户内线路降低电能损耗要点。一是要选用横截面积足够大、质量好的正规产品导线，埋设在墙中的暗线更要做好这一点。近年来铜、铝等有色金属涨价，一些小厂以次充好、以假乱真，不可为了贪便宜而给以后用电带来无穷无尽的烦恼。二是连接工艺要合格，户内线路有大量接头，如不连接可靠，则埋下了大量隐患。事实上，家庭一般都舍得花钱购买质量好的导线，这一点只要有经济条件就容易做到；但接头连接工艺则不然，与房主的技术素养、安装人员的电工技术水平高低、报酬多少、工期长短、思想道德水平等息息相关，故必然良莠不齐，存在很多问题。使用中发生的导线发热损耗增大、接触不良、断线、短路等问题，究其原因，往往不是导线质量不好，而是接头工艺不行。

（2）家庭三相供电。有两种情况：① 家里房间多、电器多、用电时间长、用电量大，可考虑引入三相电源，并且把负荷均衡地分配到各相上，实现家庭三相负荷就地平衡；② 有较大容量的单台用电设备，如摆放在较大面积客厅的空调需要较大功率（2kW 以上），也应该购买三相空调。

这样做，可以显著降低家庭线路损耗，并大幅减少家庭线路设备烧坏事故。

（3）发展小容量、较长时间使用的优良负荷。目前家用电器品种繁多，以 220V 电热水器为例，即热式功率 1 ~ 7kW，预热式 0.8 ~ 2kW，选购使用哪一种好呢？

这不光涉及线路设备能不能承受，即安全问题，还涉及线路损耗问题。

以家庭单相线路（设单根线路电阻为 R），同样用 1kWh 电能这一情况来分析，用 1kW 的电器，电流为 1kW/0.22kV = 4.55A，1h 用 1kWh，根据公式 $\Delta W = I^2Rt$，线路损耗电量为：$2 \times 4.55^2 R \times 1$（kWh）。

若用 0.1kW 的电器，电流为 0.1kW/0.22kV = 0.455A，10h 用 1kWh，此时线路损耗电量为：$2 \times 0.455^2 R \times 10$（kWh）。

两种情况对比：$(2 \times 4.55^2 R \times 1)/(2 \times 0.455^2 R \times 10) = 20.7/2.07 = 10$（倍）

即功率增大到多少倍，线路损耗也增大到多少倍，数量惊人！

家庭使用特大容量、但较短时间使用的电器，不仅自己损耗大、不安全，而且也引起低压电网损耗大、不安全，显然不如选用小容量、较长时间使用的电器。如果把后者的负荷叫做优良负荷，则前者的负荷就是恶性负荷。

还以用上述 220V 电热水器洗浴为例，预热式预热半小时洗浴半小时，即热式洗浴半小时，用电时间相差并不大，但电流相差几倍，后者不仅增大线路损耗，而且极容易烧坏线路设备。某家庭冬季 2 个月用即热式电热水器（使用功率 4～6kW）洗浴了不到 10 次，竟造成了自以为线径不小（4mm^2 铝线，允许载流量 19A）的电线变硬（导线发热引起绝缘层老化），和分路漏电保护开关烧毁的后果。打开这个烧毁的额定电流为 20A 的漏电保护开关，见缠绕在零序电流互感器上的一次线绝缘层全部融化，相线和中性线缠绕在一起数处碰触。

因此，家庭发展优良负荷，避免恶性负荷，既利己又利人，既利家庭又利电网。

四、发展分布式发电

分布式发电指位于消费地点或距其很近的地方，充分利用可再生能源、废气、废热、余压差，以及电力储能装置进行发电，可兼容不同规模、不同燃料、不同技术特点的各类电源的发电系统。分布式发电可以作为集中式发电的一种重要补充。

农村家庭和城乡结合部家庭的特点，是有一个面积较大的小院，盖一层平房或二、三层小楼，有条件接入小型家庭风力发电和屋顶光伏发电等装置，从而提高清洁能源消费比重，减少城市污染；让生活更经济。促进电力用户角色转变，使其兼有用电和售电两重属性；有效降低购买电网电能费用支出。

因此以后在政府和社会政策支持、供电企业技术支持的情况下，家庭发展分布式发电潜力巨大，意义深远。

第五章

配电线路设备运行维护

配电，指分配电力供给用户，是供用电之间联系的纽带。

配电线路设备主要有配电变压器、架空高低压配电线路、电缆线路、配电屏等，能否连续可靠供电，取决于这些线路设备能否安全可靠运行。对这些线路设备进行运行维护，是供电部门的主要工作，也为广大用户所关心和瞩目。

第一节 配电变压器运行维护

配电变压器是供用电最重要的设备。对于新装用户来说，安装上配电变压器预示开始供电；对于已用上电的用户来说，配电变压器安全运行预示可以连续可靠供电。

只有充分掌握配电变压器（以下简称变压器）的性能，正确操作和维护变压器，才可以使变压器长期可靠地供电，减少事故，避免临时性检修，延长使用寿命。只有彻底了解变压器的全面情况，才能更快、更迅速地判断故障、排除故障。

一、变压器的结构组成

变压器外形如图 6－1 所示。

变压器分为磁路系统、电路系统、冷却系统，主要由铁心、绕组、油箱及变压器油等部分组成。

1. 铁心

变压器的磁路部分，绕组套装在铁心上。铁心的主要作用是增大磁通量，提高感应电势。为了减少铁心中的能量损耗，铁心

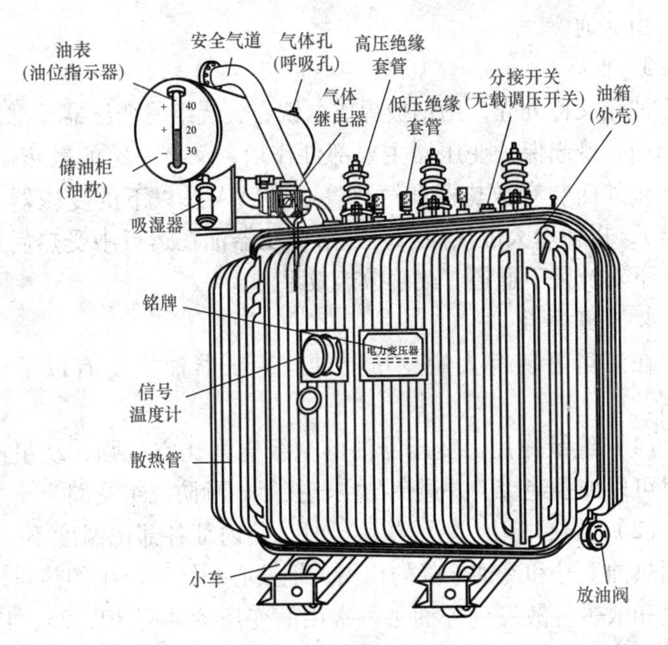

图6-1　变压器外形

是用0.35~0.50mm厚、两面涂有绝缘漆的硅钢片叠成。硅钢片又分为冷轧和热轧两种，冷轧硅钢片的导磁性能比热轧硅钢片的导磁性能强得多。

2. 绕组

绕组是变压器的电路部分。它是用包有高强度绝缘层的铜线或铝线绕成的，分为高压绕组和低压绕组。高压绕组的电压高，电流比较小，所用的导线较细，圈数较多。低压绕组的电压低，电流比较大，所用的导线较粗，圈数比较少。配电变压器的高、低压绕组多绕成两个直径不同的圆筒形。为了使绕组和铁心易于绝缘，通常把低压绕组套在里面，把高压绕组套在低压绕组的外面，低压绕组和铁心之间、高压绕组和低压绕组之间，都用由绝缘材料做成的套筒分开，把它们可靠地绝缘起来。为了便于散热，高、低压绕组之间留有一定的空隙作为油道，使变压器油能够自由流通。

3. 油箱

油箱又称外壳，用钢板焊成，铁心、绕组、变压器油都装在油箱内，既起保护变压器主要部件作用，又有一定的散热作用。在油箱外面装有散热器和散热管（20kVA 及以下的变压器一般不装），以便增大散热面积，并给变压器油在运行中受热后形成的上下对流留下通道，改善散热效果。

4. 变压器油

在油箱里装有大量变压器油，变压器油主要有以下两种作用：

（1）绝缘作用。变压器油的绝缘能力比空气强，绕组浸在油里可以加强绝缘，并避免与空气接触，预防绕组受潮。

（2）散热作用。变压器运行时，其内部各部位温度不一样，利用热油上升和冷油下降的作用，把铁心和绕组产生的热量通过箱壳和散热管散发到外面去。常用的变压器油有 10、25、45 号三种规格，其标号表示这种油开始凝固时的零下温度，例如 10 号表示这种油在 -10℃时开始凝固。实际使用时应根据当地的气候条件选用油的规格。变压器油新的为淡黄色，长期运行后呈深黄色或浅红色。

5. 变压器油枕

油枕又称储油箱，装在油箱的顶盖上。

油枕的体积一般为油箱体积的 10% 左右。在油箱和油枕之间有管子相连。油枕有以下两个作用：

（1）可以减小油面与空气的接触面积，防止变压器油受潮和变质。

（2）当油箱中油面下降时，油枕中的油可以补充到油箱里面去，不使绕组露出油面。同时，油枕还能调节变压器油因温度升高而引起的油面上升。油枕的侧面装有油表（又称油位指示器），在油表上标注有最高、最低温度时的油面线位置，作为装油的标准和运行中监视油量是否充足。另外，在配电变压器油枕的螺丝盖上有一个通气孔，称为呼吸孔，它是油枕上部与大气连接的通道。当螺丝盖拧紧时，通气孔堵塞，当变压器油受热膨胀或变压器内部发生故障时，油枕内部的气体不能释放，致使变压器内部压力很大，会发生油箱变形或损坏事故。所以，变压器运行前要检查螺丝盖的通气孔是否露在油枕丝扣以外，与大气连通。

近年来生产的新型变压器（如 S11），结构有了改进，外形如图 6－2 所示。

图 6－2　新型变压器外形

新型变压器除铁心、绕组采用新材料、新技术，使运行损耗降低、更加可靠耐用外，对油散热系统也做了如下重大改进：

1）散热管改成散热片。散热片上下相通，这样即使运行中油位降低些，油仍能流动散热，避免了以前油位低于散热管上端口即不能流动散热的弊病。

2）去掉了油枕等复杂装置，从油箱里伸出一根管状装置，上端是压力释放阀，中间是油位窗口（蓝色表示油位正常，红色表示油位低需加油），看起来简洁多了。

6. 变压器高、低压绝缘套管

变压器高、低压绕组分别通过高、低压绝缘套管引到变压器的外边。绝缘套管不仅能将引线与油箱绝缘，还可起到固定引线的作用。高压绝缘套管的外形高大，低压绝缘套管的外形矮而小。通常可以由套管的大小来识别一台变压器的高、低压侧。安装中在拧卸高低压套管上的螺丝时，一定要注意不要使螺栓转动，以免引起变压器内部引线碰触短路，造成事故。

7. 变压器分接开关

电压分接开关分有载调压和无载调压两种类型。

无载调压开关是变压器不带负荷（无载）时调整电压比值（高、低压电压数值之比）的装置，其实物结构及接线原理见图 6－3。一般配电变压器的电压分接开关有三个分接头位置，即高于、等于、低于额定电压 3 个位置，分别以 1、2、3 三个数字进行标注。电源电压为额定电压时，开关应放在 2 的位置上，它与高压绕组的中间一个抽头连接，在低压侧可以得到额定电压。当电源电压高于额定电压时，分接开关应放位置 1 上（1 挡为额定电压高 5%），实际低压输出电压可比调整前（2 挡）降低电压 5%。当电源电压低于额定电压时，分接开关应调在位置 3 上（3 挡为额定电压低 5%），它的接头应与高压绕组的第三个接头连接，这样低压输出电压可比整前（2 挡上）升高 5%。电压分接开关必须在变压器从电网上切除后才能进行调整，或者说，调压一定要在变压器停电后进行。

变压器分接头，通常安排在绕组的中部或一端，为的是引线和调压方便，如图 6－3 所示。

有载调压分接开关，是变压器带负荷时调整开关挡位来改变变压器的输出电压。目前配电变压器有载调压开关已有应用，这里不多叙述。

8. 变压器气体继电器

气体继电器由浮筒、挡板各带动一个水银开关组成。当变压器内部过热，有气体放出，强烈的气体冲击着挡板，使挡板带动水银开关接通跳闸回路，切断电源，控制故障不再扩大。在正常情况下，继电器内充满油，浮筒浮起，挡板垂直安放，水银开关

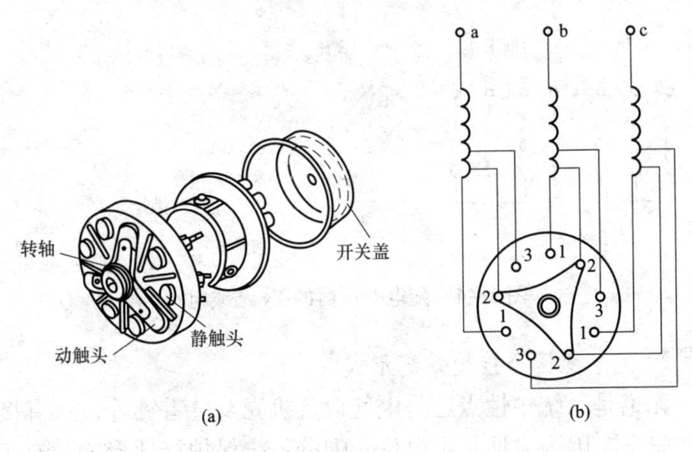

图6－3　分接开关（无载调压开关）的结构及线路图
（a）实物结构图；（b）接线原理图

为断开位置。一旦油面下降时，浮筒下沉，从而带动水银开关，发出报警信号。

9. 变压器的铭牌

变压器铭牌上标注有变压器的型号、额定值、绕组连接图、向量图、分接电压等技术参数，以及允许温度、空载电流、空载损耗、短路损耗、油重和总质量等。

其中额定容量，是变压器正常运行时所传递的最大输出功率，单位是千伏安（kVA）。对于三相变压器，额定容量为三相容量之和。在实际应用中，负荷应为额定容量的75%～90%。

额定电压，是在一次绕组上加额定电压且在空载运行情况下，二次绕组输出的电压有效值。

二、变压器的结线组别与接地系统

1. 变压器的结线

一般配电变压器采用Yy结线组别，其结线和相应的向量图如图6－4所示。

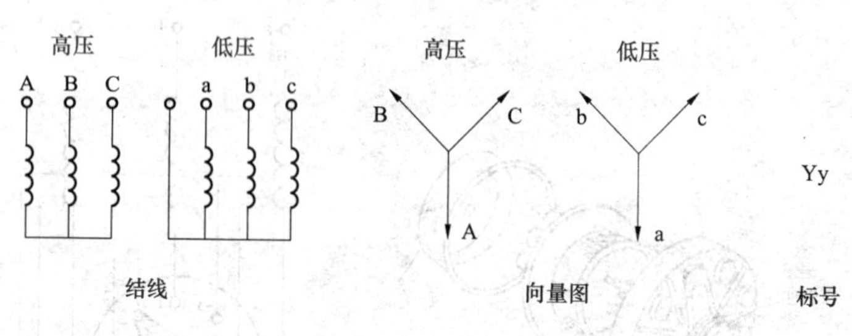

图6-4 配电变压器的Yy结线组别

2. 配电变压器接地系统形式

无论是系统中性点还是电气设备机壳及避雷针等，只有接了地才安全，因为大地是零电位。配电系统保护接地形式，有TN、TT及IT三种，在TN系统中又分TN—S、TN—C和TN—C—S等，第一个字母T表示变压器中性点接地（接地用PE表示），I表示绝缘不接地或经高阻抗接地；第二个字母T表示用电设备机壳的某一点接地，N表示保护侧外壳牢固接到系统接地点或称接零；第三个字母S表示中性线和保护导线分别接地；C表示中性线和保护导线共同接地（PEN导线）。目前主要接地系统有TN—C、IT、TT三种（在一个接地系统中不得与其他接地系统混用），其接线图分别如图6-5所示，其中TN—C系统在工厂有采用，农村公用台区一般采用TT系统。

三、配电变压器运行维护技术

配电变压器结构比较复杂，上下连接也比较复杂，故其运行维护有较高的技术含量。

1. 配电变压器投入运行前的检查

新的或大修后的配电变压器投入运行前，除外观检查应合格外，还应有出厂试验合格证，并在现场对下列项目进行检查：

（1）外壳接地是否良好，接地装置是否合格，用接地绝缘电阻表测量接地电阻是否合格。

（2）油面是否正常，有无渗油现象，油枕上的呼吸器是否

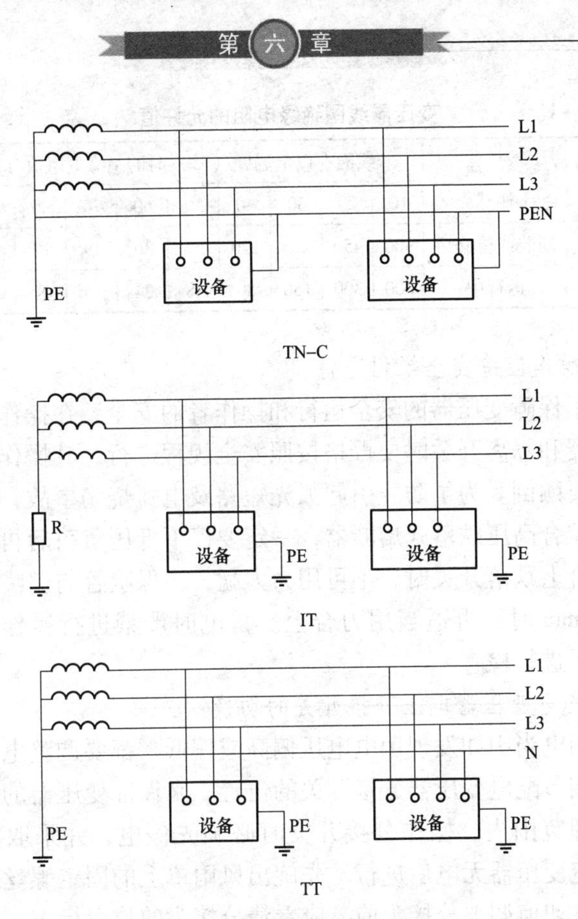

图 6－5　配电变压器接地系统形式

畅通。

（3）高、低压套管及引线是否完整，螺丝是否松动。

（4）无载调压开关的位置是否正确。

（5）高、低熔丝是否合适。用 1000～2500V 绝缘电阻表，测量变压器的一次对地，一次对二次和二次对地的绝缘电阻是否在允许值以内。

应当注意，变压器停运满 1 个月者，在恢复送电前应测量绝缘电阻，合格者方可投入运行。变压器线圈绝缘电阻值可参见表 6－1。

表 6-1 变压器线圈绝缘电阻的允许值

线圈电压（kV）	变压器工作状态	线圈在以下温度（℃）时的绝缘电阻值（MΩ）									
		10	20	30	40	50	60	70	80	90	100
3~10	新装或检修后	900	450	225	120	64	36	19	12	8	5
	运行中	600	300	150	80	48	24	13	8	5	4

2. 操作应按安全规程进行

为了保障变压器的安全运行和操作者的安全，在操作高、低压熔断器和隔离开关时要严格按照安全规程进行，其操作的顺序一定不要颠倒。为了防止引起弧光短路及电弧烧伤事故，不允许带负荷拉合高压跌落式熔断器，一定要停下低压负荷后再拉开或合上。合上跌落开关时，不可用力太猛，当保险管与鸭嘴距离为80~110mm时，再适当用力合上。雷电时严禁进行操作，雷雨过后还要进行检查。

3. 配电变压器电压分接开关的切换

在用电当中如发现用电电压偏高或偏低，都要调整电压，通常是靠调节配电变压器分接开关的位置，来保证变压器的输出电压在合理范围内。操作分接开关时必须先停电，并采取安全措施，确定变压器无电后进行。先旋出风雨罩上的固定螺丝，取下风雨罩。切换调整分接头前，应看清分接头的位置标志，分清挡位。一般配电变压器有3个挡位：2挡代表配电变压器的额定电压；1挡代表较额定电压增加5%；3挡代表较额定电压降低5%。如果想使配电变压器的输出电压升高，则将变压器的分接开关由2挡调至3挡；如想降低，调至1挡。因分接开关长期在油中，触头易产生氧化膜或有油污堆积，造成电压分接开关换挡后接触不良，导致局部发热，严重时会烧毁变压器。因此，在调整电压分接开关挡位时应分别向正、反方向各转动1周，以消除动、静触头上的氧化膜和油污，然后把分接头固定在所需要的位置，确定位置正确后锁紧定位销。

电压分接开关每次换挡调整以后，为了检查内部接触情况；

必须用电桥或欧姆表测量直流电阻。因为分接开关的触头在运行中可能会被烧伤，长期不用的分接头也可能产生油泥、氧化膜，弹簧也可能因年久失去弹力以致在调整时形成空挡等，从而使电阻增大，运行中发生放电、分接头发热等故障毁坏变压器。

测量配电变压器绕组直流电阻时，应依次测量分接开关在各个挡位时各相绕组的直流电阻，并作好记录，应将测得的直流电阻与前一次测量值进行比较，还应与历次的测量数据进行校核，差别应不大于2%。

判断配变绕组直流电阻是否正常的标准是，各相绕组中的电阻相互间的差别不应大于三相平均值的4%，三相线间直流电阻的差别一般不大于三个绕组线间平均值的2%。若测量中超出范围，应进行检查和处理，及时发现和排除分接开关的故障。

4. 配电变压器电压的运行方式

（1）空载运行，是指变压器一次侧接通电源，二次侧开路，没有负荷电流。空载时一次侧的电流叫空载电流，一般为额定电流的3%～8%。空载运行的变压器，相当于一个带铁心的电感绕组。一次侧的空载电流主要用来产生磁场，它需要电网供给的主要是无功功率。

例如1台10kV、SL7系列100kVA的配电变压器，空载时每天约消耗电8kWh。另外，空载时的无功损耗是有功损耗的10倍，约占总容量的5%。无功功率损耗大还会造成线路的功率因数降低，使线路损耗增大。因此，空载时最好把变压器停掉，以节约电能。

（2）负载运行。变压器一次侧接通电源、二次侧接上用电设备等负载运行叫做负载运行。变压器在额定负载下运行，不超过允许的温升，使用年限在20年以上。一般情况下，要调整好较大设备的用电时间，尽量避免变压器的过载运行。特殊情况下，运行中变压器在几个小时内的较短时间里，允许过载15%左右，但不要超过30%。

变压器在负载运行中，还应注意三相用电负荷的平衡情况。

变压器的三相负荷分配不平衡时，在较大的一相中，变压器的绕组会产生局部过热现象，致使该相的绝缘损坏，从而造成整个变压器损坏停运。同时，三相电流不平衡还会引起电压的不平衡，在三相电压中会出现高于或低于额定电压的现象，影响用电设备的正常工作。

（3）并列运行。如果1台变压器的容量不能满足用电负荷的需要，可以将2台变压器并联使用。当负荷变小时停用1台变压器，以减少用电损耗，节约运行费用。所谓并列运行，就是将2台或数台变压器的一次侧接到共同的高压电源上，二次侧均接到共同的低压母线上一起向负载供电。

为保证变压器并列运行的安全、经济，在空载时各变压器间不应有环流，当带上负载后又能按各变压器容量的大小分配负荷，配电变压器并列运行应符合下列条件：

1）变比相同。并列运行的变压器，其一次侧的额定电压和二次侧的额定电压分别相等。如果变比不等，相应的二次电压就会产生一个电位差，从而在绕组中产生环流，严重者将烧毁变压器绕组。但由于硬件的差异，要使并联运行的变压器的变比完全相同也是比较困难的，所以现行规程规定变比允许相差0.5%（指电压分接开关置于同一挡位的情况），即在变压器二次侧允许有2V的误差。应当特别注意的是，应将并列运行的配电变压器电压分接开关置于相同的挡位上。

2）接线组别必须相同。如果接线组别不同，两台变压器二次侧的电压相位就不同。相差一个相别就会产生一个30°的相位差（见图7-22），这就使两台变压器的二次侧间产生电位差（电压），由于这个电位差的存在，使两台变压器的相应绕组中产生较大的环流，以致把变压器烧毁。

3）阻抗电压相差不得超过10%。当阻抗电压不同时，虽然变压器二次回路不会有环流，但会影响变压器的负荷分配。因为阻抗电压的大小与负荷分配成反比，即阻抗电压小的变压器分配的负荷大，而阻抗电压大的变压器分配的负荷小，这样往往造成并列运行的变压器一台过载，另一台欠载的情况，所以变压器并列运行时，要求其阻抗电压之差不超过10%。

4）容量比不得超过3∶1。阻抗电压的大小与变压器的容量有关，一般容量大的变压器阻抗电压大，容量小的阻抗电压小；又因为并列运行的变压器其负荷分配与阻抗电压成反比，从而使容量小的变压器带的负荷大，造成一台过载，另一台欠载，容量相差越大，后果越严重。所以，两台不同容量的变压器并列运行时，变压器的容量之比不得超过3∶1。

5）变压器并列前的核相实验。变压器并列前应作核相实验，其目的是检查变压器低压侧的相序和极性是否一致（不要认为低压侧出线标志与实验完全相符），以确保并列运行安全。

实验方法是，先按图6－6所示接线，各开关Q1、Q2、Q3、Q4、Q5都置于断开位置，检查无问题可以接高压送电后，按下列步骤进行核相实验：先合上变压器T1和T2的跌落式熔断器Q1、Q2开关，若变压器无问题，再合上Q3、Q4开关，用交流500V电压表（或万用表交流电压挡）测量各变压器低压侧的相电压和线电压，如无问题，三相电压对称，再测量Q5两端L1—L′1，L2—L′2，L3—L′3间的电压。当这些电压为零或极小（2V左右）时，说明相位一致，方可将Q5，开关合上，实行并列运行。若测得Q5两端间电压很大，说明接线相序不对，相位不同，这两台变压器不能并列。应检查处理后再核相实验，直至达到要求后才能并列运行。

5. 变压器日常检测维护项目

(1) 注意变压器的声音。变压器在正常运行中，由于交变磁通的影响，硅钢片会发出均匀的“嗡嗡”声，它与电压和电流的大小、三相负载是否平衡等有着直接的关系。一旦变压器出现故障，声音就会变大；并且伴有噪声。因此，可以根据变压器运行的声音来判断运行的情况。

(2) 油位的高低和油色的检查。变压器的正常油位，应在油枕的上、下油位线之间波动。油位过高或过低，都不是正常现

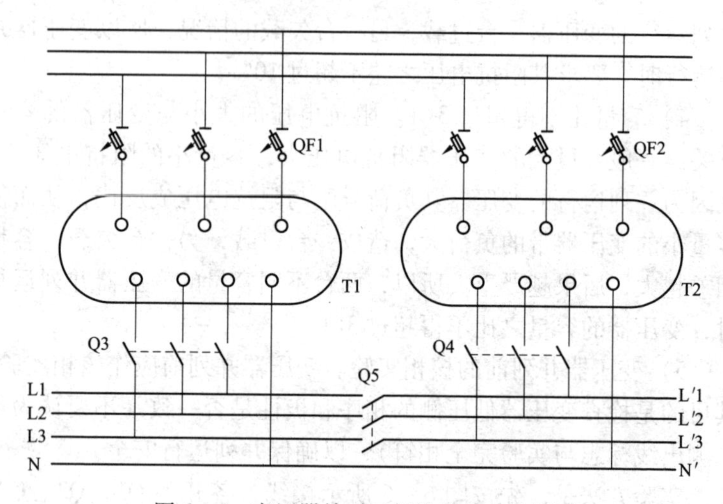

图 6－6　变压器并列运行核相实验接线图

象。变压器过载时，油会受热膨胀，使油位升高，这时应检查电流过大的原因；变压器漏油时，油位下降，当下降到箱盖以下时，会加速油的老化或使其受潮。当绕组露出油面时，会使绝缘性能降低，容易造成相间或对地击穿漏电。当油位低于散热管的上口时，油就停止流动，不能散热，使温度升高，以致烧毁绕组。变压器运行后，变压器油正常的颜色呈浅红色或深黄色，如果油质劣化，颜色就会变暗，并呈现不同的颜色，如油色发黑，则说明油炭化严重，不宜继续使用。变压器油的油质检验应每隔 3 年 1 次。

（3）温度的监视。变压器正常运行时的上层油温不应超过 95℃，平时不要超过 85℃，温升不得超过 55℃。变压器温度太高的原因，除制造不良外，还可能是变压器过负荷、散热不良或内部故障所引起。对于没有温度计的变压器，可以用水银温度计贴在变压器外壳上测量温度，一般不能超过 75℃。变压器在运行中超过了额定电流就是处于过负荷运行，变压器长期过负荷运行会使温度升高，绝缘性能变差，减少变压器的使用寿命。

（4）变压器高、低压侧熔丝烧断的原因有如下几点：

1）变压器高压熔丝熔断的可能原因：① 变压器绝缘击穿等内部故障；② 低压设备发生故障，但低压熔丝未熔断；③ 如果避雷器装在户外跌落熔断器和变压器之间，落雷后也可能把高压熔丝熔断；④ 熔丝选择过小、熔体本身质量不好、熔丝安装不当等。发现熔丝熔断。应根据事故现象查明原因，排除故障后，才可以把熔丝换好重新投人运行。

2）变压器低压熔丝熔断的可能原因：① 低压架空线路、地埋线短路；② 变压器过负荷；③ 用电设备的绝缘损坏或短路；④ 熔丝选择过小、熔体本身质量不好、熔丝安装不当等。

四、变压器运行中常见故障现场处置

为了确保安全运行，平时管理人员要加强运行监视，做好日常维护工作。万一发生事故，要能够正确判断原因和性质，迅速、正确地处理事故，将事故消灭在萌芽状态，防止事故扩大。

故障分析和判断的方法：结合平时对设备的了解、根据当前故障现象，采用眼看、耳听、鼻嗅、（验证确实无电后）手触、仪器测量，判断出是箱体内部故障还是外露部分故障，是自身原因引起故障还是外部原因引起故障，逐步压缩故障点，然后进行消除。

1. 变压器运行中，发现下列情况之一者，应立即将故障变压器停止运行

（1）内部响声大，不均匀，有放电爆裂声。这种情况，可能是由于铁心穿心螺丝松动，硅钢片间产生振动，破坏片间绝缘，引起局部过热。内部“吱吱”声大，可能是内部绕组或引出线对外壳放电，或是铁心接地线断线，使铁心对外壳感应高电压放电引起。放电持续发展为电弧放电，会使变压器绝缘损坏。

（2）油枕、呼吸器、防爆管（安全气道）向外喷油。此情况表明，变压器内部已有严重损伤（外部线路短路接地、负荷过重也可引起）。喷油的同时，瓦斯保护可能动作跳闸，若没有跳

闸，应将该变压器各侧断路器断开。但有时某些油枕或呼吸器冒烟，是在安装或大修后，油枕中的隔膜气袋安装不当，空气不能排除，或是呼吸器不畅，在大负荷下或高温天气使油温上升，油面异常升高而冒烟。此时，油位计中的油面也很高，应注意分辨。

(3) 正常负荷和冷却条件下，上层油温异常升高并继续上升。此情况下，若散热部分无异常，说明变压器内部有故障，如铁心严重发热（甚至引起变压器着火），或绕组有匝间短路。

铁心发热是由涡流或铁心穿心螺丝绝缘损坏造成的。因为涡流使铁心长期过热，使铁心片间绝缘破坏，铁损增大，油温升高，油劣化速度加快。穿心螺丝绝缘损坏会短路硅钢片，使涡流增大，铁心过热，并引起油的分解劣化。油化验分析时，发现油中有大量油泥沉淀、油色变暗、闪光点降低等，多为上述故障引起。

铁心发热发展下去，会使油色发暗，闪光点降低。由于靠近发热部分温度升高很快，使油的温度渐达燃点，故障点铁心过热融化，甚至会熔焊在一起。若不及时断开电源，可能发生火灾或爆炸事故。

(4) 严重漏油，油位计和气体继电器内看不到油面。

(5) 油色变化过大（油枕中无隔膜胶囊压油袋的），油面变化过大，油质急剧下降，易引起线圈和外壳之间发生击穿事故。

(6) 套管有严重破损放电闪络。套管上有大的破损和裂纹，表面上有放电及电弧闪络，会使套管的绝缘击穿，剧烈发热，表面膨胀不均，严重时会爆炸。

(7) 变压器着火。

2. 变压器运行中发现下列情况应汇报上级并记录

(1) 变压器内部声音异常或有放电声。

(2) 变压器温度异常升高。散热器局部不热。

(3) 变压器局部漏油，油位计看不到油。

（4）油色变化过大，油化验不合格。

（5）安全气道发生裂纹，防爆膜破碎。

（6）接线端头发红、发热冒烟。

（7）变压器上盖掉落杂物，可能危及安全运行。

（8）在正常负载下，油位上升，甚至溢油。

3. 变压器有下列情况应查明原因，采取适当措施进行处理

（1）变压器油温升高超过制造厂规定或规程规定的最高顶层油温时，应按以下步骤检查处理：

1）检查变压器的负载，并与相同负载下正常的温度核对。

2）检查变压器散热器情况及变压器的通风情况，应尽可能采取降温措施在运行中排除故障；若无法排除故障且变压器又不能立即停止运行，则要减少该变压器负载，观察温度能否下降到允许值；在正常负载和散热条件下，变压器温度不正常并不断上升，且经检查证明温度指示正确，则认为变压器内部故障，应立即将变压器停止运行。

3）变压器在各种额定电流下运行，若顶层油温超过105℃时，应立即降低负载。

（2）当发现变压器的油位较当前应有的油位显著降低时，应查明原因。补油时应遵守规程有关规定，严禁从变压器下部补油。

（3）变压器油位高出油位指示极限时，检查处理的步骤如下：

1）首先应区分油位升高是否由于假油位所致。重点检查出气孔是否堵塞，进而影响了油枕的正常呼吸。

2）如确系油位过高，则应放油，使油位降至与当时油温相对应的高度，以免溢油。

（4）当变压器因铁心多点接地且接地电流极大时，应检修处理。在缺陷未消除前，为防止电流过大烧损铁心，可采取措施将电流限制在100mA以内，并加强监视。

五、变压器常见故障处理详述

(一)变压器运行中声音不正常的处理

变压器的一次侧绕组接通三相高压时，将有空载电流(又称励磁电流)通过，在铁心(磁路)中产生磁通，使变压器铁心振荡发出轻微“嗡嗡”声。正常运行的变压器发出的“嗡嗡”声是清晰有规律的，为按50Hz变化的交流声。

1. 不正常的声音

(1)变压器运行中除发出的“嗡嗡”声外，内部有时发出“哇哇”声。这是由于大容量动力设备启动所致；另外变压器接有电弧炉、晶闸管整流器设备，在电弧炉引弧和晶闸管整流过程中，电网产生高次谐波过电压，变压器绕组产生谐波过电流，若高次谐波分量很大，变压器内部也会出现“哇哇”声，这就是人们所说的晶闸管、电弧炉高次谐波对电网波形的污染。

(2)变压器运行中发出的“嗡嗡”声变闷、变大。这是由于变压器过负荷，铁心磁通密度过大造成的声音变闷，但振荡频率不变。

(3)变压器运行中内部有“吱吱”、“噼叭”、“咕噜”等异常声音。这是由于变压器内部分接开关触点摇触不良、绝缘劣化，电气距离小等原因造成，系击穿放电声音。

(4)变压器内部发生强烈的电磁振动噪声。这是由于变压器内部紧固装置松动，使铁心松动，发出电磁振动噪声及变压器地角松动发出的共振声音。

(5)变压器运行中发出很大的电磁振动噪声。这是由于供电系统中有短路或接地故障，短路电流通过变压器绕组，铁心磁通饱和，造成振动和发出声响过大的电磁噪声。

(6)运行中变压器声音“尖”、“粗”，且频率不同的“嗡嗡”声中夹有“尖声”、“粗声”。这是由于10kV中性点不接地系统中发生一相金属性接地，系统中产生铁磁饱和过电压，导致变压器谐振过电流，使铁心磁路发生畸变，造成振荡和声音不正常。

2. 处理方法

(1) 采取滤波措施，大容量动力设备起动采用降压启动方式。

(2) 降低变压器负荷或更换大容量变压器，防止变压器过载运行。

(3) 检修变压器，处理内部故障。

(4) 检修变压器，紧固夹紧装置，加强变压器地角的牢固性、稳定性。

(5) 对系统中的短路、接地故障进行处理。

(6) 查找、处理接地短路故障。

(二) 变压器运行中温度过高的处理

变压器运行中绕组通过电流而发热，同时这些热量向周围环境发散，当达到热平衡时，变压器的各部分温度应为稳定值。若在负荷不变的情况下，油温比平时高出10℃以上或温度还在不断上升时，说明变压器内部有故障。

1. 变压器内部故障原因

(1) 分接开关接触不良。变压器运行中分接开关由于弹簧压力不够，接点接触少，有油膜、污秽等原因造成接点接触电阻增大，接点过热（接点过热导致接触电阻增大，接触电阻增大则又使接点过热，产生恶性循环），温度不断上升。特别在调整分接开关后、变压器过负荷运行时容易使分接开关接点接触不良而发热。

(2) 绕组匝间短路。变压器绕组相邻的几匝因绝缘损坏或老化，将会出现一个闭合的短路环境使绕组的匝数减少，短路环流产生高热使变压器温度升高，严重时将烧毁变压器。变压器绕组匝间短路时，短路匝处的油受热，沸腾时能听到发出“咕噜咕噜”声音，轻瓦斯保护频繁动作发出信号，直至发展到重瓦斯动作开关跳闸。

(3) 铁心硅钢片间短路。变压器运行中由于外力损伤或绝缘老化以及穿心螺丝绝缘老化，使硅钢片间绝缘损坏，涡流增大，造成局部发热，轻者一般观察不出变压器油温上升，严重时使铁心过热油温上升，轻瓦斯保护频繁动作，油闪点下降。铁心硅钢片间严重短路时重瓦斯保护动作开关跳闸。

(4) 变压器缺油或散热管内阻塞。变压器油是变压器内部的主绝缘，起绝缘、散热、灭弧的作用，一旦缺油使变压器绕组绝缘受潮发生事故；缺油或散热管内阻塞，油的循环散热功能下降，导致变压器运行中温度升高。

2. 变压器外部故障原因

(1) 变压器周围环境温度升高，尤其在夏日炎热季节，散热不良就会造成运行中的变压器温度过高。

(2) 变压器室的进出风口阻塞或积尘严重。变压器的进出风口是变压器运行中空气对流的通道，一旦堵塞（如新装无油枕变压器运行前未打开出气阀）或积尘严重，变压器的发热条件没变而散热条件差了，就会导致变压器运行中温度过高。

3. 变压器运行中温度过高系内部故障原因的处理

(1) 分接开关接触不良往往可以从气体继电器轻瓦斯保护频繁动作来判断，并通过取油样进行化验和测量绕组的直流电阻来确定，油闪点迅速下降，绕组直流电阻增大，可确定分接开关接点接触不良，应及时进行处理，用细纱布打磨平整触头表面烧蚀部分，调整弹簧压力，使触头接触牢固。

(2) 绕组匝间短路，通过变压器内部有异常声音、气体继电器频繁动作发出信号和用电桥测量绕组的直流电阻等方法来确定。发现绕组匝间短路应及时进行处理，不严重者重新处理绕组匝间绝缘，严重者重新绕制绕组。

(3) 铁心硅钢片间短路，轻瓦斯保护动作，听变压器声音，摇测变压器绝缘电阻，对油进行化验，做变压器空载试验等根据综合参数进行分析确定，铁心硅钢片间短路应对变压器进行大修。

(4) 变压器缺油时应查出缺油的原因并进行处理，加入经耐压试验合格的同号变压器油至合格位置（加油时参照油标管的温度线）。变压器散热管堵塞时，对变压器进行检修、放油、吊心、疏通散热管。

4. 变压器运行中温度过高系外部原因原因的处理

（1）改进变压器散热条件。

（2）清理干净变压器室进出风口处的堵塞物和积尘。

（三）变压器运行中缺油、喷油故障处理

变压器油是经过加工制造的矿物油，具有比重小、闪点高（一般不低于135℃）、凝固点低（如10号油为－10℃，25号油为－25℃，45号油为－45℃）以及灰分、酸、碱、硫等杂质含量低和酸价低且稳定度高等特点，系变压器内部的主绝缘，起到绝缘、灭弧、冷却作用。一旦运行中的变压器缺油或油面过低，将使变压器的绕组暴露在空气中受潮，使绕组的绝缘强度下降而造成事故。所以，变压器在运行中应有足够的油量，保持油位的规定高位。

1. 变压器缺油的原因

（1）放油阀门关闭不严、漏油。

（2）变压器做油耐压试验取油样后未及时补油。

（3）变压器大端盖及瓷套管处防油胶垫老化变形，渗漏油。

（4）变压器散热管焊接部分焊接质量不过关，渗漏油。

此外，由于油位计、呼吸器、防爆管、通风孔堵塞等原因造成假油面，未及时发现，造成缺油。

2. 变压器运行中喷油原因

（1）变压器二次出口线短路及二次线总开关闸口短路，而一次侧保护未动作造成变压器一、二次绕组电流过大温度过高，油迅速膨胀，使变压器内压力增大而喷油。

（2）变压器内部一次、二次绕组放电造成短路，产生电弧和很大的电动力使绕组严重过热而分解气体，使变压器内压力增大造成喷油。

（3）变压器出气孔堵塞，影响变压器运行中的呼吸作用，当变压器重载运行时绕组电流大，油温度高而膨胀，造成喷油。

3. 变压器缺油处理

（1）关紧放油阀门使其无渗漏。

（2）选择同号的变压器油，做耐压试验合格后加入变压器油至合格位置（参照油标管的温度线）。

（3）放油，更换老的防油胶垫，更换完毕，检查有无渗漏迹象，正常后投入运行。

（4）放油，检修变压器，吊出器身，将漏油散热管与箱体连接处重新焊接。

（5）疏通油位计、呼吸器、防爆管和堵塞处，使其畅通无假油面。

4. 变压器喷油故障处理

（1）检修好二次短路故障，调整低压熔丝规格至规定值。

（2）对变压器进行检修，处理短路绕组或更换短路绕组。

（3）疏通堵塞的出气孔。

（四）变压器运行中瓷套管发热及闪络放电故障处理

变压器高低压套管是变压器外部的主绝缘，变压器绕组引线由箱内引到箱外，通过瓷套管支持固定引线、与外电路连接并作为相对地绝缘。若在运行中瓷套管发生过热或闪络放电等故障，将影响到变压器的安全运行，应及时进行处理。

1. 故障原因

（1）瓷套管表面脏污。瓷套管的绝缘电阻由体积绝缘电阻值和表面绝缘电阻值两部分组成，运行中这两部分阻值并联。体积绝缘电阻值是一定值，经耐压试验合格后，如果没有损伤、裂纹，其电阻值不变。表面电阻值是一个变化值，它暴露在空气中，受环境温度、湿度和尘土的影响而变化。空气中的尘土成分为中性尘土、腐蚀性尘土和导电粉尘等。瓷套管运行中附着尘土，尘土有吸湿特性，积尘严重时，污秽使瓷套管表面电阻下降，导致泄漏电流增大，使瓷套管表面发热，电阻下降，泄漏电流更大，这样恶性循环，则在电场的作用下由电晕发展到闪络放电，并导致击穿，造成事故。

(2) 瓷套管有破损裂纹。破损处附着力大，积尘多，表面电阻下降程度大，使瓷套管绝缘强度下降；裂纹中充满空气，空气的介电系数小于瓷的介电系数，空气中存有湿气，导致裂纹中的电场强度增大到一定值时空气就被游离，造成瓷套管表面的局部放电，使瓷套管表面进一步损坏甚至击穿。此外，瓷套管裂纹中进水结冰时，还会造成胀裂使变压器渗漏油。

2. 故障处理

(1) 擦拭干净瓷套管表面污秽。

(2) 更换破损裂纹瓷套管，换上经耐压试验合格的瓷套管。

(五) 变压器过负荷处理

运行中的变压器过负荷时，电流超过额定值（有功电流表指针显示数值）。应按下述原则处理：

(1) 再次确认电流是否超过规定值（有时配电屏上电流表不准）。

(2) 及时调整负荷分配。

(3) 如属正常负荷，可根据正常过负荷的倍数确定允许运行时间，并加强监视油位、油温，不得超过允许值，若超过时间，则应立即减少负荷。

(4) 若属事故过负荷，则过负荷的允许倍数和时间应依制造厂的规定执行，若过负荷倍数及时间超过允许值，应按规定减少变压器的负荷。

(六) 配电变压器运行中熔丝熔断故障处理

采用熔断保护的变压器在运行中，高压侧熔丝熔断（如PW3型室外跌落式熔断器一相或多相熔丝熔断跌落）后，应立即按下述进行停电检查处理。

1. 一相熔丝熔断处理

变压器高压侧一相熔丝熔断，其主要原因是外力、机械损伤造成，此外，当高压侧（中性点不接地系统）发生一相弧光接地或系统中有铁磁谐振过电压出现也可能造成高压一相熔丝熔断。

当发现一相熔丝熔断时，按照规程要求，将变压器停电后进行检查，如未发现异常，可将熔丝更换，在变压器空载状态下试送电，经监视变压器运行状态正常后，可带负荷运行。

2. 两相或三相熔丝熔断处理

变压器高压熔丝两相熔断，主要原因是变压器内部或外部短路故障造成。首先应检查高压引线及瓷绝缘有无闪络放电痕迹，同时注意观察变压器有无过热、变形、喷油等异常现象。变压器内部两相短路或两相接地短路，可以造成变压器两相熔丝熔断，此时重点应检查变压器有无异常声音等。如果变压器无明显异常，可通过摇测绝缘电阻进行判断。同时应取油样进行化验，检查耐压是否降低，油的闪点是否下降，必要时可用电桥测量变压器绕组的直流电阻来进一步确定故障性质。

高压侧有两相熔断器熔断且烧损明显，可采取以下方法进行试验鉴别：

（1）专业修理单位可进行全电压空载试验，检查三相空载电流是否平衡、是否过大。空载电流常用其与额定电流的百分比来表示，一般为1%～3%。变压器容量越大，百分比越小。若空载电流超出规定值或三相电流不平衡，则说明变压器绕组有短路。若空载电流正常且三相电流基本平衡则说明变压器没有故障。

（2）若不能进行空载试验，可根据熔丝烧损情况及变压器油的情况进行判断。若熔丝烧损严重，变压器油颜色变黑并有明显烧焦气味，便基本上可判断变压器内有短路故障。

通过检查鉴定，结果都正常，则可能是变压器低压出线故障，或熔丝长期运行而变形并受机械力的作用造成两相熔丝熔断。查出故障处理后，方可更换熔丝供电。

低压熔丝熔断，故障在负荷侧，应重点检查低压线路和用电设备，查出故障经处理后，可以恢复供电。

六、典型案例

（一）瓷套管破裂引起变压器高压绕组损坏

1. 事故现象

某厂生活区照明用 10kV 160kVA 变压器高压侧熔丝熔断，按规定换上熔丝仍立即熔断。专业维修人员赴现场检查发现：低压各路负荷均无短路现象，高压跌落式熔断器熔丝烧断一相，变压器低压侧 B 相瓷套管有裂纹且高压三相绕组对地绝缘击穿。该变压器运回县电业局修试车间吊心检查，发现高压绕组匝间多处短路。

2. 事故原因分析

据电工反映，低压侧 B 相桩头瓷套管破裂已有十多天。当时无套管备件，采用绝缘带捆绑进行应急处理。之后气温急剧下降，连续多天下雨空气潮湿。

分析：瓷套管裂纹中充满潮湿空气，其介电常数较小，致使裂纹中电场强度增大，到达一定数值时，空气被游离，引起瓷套管局部放电，这样使瓷套管绝缘进一步损坏，最后导致全部击穿，造成短路，引起变压器绕组损坏，高压侧熔丝熔断。

3. 事故对策

（1）更换合格的瓷套管。

（2）对烧坏的高压绕组重新绕制，更换变压器油，按预试规范做试验，合格后拉回安装，投入运行。

（3）加强备件管理和储备，且严把质量关。

（二）过载烧毁变压器

1. 事故现象

某电工负责一台 30kVA 农灌变压器的管理。在一次浇地时，由于不懂供用电常识，盲目超负荷用电，一下子带了 6 台 5.5kW 的潜水泵。时间不长，变压器便因过载出了故障，三相跌落保险落了两相，且有喷油痕迹。

该电工接到报告到现场检查后，不但不停运变压器查找原因，反而更换熔丝后再次试合跌落保险。由于带故障送电，最终造成了变压器大量喷油。还因变压器内部短路引起线路支线开关过流跳闸。

2. 事故原因分析

把变压器运到变压器厂吊心检查发现，三相高低压线圈全部烧毁，短路电流把变压器铁心烧熔了几个大坑，变压器油也成了黑糊糊，足见过载短路多严重。

（三）变压器低压线与外壳接触造成事故

1. 事故现象

某单位一台 100kVA 变压器，其低压侧分两路向负荷供电。因其中一路无用电负荷，决定将该路线拆除。拆线工作完成后即恢复送电。合上高压跌落式熔断器 A 相、C 相时无异常现象，但当最后合上 B 相时，突然在变压器上端盖下方约 15cm 处发生巨大弧光，随即变压器油喷出。

2. 事故原因

事故发生后，专业维修人员介入，对拆线工作全过程进行了详细了解，并对变压器进行吊心检查与修复。检查发现低压侧 B 相引线与外壳直接相碰，在相碰点有一个直径 1cm 大的孔洞。则事故原因是在低压侧拆线时，施工人员不慎将变压器低压侧接线端子螺杆转动而未注意，致使 B 相引线与变压器外壳相碰。该变压器中性点与外壳均直接接地，所以 B 相引线与外壳相碰造成接地短路。

3. 事故对策

首先将变压器器身的孔洞进行了补焊，把低压侧引线接线螺杆旋紧，然后过滤了变压器油，并将油补充到安全油位。试验合格后恢复供电。

为防止此类事故的发生，在变压器拆除接线时，应精心操作防止接线螺杆转动。一旦发现接线螺杆转动情况，必须进行严格处理，在检测无误后，方可投入使用。

(四) 变压器相间放电引起保护动作

1. 事故现象

某厂2台变压器，型号为S7－5000/6.6/0.4kV，负载为2台循环水泵，1台变压器供1台循环水泵用电，两套互为备用，一次电源由厂配电室用电缆送来，运行一年多一直正常。某日雨天，1号循环泵变压器运行中突然发生事故跳闸，2号循环泵变压器自投成功。经运行管理人员检查，1号循环泵变压器系电流速断保护动作跳闸，速断信号继电器掉牌。经现场检查，未发现异常故障，也未见被电死的小动物。通过对1号循环泵变压器本体及高压侧电缆、油断路器等试验和保护传动检查，结果均正常，确认1号循环泵变压器完好，故再次投入运行。时隔2个月，1号循环泵变压器运行中又发生电流速断保护动作跳闸、2号循环泵变压器再次自投成功。

2. 事故原因分析

第二次跳闸后，通过与第一次相同方法检查，认为设备完好，但在设备现场检查时发现1号循环泵变压器高压侧架空铝排A、B相间有跳跃性短路放电痕迹，但周围仍无被电死的猫、蛇等，变压器高、低压侧套管均有互相放电现象。测量变压器高压侧A、B相间距离，最小为9.9cm，其余为11cm，于是判断真正的事故原因是由于A、B相间距离太小，使得变压器在干燥空气中尚能正常运行，但在空气潮湿时会发生以上相间放电现象。

3. 事故对策

拆下三相高压侧母排重新弯制，以增大高压侧三相母排之间距离。用高压自黏胶带分别包扎每相母排，以增强相间绝缘强度，以预防雷电、大雾、大雨及小动物等在户外三相母排及其套管上引起的放电或短路故障现象发生。之后没再出现过类似事故。上述经验也可用到其他户内外变压器高低压侧引线上。

(五) 配电变压器喷油和油箱炸裂

1. 事故现象

某企业315kVA配电变压器，调整分接开关后运行，发生变压器喷油和油箱炸裂。实践中因分接开关接触不良引起的变压器事故所占比例很大。

2. 变压器喷油和油箱炸裂原因分析

（1）变压器油箱中产生气体过程：正常运行的变压器，绝缘油和固体绝缘材料会老化和分解，缓慢地产生少量乙炔类及一氧化碳、二氧化碳气体。这些气体大部分溶解在油中，并在变压器内进行扩散。

变压器内部发生过热或放电故障时，就会加快绝缘材料的热分解，其产气速度、产气量和产生气体的特征，与变压器故障的类型及严重程度有密切的关系，如管理人员没有及时发现故障预兆，有关保护（如气体继电器）又拒动时，变压器的故障将继续发展，分解出来的气体所形成的气泡，在油中经过对流、扩散，就会不断地溶解在油中，当产生气体数量大于最大的溶解能力时，便会有一部分气体跑入绝缘油上部空间内，通过吸湿器或呼吸器排在空气中。

（2）变压器喷油和油箱炸裂：国家标准规定，带有储油柜的630kVA以下的油浸式电力变压器，一般不装气体继电器和安全气道。当变压器内部发生故障，其产气速率（mL/h）超出吸湿器或呼吸器在常压下的释放能力时，变压器油箱内的压力便开始增高，大于大气压力，此时吸湿器或呼吸器产生喷油。变压器油箱内压力继续增高时，则会在箱体承受压力的最薄弱的处冲穿。一般常见的是油箱盖与油箱连接的密封垫处喷油，当变压器油箱内的压力超出油箱的允许压力（一般变压器0.05MPa；矿用变压器0.1MPa）时，变压器油箱将可能发生炸裂。

3. 事故对策

（1）预防变压器发生故障。

1）搞好变压器的负荷管理，保证变压器的散热条件，避免变压器超出允许的温升。一般变压器的容量，根据用电设备的需用系数和同时系数确定，往往一台变压器所供用电设备的总装容量比其本身容量大得多，因此，对主要的变压器要做好负荷记录，绘出负荷曲线，进行监视分析；对主要用电设备，要进行必要的调度，削峰填谷，避免变压器超过“允许的正常过负荷能力或事故过负荷能力”运行；变压器室散热条件不良或户外式变压器夏季使用时，周围环境温度极易超出电气设备绝缘耐热等级的标准环境温度。这时应调减负荷或加强通风，保证变压器在允许的温升范围内运行。

2）保持变压器绕组的接头及分接开关的触头接触良好。接触不良会使变压器内部产生局部过热或高温热点。接头包括绕组的引出线与接线端子（线鼻子）的焊接接头，绕组的出线端子与瓷套管接线柱，分接开关的接线螺丝的连接接头。焊接接头要防止虚焊、夹渣、脱焊，螺丝连接的接头要防止负荷及温度的经常变化、短路电流的冲击、磁场的作用等出现的氧化或松动。因此，在变压器大修、吊心检查时，连接螺丝要逐个检查、紧固。

小型配电变压器一般采用无载调压的分接开关，使用中，由于动触头未扳到位、触头接触面积不够、弹簧压力不足造成触头压力不够，油的酸价过高使触头表面腐蚀，触头相间产生放电等原因，都会引起触头接触不良，致使触头表面融化与灼伤，甚至分接开关烧坏。因此，在调节分接开关前，应测量变压器线圈直流电阻，与历史资料进行比较；调节中要使分接开关来回转动几次，除去触头表面氧化膜或油污的影响；调节后，还应复查变压器线圈直流电阻，与调节前的数值进行比较，当符合有关规程的规定时，才能将变压器投入运行。

3）保持变压器的绝缘良好。变压器的绝缘包括绕组、绝缘油、瓷套管、铁心四部分。变压器安装后，应按规定的项目进行交接试验；变压器运行中，应按规定的项目，定期进行预防性试验。

（2）配备完善的保护装置。变压器的保护装置包括一、二次侧的机电保护装置和油箱防爆保护装置。根据有关规程的规定，一次侧额定电压为10kV及以下，二次侧额定电压为0.4/

0.23kV，采用 Yyn12 结线的变压器，可用熔断器作为多相及单相短路保护装置；180～320kVA 的变压器，可用熔断器作为多相短路保护，采用负荷开关和零序过电流继电器作单相短路保护；400kVA 以上的变压器，一次电流互感器采用相差接线方式，使用 GL 型反时限电流继电器作为过流和多相短路保护，采用二次侧中性线上的零序过电流继电器作单相短路保护。

（六）变压器油表上端喷油

一台 1250kVA 变压器在更换变压器破裂的高压瓷瓶时，把注油孔螺丝拧紧了。由于油表上端早已损坏，未与油枕连通（正常情况下，上、下两端点均与油枕相通），加上吸湿器里临时堵死的密封皮圈也没有剔除，因此使用不久，当油枕里空气膨胀，压力加强时，就造成油表上端喷油。后来把注油孔螺丝拧松，并且剔除吸湿器内的密封皮圈，喷油现象消失。当再把注油孔螺丝拧紧，过了 4h，喷油现象又出现。开始怀疑变压器内部有故障，准备停下变压器后进行大修。幸有人提出：变压器喷油是否因油表上端没有与油枕相通，加上油枕上的注油孔又拧紧，造成压力不均而喷油？经把注油孔螺丝拧松，更换油表，解决了问题，经运行一切正常，才避免了小题大做。

第二节 架空配电线路运行维护

目前架空线路仍是高低压配电的主要渠道，其安全可靠运行关系着众多企业、单位和千家万户的用电，重要性不言而喻。

架空线路由电杆、导线、横担、金具、绝缘子、拉线等组成，见图 6－7，在长期的运行过程中，既要承受机械和电气的负荷，又要经受风、雷、雨、雪的侵扰，线路上的设备和元件会逐渐老化、变形以至损坏，使线路的电气强度与机械强度逐渐降低，不可能长久保持原设计的要求。线路上不断出现的各种缺陷，要由运行管理部门在经常性的巡视、检查、测试中发现，并通过大修和日常维护手段加以消除。

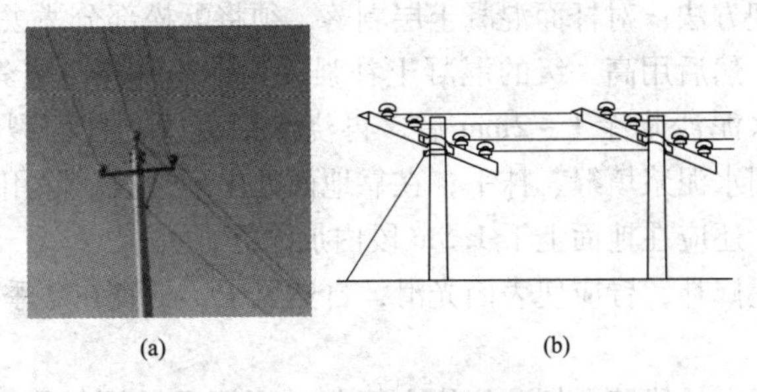

图6-7　高低压架空线路

(a) 6~10kV 高压配电线路；(b) 400V 低压配电线路

一、高、低压架空线路的运行维护与整修项目

1. 杆塔部分

修补爆裂露筋的混凝土电杆，基础补强（尤其是水田部分的主杆基础和拉线基础），钢质横担及线路金属元件去锈、涂漆等。

2. 导线部分

修补或更换导线的损伤线段；调整导线弧垂；根据试验测定结果，检修导线接头；调整导线与跳引线间的电气距离；根据负荷增长和规划发展需要，换大某些线段或支线上的导线。

3. 绝缘子及其他瓷质绝缘部分

更换劣质电瓷元件；消除线路个别地段或个别杆塔的绝缘弱点，或绝缘不配合的环节；更换锈蚀严重的金属及接续元件。

4. 其他设备部分

根据试验测定结果，修理或更换线路上的各种油开关、隔离开关、跌落保险器及避雷器等。

二、高压架空线路常见缺陷及处理方法

1. 电杆

混凝土电杆的常见缺陷是：杆面混凝土层剥落、露筋；纵横向裂纹。这些缺陷会严重地影响其运行年限。

处理方法：对杆面混凝土层剥落，须将酥松部分凿去，用清水洗净，然后用高一级的混凝土补强；如钢筋外露，应先除锈，用1:2水泥沙浆涂1～2mm后，再浇灌混凝土；杆面裂纹的处理，可用水泥浆填缝、抹平；在靠地面处出现裂纹，除用水泥浆填缝外，还应在地面上下1.5m段内加涂沥青。

以上修补，皆应使表面光滑，自然风干，不宜在冬季寒冷天气进行。

运行中的线路电杆，往往由于基础下沉及风压作用而倾斜。杆身倾斜一般不能大于一杆，超过时要扶正，并将基础夯实；对承力杆则应考虑加设拉线补强。

2. 横担

钢质横担（包括瓷横担支架及变压器、油断路器、电容器台架）因运行年限较久而锈蚀严重的，应去锈涂漆，或分段、分批轮换下来，进行镀锌处理；锈蚀至弯曲变形的应予更新。

直线杆横担的更换较为容易，通常先将导线从绝缘子上松开，用绳索将其临时固定在杆顶上，然后卸下横担，由地面工作人员将新横担装好绝缘子，用绳索吊回杆上安装，最后导线回位。承力杆横担的更换要复杂一些，通常是将两侧导线收紧，临时固定在电杆上，然后卸换横担；此操作要特别注意电杆及杆根处强度的可靠性，一般要加设临时拉线作施工补强。

3. 绝缘子

绝缘子的常见缺陷是：裂纹、烧伤、击穿，针式或悬式绝缘子的铁脚、铁帽出现裂纹、弯曲、歪斜和松动。通常非悬式绝缘子表面硬伤超过9mm^2，悬式绝缘子表面硬伤超过25mm^{2}时，应予更换。对瓷质横担要特别注意，因其耐雷水平高，建弧率低，断线或然率小，发生雷击闪络瓷釉烧损后多数仍能正常送电，故障不明显暴露。

绝缘子在运行中出现上述问题时，通过巡视和目测检查当能发现；但对绝缘老化缺陷，一般须用高压摇表测量，凡绝缘电阻低于300MΩ为不合格，应予更换。

关于更换不良绝缘子的作业，直线杆上的操作比较简单，通常是松开导线，将导线移向横担（或支架）靠近电杆的一侧，换毕绝缘子，将导线复位扎牢。更换承力杆上的耐张绝缘子串时，操作较为复杂，通常是先将紧线器一头固定在横担上，另一头夹紧耐张线夹外端并拉紧，使绝缘子串不受张力，松开线夹后，卸下绝缘子串进行更换，换毕将线夹复位，并慢慢松开紧线器，使之恢复原来位置。

4. 导线

导线的常见缺陷是：烧伤断股；接头发热（电阻过大）。当发现导线由于断股而减少的使用拉力超过其总使用拉力的17%或导线接头（包括叉接、压接）电阻大于相同长度导线的2倍时，皆为不合格，应予更换。

导线现场鉴定方法：钢芯铝绞线7股断2股，24股断6股者要加附线；超出此限度时应割断重接。

导线烧伤断股的修补，可采用同规格的单股线缠绕在烧伤处，其长度应较烧伤段的长度长出一倍（两侧平分）。

烧伤导线整段更换时，通常是将整段切断，换上相同截面、对等长度的导线。如果采用压接管连接，则新的线段应预留压接长度。这样一般不需要重新调整弧垂。

架空导线接头发生的故障，多数是由于机械力损坏或接触不良致使电阻增大发热而引起的，严重的会使导线被拉断，造成严重事故。因此，进行全面整修时，要特别注意检查和测试。测试方法可采用电压降试验法（把6V干电池加到压接管与等长导线两端，用毫伏表分别测量压接管与等长导线的压降，比较之）。

新压接的导线接头，其压接后的导电性能应与原导线相同，即压接管的电阻值不得大于等长导线的电阻值。

对于运行中的导线接头的鉴定，应考虑长期运行后接头电阻会略有增加的因素，但亦不应大于同等长度导线的1.2倍；若大于此值，则说明导线接头已起坏，当超过2倍时，即要剪断重接。

导线接头剪断重接时，铜线允许用绞缠法，连接步骤见图6－8，T接见图6－9。铝绞线应用压接管压接，工具及压接方法见图6－10。若现场工器具不全，对于截面小于50mm^{2}的铝导线，也可以用绑扎法连接，其绑扎长度应大于200mm。

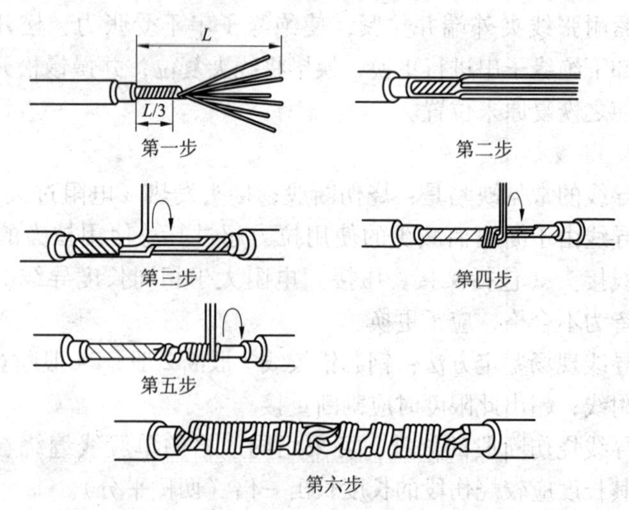

图6－8　七股铜导线的连接

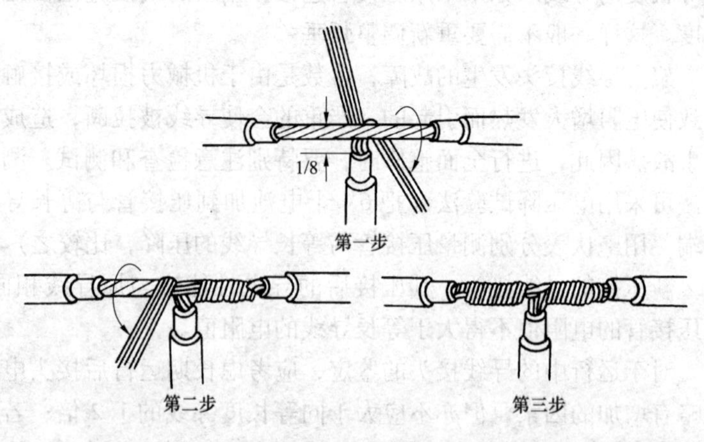

图6－9　七股铜导线T接

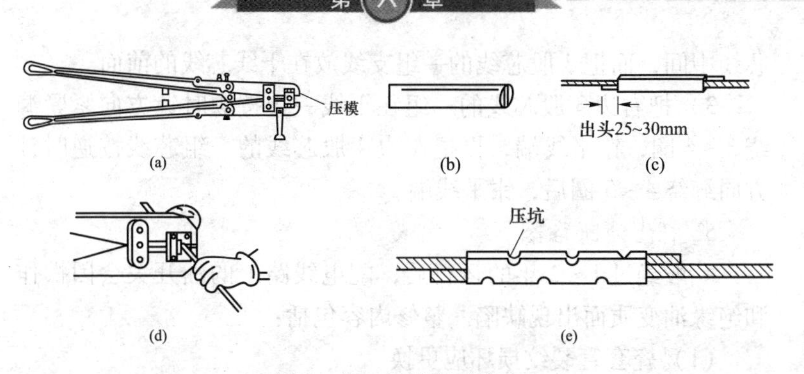

图 6-10　铝导线压接法
（a）手动冷挤压接钳；（b）压接管；（c）将导线穿进压接管；
（d）进行压接；（e）压接后的铝导线

（1）七股铜导线的连接方法如下：

1）将两芯线头散开并拉直，把靠近绝缘层 1/3 线段的芯线绞紧。

2）将余下的 2/3 芯线按右图分散成伞状，并拉直每股芯线。

3）把两组伞状芯线线头隔股对插，并捏平两端芯线，并将其中一端芯线分成三组，将第一组的 2 根芯线扳起，垂自于芯线，并按顺时针方向缠绕 2 圈。

4）将余下的芯线向右扳直，再把第二组的 2 根芯线扳起垂直于芯线，仍按顺时针方向紧紧压住前 2 股扳直的芯线缠绕 2 圈。

5）将余下的芯线向右扳直，再把剩余的 3 股芯线扳起，按顺时针方向紧压前 4 股扳直的芯线向右缠绕 3 圈后，切去每组多余的芯线，钳平线端。

6）用同样的方法缠绕另一端芯线，接好后的样子。

（2）七股铜导线 T 接方法如下：

1）将分支芯线散开钳直，接着把靠近绝缘层 1/8 线段的芯线绞紧。

2）将其余线头 7/8 的芯线分成 4 股、3 股两组并排齐，用旋凿把干线的芯线撬分两组，将支线中 4 股芯线的一组插入两组芯线中间，而把3股芯线的一组支线放在干线芯线的前面。

3）把右边3股芯线的一组在干线一边按顺时针方向紧紧缠绕3~4圈，钳平线端，再把左边4股芯线的一组芯线按逆时针方向缠绕4~5圈后，钳平线端。

5. 杆上油断路器

一般经过1~2年的运行后，配电线路上的油开关会因操作和绝缘油变质而出现缺陷。整修内容包括：

（1）瓷套管裂纹损坏应更换。

（2）有进水痕迹应换油，并在接合处加密封垫。

（3）检查油面位置，油量不足应加油。

（4）操作机构不灵应调整。

（5）用绝缘电阻表测量绝缘电阻，如绝缘电阻明显下降，并出现绝缘油变质现象，应拆换下来，进厂大修。

6. 杆上隔离开关

隔离开关接触不良或绝缘损坏，都会造成事故。

隔离开关的检查，应用绝缘电阻表测量其绝缘电阻。发现绝缘子有裂纹或损坏时，应予更换。隔离开关接触不良，应先清除刀片上的烧伤斑点及氧化物，磨平后调节传动轴的螺丝和弹簧，对正刀片与闸嘴的中心线，刀片合上后应能接触准确而紧密。如传动机构过紧，可适当加润滑油。

7. 跌落式熔断器

主要用于配电变压器的保护，使用很普遍，外形及安装角度见图6-11。常见缺陷是导电触头接触不良、烧伤；瓷件裂纹、闪络；熔断器弯曲变形，转动机构失灵等。这主要是由于气候变化、运行中经常操作和切断故障电流等引起的。

如果安装不正，没有倾斜度，也有可能使熔丝具不能跌落而被烧坏。

主要是通过整修或更换恢复其完整性。

8. 防雷和接地

架空电力线路遭受雷击时将发生过电压，使绝缘损坏而造成

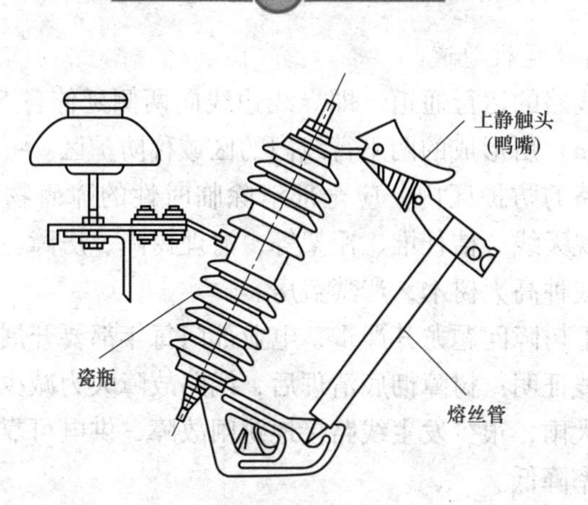

图 6-11 跌落式熔断器外形及安装角度

事故。因此，10kV 线路一般都在配电变压器台架处装设避雷器作防雷保护，避雷器的接地线与变压器的低压侧中性点及金属外壳相连接。配电变压器接地电阻值规定为：容量 100kVA 以上不应大于 4Ω；以下不应大于 10Ω。柱上油断路器或隔离开关的防雷地网，其接地电阻不应大于 10Ω。

目前，大量使用的氧化锌避雷器，性能较为稳定，整修中只需作外部检查和测量绝缘电阻即可。如果发现绝缘电阻显著下降，一般的检修方法，要进行工频放电试验和泄漏试验，以检查间隙元件的损坏或受潮程度。不合格的报废换新。

在多雷地区（指年平均雷电日大于 30 日，或易受雷击的地段），为防止反变换波或低压侧雷电波击穿配电变压器高压侧的绝缘，宜在低压侧每个相线上装设复合低压避雷器。

9. 其他附属元件

线路上的拉线，主要缺陷是：锈蚀、松动、断股、张力分配不均。

拉线基础的缺陷有：松动、缺土或土壤下沉；法兰螺丝、UT 线夹、连接杆、抱箍锈蚀松动。如发现上列缺陷，应即予以整修，包括去锈，涂漆，调整加固，更换部分元件等。

10. 清理运行通道

配电线路的运行通道，即导线边线向两侧延伸各 5m（35kV 线路为 10m）所形成的两平行线内的区域称防护区。

在线路的防护区内，应全部清除临时性的障碍物或易燃物体，如电视天线、秸秆堆、棚架等，清理树障、房障。线路防护区内严禁栽种高大树木，严禁盖房。

线路下树障问题尤其严重，电业部门每年都要开展清理树障活动。实践证明：树障彻底清理后，线路故障大为减少，尤其是刮大风下大雨，很少发生线路接地跳闸故障，供电可靠性大为增强，线损率降低。

配电线路底下的屋顶应为非易燃物体建造成的建筑设施，其与导线之间的垂直距离在导线最大弧垂时不应小于 3m（35kV 为 4m）；配电线路边线与建筑物之间的水平距离，在最大计算风偏时，不应小于 1.5m（35kV 为 3m）。

配电线路通过林区时，须砍伐通道的宽度应为线路宽度加 10m（35kV 为线路宽度加林区主要树种高度的 2 倍）。

处于交通要道口的电杆，应设保护桩，并涂以红白两色间隔的醒目标志。结合整修，应补齐线路上缺少的或残缺的杆号、相序标志和必要的警告牌。

三、低压架空线路常见缺陷及处理方法

参照高压架空线路处理，特殊要求如下：由于农业生产的特点，不同季节的用电负荷会有很大的变化，如三夏小麦脱粒、暑天降温和寒冬取暖负荷等。由于农村低压电器大量增加，每天都有早饭、中饭、晚饭三个用电高峰，尤以晚上用电高峰负荷最大时间最长。在重负荷情况下，经常发生设备过载，导线接头发热，电压降低等异常现象，此时应加强巡视和温度监视。

低压线路多在居民区，线路下植树、盖房相当严重，需每年清理树障，防范大风大雨天树木倒在线路上、或树枝落在线路上

导致接地短路故障停电；发现线路下盖房要及时劝阻，以免留下安全隐患。

城镇线路易受电视天线、风筝、弱电线路等外物影响；河道附近的线路易受洪水冲刷；路边的线路易受车撞，等等。对上列地区的线路要特别重视巡视，及时排除故障，防止发生事故。

关于巡视周期，架空线路为每月一次，地埋线路为每半年一次，对于绝缘电阻应每年测定一次。

四、高压架空线路故障处理

高压架空线路的故障分析，是以线路跳闸警示（过流跳闸、接地跳闸或速断跳闸等）为引导，根据故障的现象、对线路的了解程度（薄弱点、可能故障点），结合摇表、钳形表分段摇测结果、群众和电工举报线索等，判断故障点，采取相应的排除方法。

（一）导线故障处理

1. 导线弧垂不当的处理

（1）导线弧垂太小，在冬季导线遇冷缩短，拉力太大，以致断线。要求最初施工放线、紧线按当时气温条件规定的弧垂架线，发现导线有损伤处及时补强。

（2）导线弧垂过大，或线路同一档距内水平排列的导线的弧垂大小不等，以致刮大风时摆动幅度不同导致线与线之间相碰短路。应调整弧垂在规定的标准范围内。

2. 导线自然损伤处理

（1）由于制造原因或架设中的损伤造成导线断股，运行一段时间后，断股散开，散开处的线头碰到邻近导线引起短路。巡查时发现断股导线后，应及时用绑线或同型号导线将断股线头绑扎好（或复线）。

（2）导线长期受水分、大气灰尘及有害气体的影响，氧化侵蚀而损坏，钢芯线和避雷线最易锈蚀，发现严重氧化锈蚀的导线应及时更换。

（3）导线有以下损伤之一时，应重新连接。

1）在同一断面内，导线损伤或断股面积超过导线导电部分的15%；

2）导线连续磨损，修补长度超过一个补修管长度；

3）钢芯铝绞线钢芯断股。

（4）导线截面损伤，断股不超过截面的15%时，可采用补修管补修，补修管的长度应超出损伤部分两端各30mm；对于截面小于50mm^{2}的铝导线可采用敷线补修，敷线长度应超出损伤部分，两端各缠绕长度不应小于100mm。

3. 导线接头过热的处理

导线接头在运行过程中，常因氧化、腐蚀等原因产生接触不良，使接头的电阻远远大于同长度导线的电阻。当电流通过时，由于电流的热效应使接头处导线温度升高造成接头处过热。

导线接头过热的检查方法：一般观察导线有无变色，雨、雪天气观察接头过热处有无水蒸气，夜间巡视观察接头有无发红，也可采用贴示温蜡片等方法。发现导线接头过热，首先应减少线路的负荷，然后继续观察，并增加夜间巡视，发现接头处仍然发红，应立即停电进行处理。导线接头重新接好，并需经测试合格，才能再次投入运行。

4. 线路一相断线的处理

10kV配电系统采用中性点不接地方式，当发生一相断线时，可能导致单相接地故障，无论导线断线后是悬挂在电杆上或落于地面上，由于接地短路电流不大（一般小于30A）大都不会使断路器跳闸，但对电气设备运行和人身安全均构成威胁。因此，巡视检查人员当发现配电线路一相断线时，必须加强警惕，防止发生更大事故。《电业安全工作规程（电力线路部分）》中明确规定，巡视人员发现导线落地或悬吊空中时，应设置以接地故障点为圆心，半径为8m范围的警戒线，防止行人进入，并迅速上报主管部门，申请进行处理。

5. 线路单相接地的处理

在中性点不接地或经消弧线圈接地的系统中，当发生非间歇性的单相接地时，线路仍可继续运行；若发生间歇性的单相接地时，由于它所产生的过电压很高，会使变电设备和线路绝缘很快损坏，并造成事故范围扩大，应立即进行巡视，迅速找出故障点，争取在接地故障发展成相间短路故障之前排除线路故障。

6. 导线断线、碰线的处理

（1）导线截面有损伤，受外力作用断线时，应及时修补损伤、连接好导线。

（2）大风刮落树枝使导线相碰短路熔断时，应修剪或砍伐妨碍线路的树木。

（3）导线弧垂过大或同档水平排列的弧垂不相等，以致刮大风时摆动不一，造成相间导线相碰引起短路熔断时，应检查调整导线弧垂。

（4）导线连接工艺不当，连接不紧密，通过负荷时造成烧红熔断时，应重新连接。

（二）拉线故障处理

1. 拉线折断的处理

（1）根据拉线所承受的拉力大小，合理选择拉线棒的截面，以免在运行中由于强度不足而拉断；拉紧瓶的做法要符合要求，否则最易挤碎。

（2）采用镀锌钢绞线拉线，有较强的耐腐蚀能力，从而提高抗拉断强度，但拉线的地下部分不宜采用镀锌钢绞线或镀锌铁线，应采用拉线棒，拉线棒和钢绞线应在同一直线上。

（3）拉线不要装在路旁，以免被车辆撞断。若受地形限制需设在路旁，应在拉线上套耐老化塑料管，涂以红白两色间隔醒目标志。

（4）跨越道路的拉线至路面的垂直距离应符合规程要求。

2. 拉线基础上拔的处理

（1）根据拉线所承受的拉力和土质情况，合理选择拉线盘的规格和深度。

(2) 安装拉线盘时，使拉线棒与拉线盘垂直，以增大拉线盘上部的承压面积。

(3) 不要将拉线盘安装在易受洪水冲刷的地点，应根据现场情况采取必要的防洪措施。

(4) 禁止在拉线周围取土，若发现有人取土要立即制止，并填土夯实。

(三) 电杆故障处理

1. 倒杆的原因和防范

由于电杆埋深不够、杆基未夯实，被大风吹倒；电杆被外力碰撞发生倒杆事故；汛期被水冲倒或杆根积水、土质变软；线路受力不均，致电杆倾斜；混凝土杆的水泥脱落、钢筋外露和锈蚀等，都易引起断杆、倒杆事故。

断杆应及时更换。平时采取下列措施防范倒杆事故：

(1) 倾斜的电杆应及时校正，由于基础下沉发生倾斜时，必须将基础校正，必要时重浇基础；在雨季到来前，应把电杆基础填高加固。

(2) 线路受力不均，致电杆或杆塔倾斜时，应增加拉线或调整线路，使受力平衡，将电杆扶正。

(3) 钢筋混凝土电杆在运输、施工、运行过程中，有时受外力冲撞而出现小面积混凝土脱落，使钢筋裸露在外，时间过久就容易生锈。由于铁锈的膨胀作用，将使更多的混凝土被挤掉。因此，应除掉混凝土表面的灰渣，在损伤部分的钢筋上及周围的混凝土上用铅油刷几遍，效果较好。

由于土质、水质和空气的污染，混凝土在水的长期作用下会产生腐蚀，变得疏松，甚至脱落，因此混凝土电杆的地下部分或接近地面部分会出现混凝土酥碎现象，同时内部钢铁发生锈蚀，使强度降低。当发生腐蚀后，应及时涂刷防腐油膏，以防止腐蚀进一步加剧扩大，危及架空线路的安全运行。

混凝土杆的杆面有裂纹时，除用水泥浆填缝外，并在地面上下1.5m内涂以沥青。杆面混凝土被侵蚀剥落时，须将疏松部分凿去，用清水洗净，然后用高一级的混凝土补强；如钢筋外露，应先彻底除锈，用1∶2水泥砂浆涂1～2mm后，再浇灌混凝土。

在正常情况下，钢筋混凝土电杆不得有水泥层剥落、露筋、裂纹、酥松、杆内积水和铁件锈蚀现象。

2. 杆塔“冻鼓”处理

在水位较高的低洼地点，由于冬季浅层地下水结冰，浅层地基的体积增大，将把杆塔向上推，形成“冻鼓”。若杆塔冻鼓，轻则解冻后杆塔倾斜，重则由于埋深不足而倾倒，一般可采用下列措施防止杆塔冻鼓：

(1) 增加杆塔埋设深度，在水位较高的低洼地点，将杆塔根部埋至冻土层以下。

(2) 换土填石，将地基上的泥土除掉，换上石头。

(3) 培土，以保持杆塔的稳定。

(4) 在杆塔距地面的一定高度（如地上1m处）画一标记，以观察埋深变化，当埋深减小到临界值时，应重新埋设杆塔。

3. 杆塔倾斜处理

杆塔倾斜除了上述“冻鼓”的原因外，还有以下几种原因：

(1) 终端杆、转角杆或分支杆由于外力作用或拉线地锚安装不牢固，向受力方向倾斜。

(2) 由于拉线锚变形或没有安装合适的底盘，使承力杆倾斜。

(3) 路边、街口的杆塔受车辆等的撞击而倾斜。

杆塔倾斜会导致倒杆、断线、混线等重大事故，应根据不同情况采取相应措施。若倾斜不致影响线路正常运行，则要加强巡视，待适当时机再扶正。若倾斜杆塔威胁线路的安全运行，必须立即矫正处理。

(四) 绝缘子故障处理

1. 绝缘子污闪的处理

在线路经过的地区，由于工厂排放烟尘、海风带来盐雾、空气中飘浮尘埃和大风刮起沙尘等，逐渐积累附着在绝缘子表面上形成污秽层，其具有一定的导电性和吸湿性。当遇到下毛毛雨、积雪融化、遇雾结霜等潮湿天气时，会大大降低绝缘子的绝缘水平，从而增加绝缘子表面的泄漏电流，以致在工作电压下可能发生绝缘子闪络，由于在6～10kV电力系统中，大部分采用中性点不接地系统，当绝缘子闪络或严重放电时，将会造成线路一相接地或相间接地短路，甚至产生电弧，烧坏导线及设备。应采取以下措施预防事故：

（1）根据绝缘子的脏污情况，定期清扫绝缘子。

（2）线路上若存在不良绝缘子，就会降低线路绝缘水平。必须对绝缘子进行定期测试。若发现不合格的绝缘子要及时更换，使线路保持正常的绝缘水平。

（3）增加悬垂式绝缘子串的片数：采用高一级电压的针式绝缘子（如防尘绝缘子P20）。将终端杆的单茶台改为双茶台，也可将一个茶台和一片悬式绝缘子配合使用。

（4）对于严重污秽地区，应采用防污绝缘子。

（5）绝缘子的瓷件表面的污秽物质吸潮后，会形成导电通路。为提高绝缘子的绝缘强度，可在绝缘子上涂防污涂料。

2. 绝缘子老化的处理

绝缘子老化的原因有如下几点：

（1）由于绝缘子长期处于交变磁场中，使绝缘性能逐渐变差，若绝缘子内部有气隙和杂质，或没烧透，将会发生电离，使绝缘性能迅速恶化。在此情况下绝缘子遭到雷击或操作过电压，容易损坏。

（2）绝缘子在外部应力和内部应力的长期作用下，会发生疲劳损伤。

（3）若绝缘子的金具热镀锌质量不佳，在水分和污浊气体的作用下，金具会逐渐锈蚀；若瓷件部分与金具的胶合水泥密封不严则会使水进入。水泥进水后，由于结冰而体积膨胀，使绝缘子的应力增大，而水泥的风化作用也加剧，从而使绝缘子的机械

强度降低。

(4) 由于绝缘子的金具、瓷质部分和水泥三者的膨胀系数各不相同，若温度变化较大时，瓷质部分受到额外应力损坏。

(5) 若绝缘子本身质量不佳（瓷质疏松、烧制不良、有细小裂缝）会使绝缘降低而击穿。

当发现绝缘子老化时，应针对具体情况，采取相应的措施进行处理。若发现瓷件破碎、瓷釉烧坏、铁脚和铁帽有裂缝的绝缘子及零值绝缘子，应立即更换，以免发生事故。

（五）其他故障处理

1. 电晕的处理

在带电的高压架空电力线路中，导线周围产生电场。当电场强度超过了空气的击穿强度时，会使导线周围的空气电离而出现局部放电现象，此即“电晕”。

为了避免电晕现象的产生，可采取加大导线半径或线间距离来提高产生电晕现象的临界电压。一般加大线间距离的效果并不显著，而增大导线半径的效果显著，常用的方法是更换粗导线、采用分裂导线等。

2. 铝线与铜线连接处发生氧化的处理

当两种活泼性不同金属表面接触并长期停留在空气中时，遇到水和二氧化碳就会发生锈蚀现象。铜铝相接，由于铝较铜活泼，容易失去电子，遇到水、二氧化碳就会成为负极，较难失去电子的铜受到保护而成为正极，于是接头处产生电化腐蚀。接触面的接触电阻将不断增大，当电流通过时，接头温度升高，高温下又促使氧化，加剧锈蚀，成为恶性循环，最后导致接头烧断的断线事故。

为了防止电化锈蚀的发生，可采用高频闪光焊焊接的铜铝过渡接头、铜铝过渡线夹。

3. 导线覆冰的防范

冬季或初春时节，在气温为 -5℃左右出现雨雪混下的天气里，当雨滴落到导线、绝缘子、电杆或其他物体上，由于温度降低而凝结成冰，并附在这些物体上，而且越来越厚，这叫覆冰。由于覆冰过重可能造成断线、倒杆事故，去除覆冰方法有：

（1）电流融冰法。改变运行方式，增大覆冰线路的负荷电流，以升高导线温度来融冰；将线路与系统断开，使线路的一端三相短路，另一端接入数值稍大的短路电流，使导线发热而融冰。但无论采用哪种方法，都必须控制导线电流不得大于导线的安全电流。

（2）机械除冰法。机械除冰是将线路停电后，用拉杆、竹棒等沿线敲打，使覆冰脱落。

（六）线路保护装置动作故障判别

架空线路一般都在变电站内装有多种继电保护和自动装置。当运行中的线路发生故障时，继电保护就动作跳闸切断故障线段或发出报警信号，运行人员应及时联系线路管理人员，进行处理或检修。

（1）自动重合闸装置动作。如果自动重合闸装置跳闸后，经一、两次重合成功，说明系瞬间性故障（如鸟害、风害、雷击、小动物触电等）；若重合不成功，则说明是永久性故障（如倒杆、断线、混线、两线同时接地等）。

（2）电流速断保护装置动作。电流速断保护装置动作，线路跳闸，说明故障点在线路的前段。

（3）过电流保护装置动作。过电流保护装置动作线路跳闸，说明故障点在线路后段。

（4）电流速断保护装置和过电流保护装置同时动作。这种故障多数发生在线路的中段。

（5）距离保护装置动作。距离保护装置动作使线路跳闸，多数是相间短路引起的。

（6）零序电流保护装置动作。零序电流保护装置动作而跳闸，说明线路发生单相接地。若是Ⅰ段零序电流保护装置动作，则故障点一般在线路的前段；若是Ⅱ段零序电流保护装置动作，则故障点多数年在线路的后段。

（7）绝缘监视装置发出接地信号。在中性点不直接接地系统中，若绝缘监视装置发生接地警报，说明线路单相接地。

五、低压架空线路故障处理

参照高压架空线路处理。不同的是低压线路保护装置有：跌落式熔断器、剩余电流保护装置、出线自动开关及熔断器，后两者装在配电屏上。出线自动开关及熔断器保护线路过流、短路故障，剩余电流保护装置保护人身触电和线路金属性接地漏电，跌落式熔断器主要保护变压器，对低压线路过流、短路故障也有保护作用。根据保护动作情况，结合对线路、用户设备的了解，判断故障点，相应采取排除方法。

六、典型案例

（一）配变中性线断线

1. 事故现场情况

某招待所，一天晚上烧坏了大量白炽灯、日光灯和部分收录机及电视机。经电工仔细检查，发现变压器的中性线在与接地装置连接处因螺丝松动而烧断，造成事故。

2. 事故原因分析

该线路为三相四线制供电，变压器为Ygn12结线，中性点直接接地。由于三相负荷不平衡经常存在，于是就产生中性点位移电压。但只要是中性点不断开，并且中性线电流不超过额定电流的25%，这个位移电压对各相电压影响不大，不会对各相上的用电设备产生危险电压。但如果中性线断开，情况就不大相同了：负荷小的相电压升高，负荷大的相电压降低，势必烧坏功率小的一相的设备。

3. 事故对策

避免中性线烧断事故的具体措施如下：

（1）推广三相负荷就地平衡降损法，平衡三相负荷，使中性线电流尽量减小，经常达到规程规定：配电变压器出口处的负荷电流不平衡度小于10%，中性线电流不超过低压侧额定电流的25%，低压主干线及主要分支线的首端电流不平衡度小于20%。

（2）加大中性线导线截面。以前规定三相四线制的中性线截面可选用较相线截面小的导线，但不宜小于相线截面的50%。考虑到中性线电流有时可能与相线电流相等的实际情况，建议采用与相线相同的导线，这样既可以防止断线事故，又降低线损、减小压降有利于解决低电压问题，也便于施工备料及维护管理。另外，中性线应采用多股导线。

（3）消除铜铝接头。

变压器套管及配电屏上隔离开关、断路器、熔断器等接头多为铜的，而目前使用的导线多为铝线，故形成了不少铜铝接头，遇水或潮气后容易产生电化学腐蚀，造成接头接触不良，甚至过热而烧断。因此，从变压器套管至配电屏上应使用铜线，主干线连接时使用铜铝过渡线夹。

（4）在一个档距内，每根中性线不应超过一个接头，铝绞线应采用压接法。

（二）绑线松动、导线磨损造成断线事故

1. 事故现象

某单位通往水泵房的低压线路采用16mm^{2}铝线，突然发生一相断线，使正在运行的水泵停止工作。

2. 事故原因分析

事后经电工检查，发现通往泵房的4号直线杆瓷横担上的导线绑扎不牢，由于绑线松，使导线和瓷担发生摩擦，久而久之，导线磨断四股后发生断线。

3. 事故对策

（1）严格施工要求，在线路架设中，必须对导线按标准规定进行绑扎，其要求是：在导线弧垂度调整好后，用直线杆针式绝缘子的固定绑扎法，把导线牢固地绑在绝缘子上（绝缘子槽内）。绑扎时应先在导线绑扎处缠150mm的铝包带，以防因摩擦或在绑扎时损坏导线。

(2) 认真做好验收工作，新架设线路在使用前要进行登杆检查。

(3) 电工加强对低压线路的巡视检查，尤其是在风雨天要进行特殊巡视，发现缺陷，要及时消除。

(三) 架空导线连接不当，造成烧断事故

1. 事故现象

一路三相四线架空主干线，导线截面 70mm^2，10 号杆与 11 号杆之间的一根的橡皮铝芯相线突然烧断落地，部分住宅照明停电。

2. 事故原因分析

落地的铝芯线断口处表面及端面均有明显的烧伤痕迹。电工上杆检查，发现该线在杆上距瓷瓶约 0.6m 处断开，有一根 10mm^2 铝芯橡皮线松散地缠绕在上面，其表面也已大部分烧熔。据此分析 70mm^2 主干线被烧断落地的直接原因，是搭接在主干线上的 10mm^2 铝芯支线未按规定牢固连接，仅简单地在干线表面缠绕了几圈。因主干线与支线接触不良，在较大电流作用下接触处长期发热，以致烧断。

3. 事故对策

(1) 更换已烧坏的主干线，将支线与主干线可靠连接。

(2) 要求以后搭接导线必须按有关规程要求施工。

(3) 管理人员要定期检查巡视户外架空线路，发现隐患及时采取措施，保障线路安全运行。

(四) 同一档距内导线弧垂不同造成短路断线事故

1. 事故现象

晚上九时许，某村突然断电，当时有 5 级左右的大风，经检查是因为低压照明线路 3 ~4 号杆之间一相导线烧断。

2. 事故原因分析

该生活照明线路采用裸铝线架设，架设时因忽视了在同一档距的导线弧垂必须相同的规定，留下了事故隐患。当导线因风吹摆动时，摆动的频率与弧垂有关，当晚大风，由于两根相邻导线摆向相反而发生了混线，造成相间短路，烧断了导线，并且烧坏了配电盘上的熔断器和低压开关。

3. 事故对策

（1）架设在同一档距的导线弧垂必须相同，因为如果相邻导线弧垂不相同，除可能发生混线事故外，还可能因弧垂小的导线在气温变冷时对电杆的张力变大，而在靠近绝缘子的地方因疲劳破损而断脱。

（2）加强对线路的巡视检查，发现弧垂不同时应尽快进行处理。

（五）不按规程接线，造成横担带电

1. 事故现象

电工李某、王某去查电，当查到临街一户小卖部，发现电表接线有问题，需要停电检查。李某让王某上杆去把下户线先断开。王某想，上去伸手用钳子把相线剪断就行，用不着系安全带，他连手套也没戴就爬上了杆。当爬到杆顶伸手用钳子剪下户线的引线时，觉得不顺手、用不上劲（在杆上站的位置不对）需要换一换位置，由于没系安全带就用一只手抓紧铁横担，另一只手去抓拉线抱箍的连接头，手刚一接触抱箍触电，浑身一哆嗦脚扣松脱，顺杆子滑了下来。上杆不戴保安带，带电作业又不戴手套，系违章无疑，但李某奇怪的是，横担为什么有电？遂亲自上杆做了检查，发现该下户线紧挨横担，被风刮得磨破了绝缘皮，使相线接触横担而接地。

2. 事故原因分析

这次低压架空线路铁横担带电，主要是电工在给该户接火时，不按低压电力技术规程规定，图省事而少安装了绝缘子和下线架。下户线和横担间没留净空距离，磨破导线绝缘皮造成的，以致发生触电坠落事故。

3. 事故对策

（1）加强对电工的技术培训。电工要树立“我要安全”的思想，增强自我安全保护意识，克服怕麻烦、图省事的思想和行为。

（2）精细施工，不留缺陷。

（3）为保证安全供用电，要在技术手段上下功夫，积极安装漏电保护装置，并保持灵敏运行。

第三节 电缆运行维护

近年来随着社会生态保护和安全生产意识的加强，城镇供电线路逐渐放弃架空电力线路，而代之以电力电缆，敷设于电缆沟中。故有必要介绍一些电缆知识。

电缆是一种特殊的导线，它是将一股或数股绝缘电线组合成线芯，裹上相应的绝缘层（橡皮、纸或塑料），外面再包上密闭的护套层（常为铝、铅或塑料等）。所以，电缆一般由导电线芯、绝缘层和保护层三个主要部分组成，其结构如图 6 - 12 所示。

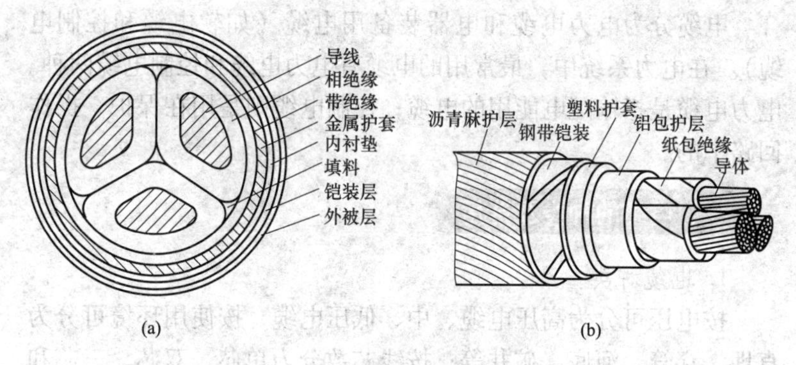

图 6 - 12　电力电缆结构图

（a）三股统包型电缆结构；（b）聚乙烯电缆结构

（1）导电线芯。导电线芯是用来输送电流，必须具有高的导电性、一定的抗拉强度和伸长率、耐腐蚀性好以及便于加工制造等特点。电缆的导电线芯一般由软铜或铝的多股绞线做成。

(2) 绝缘层。绝缘层的作用是将导电线芯与相邻导体以及保护层隔离，抵抗电压、电流、电场对外界的作用，保证电流沿线芯方向传输。电缆的绝缘层材料，有均匀质（橡胶、沥青、聚乙烯等）和纤维质（棉、麻、纸等）两类。

(3) 保护层。保护层简称护层，主要作用是保护电缆在敷设和运行过程中，免遭机械损伤和各种环境因素（如水、日光、生物、火灾等）的破坏，以保持长期稳定的电气性能。保护层分为两类。

1）内保护层，直接包在绝缘层上，保护绝缘层不与空气、水分或其他物质接触，所以要包得紧密无缝，并具有一定的机械强度，使其能承受在运输和敷设时的机械力。内保护层有铅包、铝包、橡套和聚氯乙烯套等。

2）外保护层，是用来保护内保护层的，防止铅包、铝包等不受外界的机械损伤和腐蚀，在电缆的内保护层外面包上浸过沥青混合物的黄麻、钢带或钢丝等。而没有外保护层的电缆，如裸铅包电缆，则用于无机械损伤的场合。

电缆分为电力电缆和电器装备用电缆（如软电缆和控制电缆）。在电力系统中，最常用的电缆有电力电缆和控制电缆两种。电力电缆是指输配电能用的电缆；控制电缆则是用在保护、操作回路中的。

一、电缆的种类及选用

1. 电缆种类

按电压可分为高压电缆、中、低压电缆；按使用环境可分为直埋、穿管、河底、矿井等；按线芯数分为单芯、双芯、三芯和四芯；根据绝缘情况，电缆可分为油浸纸绝缘电缆和塑料电缆。油浸纸绝缘电缆根据结构又可分为统包型和分相铅包型两种；塑料电缆又可分为聚氯乙烯、聚乙烯和交联聚乙烯三种。

2. 电缆选择

选用电缆时应主要考虑以下方面：① 电缆的额定电压大于

等于所接电力系统的额定电压。② 工作电流小于电缆的长期允许载流量，以常用的在电缆沟中（25℃）使用的铝芯10kV电缆为例，纸绝缘导线截面70mm^{2}的长期允许载流量145A，120mm^{2}的205A，240mm^{2}的320A，长期允许工作温度60℃；交联聚乙烯70mm^{2}的长期允许载流量180A，120mm^{2}的235A，240mm^{2}的370A，长期允许工作温度90℃。③ 电缆的埋设方式，直埋的要选用铠装电缆，沟埋的可选用无铠装电缆；电缆敷设的环境、条件一般，选用塑料绝缘电缆。

二、电缆的敷设技术

电缆的敷设方法有直接埋地敷设、电缆沟敷设、沿墙敷设、电缆隧道、电缆管敷设、电缆桥架敷设等。常用的电缆沟如图6－13所示。

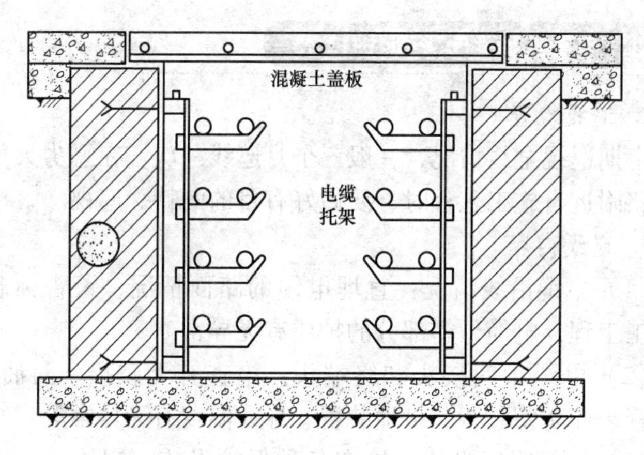

图6－13　电缆沟剖面

三、电缆终端头和中间接头

电缆与电缆连接时要采用中间接头，电缆与其他导线连接时需采用终端头。中间接头和终端头统称为电缆头。

1. 中间接头

电缆和电缆连接时必须采用专用接头盒。常用的电缆中间接头盒有用于纸绝缘电缆的铅套管型、LB 型和用于交联电缆的绕包型、热收缩型、预制型及冷收缩型等，根据所用材料接头盒有铸铁的、铝的、铜的、塑料的和环氧树脂的等，常用的为环氧树脂接头盒。

2. 终端头

电缆终端头是电缆始端和终端的接线端头。分户内和户外两种。户内的纸绝缘电缆终端头有尼龙头、干包头、环氧树脂头、热收缩头等。户外的主要有鼎足式终端头、倒挂式头、全瓷头、环氧树脂头、热收缩头等。塑料电缆终端头主要有绕包型、热收缩型、预制型和冷收缩型，应用最广泛的为热收缩型。

四、电缆线路的运行维护技术

1. 巡线检查

定期巡视全线情况，一般三个月巡线一次，在恶劣天气情况及线路附近有施工工程时，要做好有目的的特殊巡视。

2. 巡线内容

（1）电缆沿线情况：直埋电缆的路面情况、警告标志，有无施工工程，电缆外露部分的护层有无异常。

（2）电缆中间接头和终端头：检查有无破损、漏油现象，瓷套管表面防雷装置、接地装置、导线温度有无异常等。

（3）电缆附属设施：检查各种保护设施、螺栓、支架等有无异常等。

3. 运行检查

（1）电缆运行电压和电流：电压不得超过额定电压的115%，电流要小于额定值。

（2）电缆的温度：用红外测温计检查电缆外皮温度，然后加上 15～20℃来估计线芯温度，不得高于额定负荷时最高允许工作温度。

4. 预防性试验

为了了解绝缘性能的变化情况，要定期进行耐压试验；以4～5倍于电缆额定电压的直流电压通电5min测试绝缘情况。对于塑料电缆，耐压试验会损坏绝缘；只能使用绝缘电阻表测量其主绝缘和内外护套的绝缘。

5. 电缆常见故障

（1）短路：一般由外界因素造成相间和对地短路，用安装中间接头的办法排除。

（2）断线：由外界因素造成线芯断裂或整个电缆断裂，同样使用安装中间接头的办法排除。

（3）受潮：由安装时密封不严造成。去除受潮部分后重新安装中间接头或终端头排除。

第四节 低压配电装置运行维护

一、配电装置

由配电变压器、配电屏等组成的装置称为配电装置。

大电网的电能通过输电线路、变电站经几级降压，沿10kV高压配电线路进配电台区，通过配电变压器变换为用户所需的低压（380V/220V），进入配电屏，再经继电保护、监视仪表和计量仪表及串联的控制开关，由低压配电线路（架空线路或地埋线路）把电能分配送达末端用电点，如企业、养殖业、机井抽水、农副产品加工、千家万户的照明及家用电器等。

显然，配电屏是低压用电分配、控制和保护的主件。

二、配电装置的安全要求

接收和分配电能的装置叫做配电装置。配电装置中的某些设备，如开关、测量仪表等根据需要而组装在一个铁制柜中，构成成套配电装置，这叫配电屏（盘、柜）或开关柜。配电设备较少时，常做成配电箱。在配电变压器（以下简称变压器）的低压侧应专设配电室，一般房顶放置变压器，室内放置配电屏，这种方式操作、维护都很方便；变压器容量不大、没有条件盖配电室的，通常将变压器和配电柜并列放置在室外两基电杆托起的角铁架上；小容量的配电变压器可设置配电箱；排灌专用配电变压器可将配电装置放置在机泵房中。

对低压配电室及配电装置的要求：

（1）配电室净高：采用架空进线为3.5m，采用电缆进线为3m。门向外开，宽度不小于1m。

（2）低压配电屏的正面的操作通道宽度：单列布置为1.5m；双列布置为2m。盘后维护通道的宽度不小于0.8m。盘的侧面到墙作为维护通道，也不应小于0.8m。见图6－14。

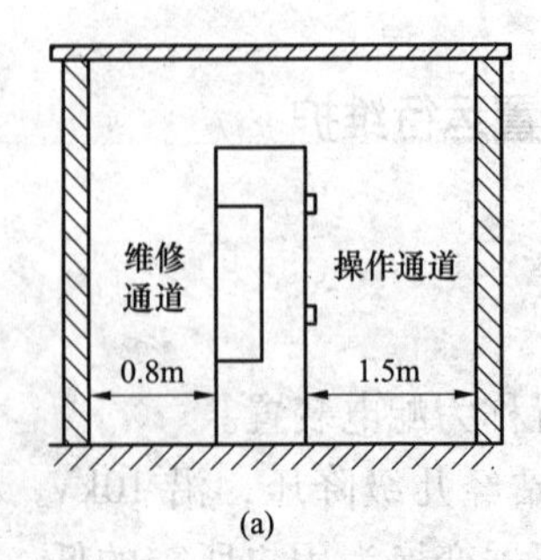

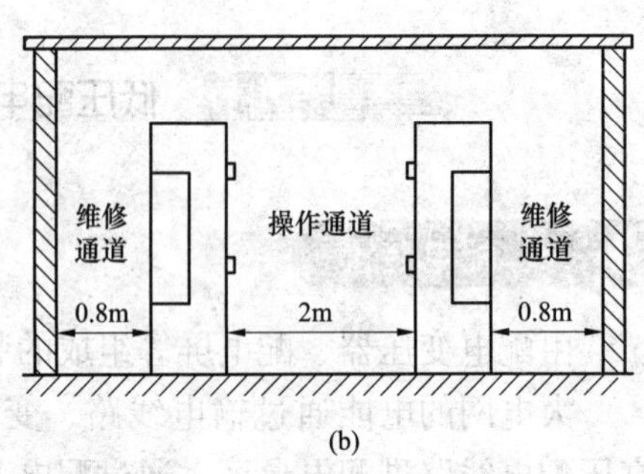

图6－14　低压配电屏布置形式

（a）单列布置；（b）双列布置

（3）对配电室的引线要求。

1）引入线与引出线宜采用电力电缆线或地埋线。

2）架空线采用绝缘导线，对地距离不小于2.5m。

3）导线穿墙部分应套绝缘管。

4）导线支架可用60mm×60mm的方木或40mm×40mm×4mm的角钢。

5）导线的截面积应按允许载流量进行选择，进线负荷电流按变压器额定电流的1.3倍计算，引出线负荷按分路最大工作电流计算。

6）配电盘上裸母导线对地面的距离不小于1.9m，不同带电部分之间的距离不小于50mm。

三、低压成套配电装置的分类与型号

一般说来，低压成套配电装置可分为配电屏（盘、柜）和配电箱两类，具体地说，按其控制层次可分为配电总盘、分盘和动力、照明配电箱。总盘上装有总控制开关和总保护器；分盘上装有分路开关和分路保护器；动力、照明配电箱内装有所控制动力或照明设备的控制保护电器。总盘和分盘一般装在低压配电室内，动力、照明配电箱通常装设在动力或照明用电单元（如车间、泵站、住宅楼）内。

低压配电屏的结构是敞开式的，它由薄钢板和角钢制成。盘顶放置低压母线，盘内装有隔离开关、低压自动开关、熔断器及有关表计。常用配电屏的型号有BDL（靠墙式）、BSL（独立式）、BFC型（防尘抽屉式）。型号字母的含义是：B为低压配电屏；S为双面维护；L为动力；D为单面维护；F为防尘式；C为抽屉式。字母后面的数字表示产品设计序号。

低压配电箱相当于小型的封闭式配电屏，它一般供1~2间房屋或户外的动力和照明配电用。内部装有刀闸、自动开关、熔断器等部件，其尺寸大小不同，视内装部件的多少而定。

四、低压配电装置的电气性能和继电保护

（1）额定电压：380V/220V。

（2）动稳定电流：15kA，30kA。

（3）工频试验电压：2500V。

（4）低压侧设过流及速断保护。低压出线自动空气开关的过流保护及短路速断保护是低压线路发生严重过载和短路故障的

第一级保护（变压器前的跌落式熔断器是第二级保护）。

（5）低压侧设剩余电流（漏电）总保护。有两种形式：一是一套组合式漏电保护器装置（由漏电继电器和交流接触器组成）做总保护，二是各出线综合自动保护开关共同形成总保护。低压综合自动保护开关（断路器）是近年来发展的新型开关电器，其集漏电继电器、空气断路器及交流接触器的功能于一体，具有体积小、价格低、安装简便、运行稳定等优点；其功能多，不仅具有漏电保护（最新产品能将相地之间类似人、畜直接接触电击的特波从对地漏电中分离出来，实现特波保护）功能，还有过流、短路、欠压、缺相、断零保护功能，能自动重合闸。特别适宜作分路、分支保护。

（6）装有电压表、电流表、功率因数表。在低压计量箱内装有功电能表和无功电能表。

（7）无功功率自动补偿：配电屏上装有一套无功功率自动补偿装置，箱变内装有无功功率自动补偿柜。由于变压器容量不同、用电设备不同，因而用户对功率因数补偿要求数值不同，电容器安装容量不同。常用的电容器为三相自愈式金属化膜低压并联电容器，适用于三相交流低压电力系统，作为补偿感性无功消耗之用。电容的投入与切除由无功功率自动补偿控制器控制。控制器可根据负载的功率因数自动投切，还可自动控制在电网电压高于额定值的切除电容器和在低负荷的拒绝投入电容器。

（8）为防止变压器、开关和仪表温升过高，箱变增设了排风扇，其控制元件为一电接点压力式温度计 WYZ－288，能根据室内温度，自动开闭电风扇。

五、配电屏的选择

低压配电屏的选择主要包括配电屏型号的选择、电路方案的选择和电气设备型号和容量的选择。为使配电屏选择合理以制造出合适的配电屏，必须根据实际需要做好配电装置的设计工作。

配电装置的设计，一般按以下步骤进行：

（1）确定配电屏出线的控制保护方案。首先要摸清本配电台区的用电情况。根据负荷分布情况及近期发展规划，确定三相三线或三相四线等供电方式。

各路出线确定后，可根据各路出线所带的负荷的大小、线路的长短和对供电可靠性的要求等情况，确定各路出线的控制保护方案，线路较长、负荷较大的分路，一般装设分路隔离开关和分路自动开关；线路较短、负荷较小的分路，可用负荷开关（带灭弧罩的开关）和熔断器作分路的控制和保护。

（2）确定配电屏进线的控制与保护方案。在配电屏出线及其控制、保护方案确定后，便可根据出线路数的多少、各出线的控制、保护方式和配电变压器容量的大小，确定配电屏的进线及其控制、保护方案。

过去通常做法：分路较多、变压器容量较大时，应装设总隔离开关和总自动开关；分路较少、变压器容量较小时，可用隔离开关和熔断器作总开关和总保护。

当前流行做法：均装设总隔离开关（以有明显断开点）和总路交流接触器（以切断负荷电流），分路上再各自安装自动开关，根据变压器容量大小、负荷大小决定采用的开关容量。

六、配电屏的安装要求

1. 配电屏的屏面

配电屏的屏面应光滑并进行涂漆处理，框架应牢固。屏面上的设备应安排合理，配线应整齐美观。仪表和指示灯应安装在配电盘的上部，以利于监视及避免损坏；开关应设置在中部，以利于操作；较重的电气设备设置在下部，以使配电盘重心低，稳定；其他设备放置在接线较短处。在配电屏屏顶上固定的裸铝母线（铝排），应涂以黄、绿、红、黑等颜色作分相标志，各设备间的距离应符合安全要求，见表6-2。

表 6－2　　配电屏上设备的排列最小间距（mm）

设备名称	上下间距	左右间距
仪表与仪表	—	60
仪表与线孔	80	—
开关与仪表	—	60
开关与开关	—	50
开关与线孔	30	—
线孔与线孔	40	—
互感器与仪表	80	50
瓷插式熔断器与其他设备	—	30
指示灯、熔断器、小开关之间及其他设备之间	30	30
设备与箱盖	50	50
线孔与箱壁	30	30

2. 配电屏上导线与开关

（1）导线：配电屏的引入线和引出线的长度要留有适当的余量，以便检修。二次回路应采用绝缘导线，截面积：铜线不小于1.5mm^2；铝线不小于2.5mm^2。配线布置应横平竖直，整齐美观。配线穿过木盘应套管头，穿过铁盘应套上橡皮护圈，以保持绝缘良好。

（2）开关：开关应垂直安装，开关的上端接电源，下端接负载，切不可接反，且相序应一致。各分路应标明分线路名称。交流接触器的可动部分及隔离开关的闸刀不得带电。

七、配电屏的放置

配电屏放置的原则是运行安全、便于观察、操作和检修。

（1）多台配电屏的排列方式有单列的和双列的两种，如图6－14所示。双列的配电屏操作面以相对排列为原则，但排列方式和排列的方向必须充分考虑到操作通道和维护通道的宽度、母线的合理走向和各路馈线的走向等因素。

（2）操作通道的净宽：单列分布为 1.5m，双列分布为 2m 两种，单列分布的维护通道净宽应大于 0.8m，要求通道的净高不低于 1.9m。

（3）成品配电屏在室内一般放置在 200mm 高的砖砌水泥砂浆抹面基础上，直立，并固定牢固，不能有歪斜和摇晃。室外配电柜安装在两基电杆托起的角铁架上，角铁架距离地面不小于 2.5m，配电柜应防雨防小动物。

（4）如果馈线采用的是地埋线或电缆，则屏底下的地面应预先开好电缆沟；如果以架空线路馈出，应预先装好角铁支架，并应使支架位置处在便于与屏内馈出线端连接。

（5）配电屏应牢靠接地，接地电阻应小于 10Ω。

（6）配电屏前地面上要摊放绝缘垫，以利电工操作、维修安全。

（7）配电装置施工完成后，要堵塞各处孔洞，门口设置挡鼠板（高度 0.5m），严防鼠害。

八、配电装置的运行维护

1. 配电装置的巡视检查

对配电屏、户外配电柜也应同架空线路一样进行定期或特殊巡视检查，并做好记录。如果有严重危及人身或设备安全的情况，应立即停电进行检修，修复后再送电。一般问题列入检修计划，在定期维修时加以解决。巡视检查的内容有：

（1）配电室是否漏雨、门窗是否完整，配电柜外观是否有破损。

（2）仪表、开关、指示灯及熔断器有无损坏，仪表指示是否准确，开关接触是否良好。

（3）各接点是否良好，有无松动、发热和烧坏现象。

（4）导线有无烧坏、绝缘破损、松脱、杂乱。

（5）剩余电流保护器动作是否灵敏。

（6）各紧固件有无松动现象等。

2. 配电装置的维修

维修之前应做材料、工具等方面的准备工作。主要维修内容有：

（1）维修配电室房顶和门窗，维修配电柜的外观损坏之处。

（2）整理清扫配电室，清除配电屏上的灰尘。

（3）修理或更换损坏的仪表、熔断器、断路器等电气设备与零部件。

（4）拧紧松动了的螺钉，更换或上紧各部接线端子。

（5）更换损坏了的导线，整理松脱、杂乱的导线等。